CHINA CAMPUS NETWORK

留学中国预科教育联盟

CCN国际预科教材

U1016801

来华留学预科
数学学习指导与习题集

Mathematics Learning Guidance and Exercise Collection for International Foundation Programme Students Studying in China

● 嵇晓平　张　莉　编著

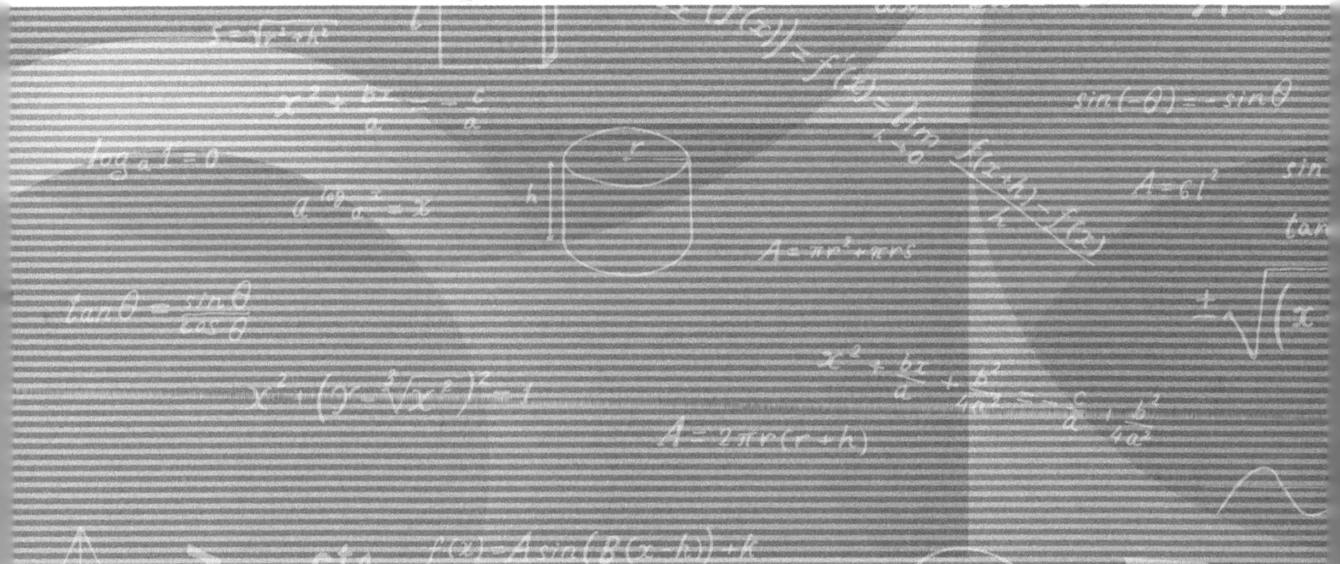

哈爾濱工業大學出版社
HARBIN INSTITUTE OF TECHNOLOGY PRESS

内容提要

本书共8章，主要介绍了集合、不等式、函数、三角函数、两角和与差的三角函数、数列、直线以及圆锥曲线的知识，同时还给出了相关习题及解答。

本书既可作为高等学校留学生预科数学授课教材及参考书，也可作为来华留学预科学生的选修和自学教材，适用于预科数学授课教师及有一定汉语和数学基础的留学预科生。

图书在版编目(CIP)数据

来华留学预科数学学习指导与习题集/嵇晓平，张莉编著. —哈尔滨：哈尔滨工业大学出版社，2025.3.

ISBN 978-7-5767-1961-1

Ⅰ. O13

中国国家版本馆CIP数据核字第2025Y012Y4号

LAI HUA LIUXUE YUKE SHUXUE XUEXI ZHIDAO YU XITIJI

策划编辑　刘培杰　张永芹

责任编辑　王勇纲　刘春雷

封面设计　孙茵艾

出版发行　哈尔滨工业大学出版社

社　　址　哈尔滨市南岗区复华四道街10号　邮编150006

传　　真　0451-86414749

网　　址　http://hitpress.hit.edu.cn

印　　刷　哈尔滨圣铂印刷有限公司

开　　本　787mm×1 092mm　1/16　印张19.75　字数391千字

版　　次　2025年3月第1版　2025年3月第1次印刷

书　　号　ISBN 978-7-5767-1961-1

定　　价　88.00元

前　言

在高等教育中，数学不仅是基础理论课程，还担负着培养学生逻辑思维能力、抽象思维能力、空间想象能力以及科学计算能力的重任。对于即将进入中国大学学习的留学预科生来说，如何快速适应中国高校的教学，为进一步学习高等数学奠定良好的基础，也显得非常迫切和至关重要。

本书是与来华留学生专业汉语学习丛书《数学》(北京语言大学出版社,2012)配套使用的学习指导用书，主要为来华留学预科数学教师提供教学参考，同时为来华留学预科学生提供数学学习指导。

本书内容包含集合、不等式(含不等式的性质及解法)、函数(含映射、函数性质及几类基本初等函数)、三角函数(含角的概念、任意角的三角函数、同角三角函数的基本关系式、诱导公式、正弦函数和余弦函数的图像及性质、正切函数和余切函数的图像及性质)、两角和与差的三角函数(含两角和与差的三角函数公式、二倍角公式及半角公式)、数列(数列概念及判别、等差数列、等比数列)、直线(含倾斜角及斜率、直线方程、直线的平行与垂直、两条直线的交点)、圆锥曲线(含圆的方程、椭圆方程及性质、双曲线方程及性质、抛物线方程及性质)等相关内容。答案部分包含习题训练答案、课后习题答案(《数学》教材)以及单元测试答案。

本书力求做到叙述简明扼要、重点突出，例题、习题丰富，答案详尽准确。每章包含教学基本要求、内容总结(知识点讲解)、典型例题、习题训练、单元测试。知识点、例题和习题均按由易到难、循序渐进编排，如习题训练在题目前面用不同数量的“(★)”设置了不同的难度级别，方便读者选用相关难度的题目。同时，本书还进行了扩展，列出了一些问题的特殊性质和解题技巧，包括同一个问题的多种解法，使读者能够在学习的同时进行独立思考、举一反三，更好地提高学习效果。

本书在编写过程中得到了留学中国预科教育联盟(China Campus Network，CCN)的杨静思副秘书长、曹书阳老师、董源老师，哈尔滨工业大学数学学院的吴勃英教授和国际教育学院的顾建政教授、邵微老师等的大力支持和帮助，以及天津大学、西安交通大学、西北工业大学、江苏大学、中国石油大学等各联盟院校(排名不分先后)的使用反馈和宝贵建议，在这里由衷地表示感谢。也特别感谢哈尔滨工业大学出版社的张永芹、王勇钢、刘春雷编辑认真负责、不厌其烦地校对。

由于编者水平有限，书中疏漏在所难免，欢迎各位读者及专家批评指正。

编者

2025 年 4 月

目　录

第1章　集　　合

一、教学基本要求

1. 理解集合、元素、子集、真子集、全集、补集的定义，会用列举法或描述法表示集合。

2. 会使用正确的数学符号表达和书写相关名词及关系。

3. 会用列举法、描述法或其他方法表示集合。

4. 理解和区分元素与集合、集合与集合之间的关系。

5. 理解集合运算的定义及掌握集合的交集、并集和补集运算。

二、内容总结

1. 基本概念

集合：一般地，我们把一些确定的、互不相同的研究对象放在一起就成为一个整体，称作“集合”，简称“集”。

例如，(1)1,2,3,4,5；(2) 我们班级里的女同学。

元素：我们把研究的对象称为元素。集合就是由一些元素组成的总体。

例如，集合$\{1,2,3,4,5\}$ 中就包含1,2,3,4,5五个元素。

一般用大写拉丁字母A,B等表示集合；用小写拉丁字母a,b等表示集合中的元素，并将元素用大括号括起来。

集合中元素的性质：确定性、无序性、互异性。

元素与集合的关系：如果a是集合A的元素，就说元素a属于集合A，记作$a \in A$；否则记作$a \notin A$。

2. 集合的表示方法

(1) 列举法：把集合中的元素一一列举出来，并用大括号括起来，这种表示集合的方法称作列举法。例如，$A = \{a,b,c,\cdots\}$。

(2) 描述法：用集合所含元素的属性来表示集合的方法称为描述法。例如，$\{x \in \mathbf{N} \mid x \leqslant 3\}$。

(3) 图示法：包括Venn图和数轴表示。其中Venn图使用闭合曲线将元素包含进去，如图1－1所示。一般用Venn图表示的集合，元素为有限个且个数较少；数轴法是将元素在数轴上标记出来，如图1－2所示。用数轴表示集合可以包含无限个元素。

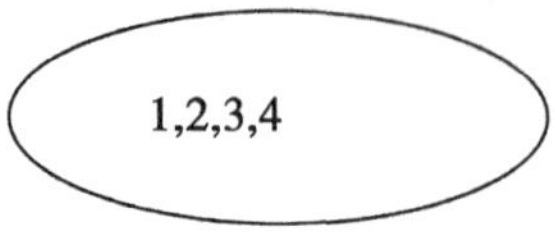

图 1 - 1　Venn 图表示

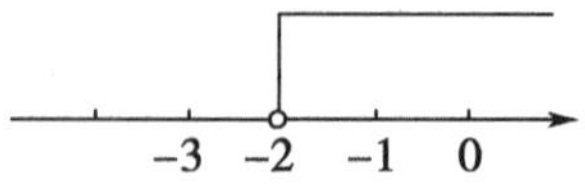

图 1 - 2　数轴表示

(4) 区间法:用某一个范围来表示集合的方法。例如:$x \in [1,10]$,$x \in \mathbf{N}$。

3. 几种常见数集及符号

常见数集及关系如图 1 - 3 所示。

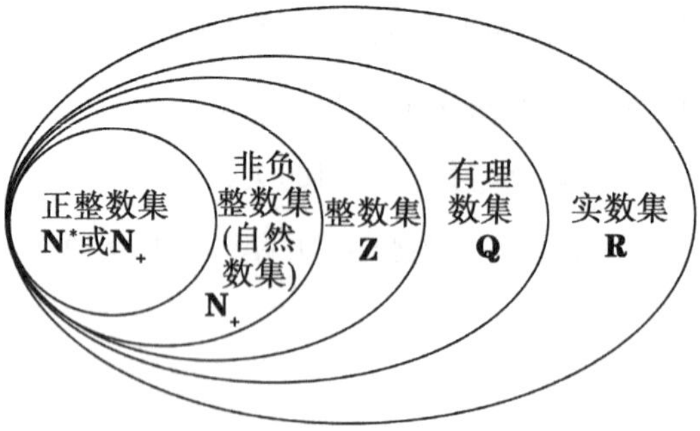

图 1 - 3　几种常见数集

正整数集:$\mathbf{N}^*$ 或 $\mathbf{N}_+ = \{1,2,3,4,\cdots\}$。

非负整数集(自然数集):$\mathbf{N} = \{0,1,2,3,4,\cdots\}$。

整数集:$\mathbf{Z} = \{\cdots,-3,-2,-1,0,1,2,3,\cdots\}$。

有理数集:$\mathbf{Q} = \{$整数或分数$\}$。

实数集:$\mathbf{R} = \{x \mid x$ 为有理数或无理数$\}$。

4. 集合之间的关系和基本运算

(1) 子集:一般地,对于两个集合 A 与 B,如果集合 A 中的任何一个元素都是集合 B 的元素,就说集合 A 包含于集合 B,或者集合 B 包含集合 A;也称集合 A 是集合 B 的一个子集。

记作:$A \subseteq B$ 或 $B \supseteq A$。

描述:$\forall x \in A \Rightarrow x \in B$,则 $A \subseteq B$。

(2) 真子集:如果集合 A 是集合 B 的子集,但存在元素 $x \in B$ 且 $x \notin A$,那么我们就说集合 A 真包含于集合 B。

记作:$A \subsetneqq B$ 或 $B \supsetneqq A$。

描述:$A \subseteq B$ 且 $A \neq B$。

(3) 集合相等：如果集合 A 是集合 B 的子集，且集合 B 是集合 A 的子集，那么我们就说集合 A 等于集合 B。

记作：$A = B$ 或 $B = A$。

描述：$A \subseteq B$ 且 $B \supseteq A$。

(4) 空集：不含任何元素的集合叫作空集，记作 $\varnothing$。

空集是任何集合的子集，是任何非空集合的真子集。

(5) 交集：一般地，由所有属于集合 A 且属于集合 B 的元素组成的集合，称为 A 与 B 的交集，记作 $A \cap B$，即 $A \cap B = \{x \in A, 且\ x \in B\}$，如图 1－4 所示。

性质：$A \cap B = B \cap A, A \cap B \subseteq A(B), A \cap A = A, A \cap \varnothing = \varnothing$。

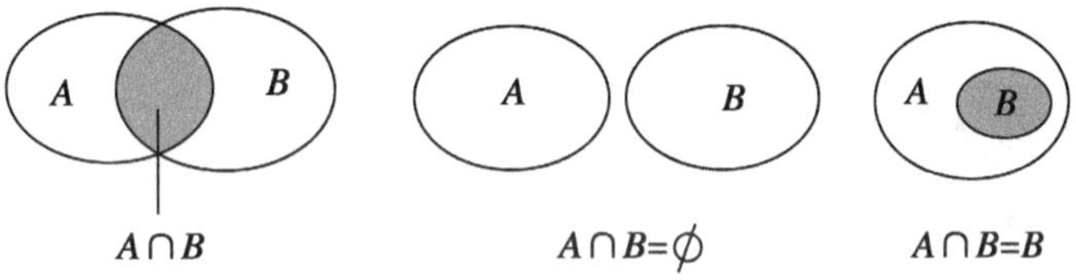

图 1－4　两个集合的交集图

(6) 全集：一般地，如果一个集合含有我们所研究问题中涉及的所有元素，那么就称这个集合为全集，记作 U。

(7) 补集：对于一个集合 A，由全集 U 中不属于集合 A 的所有元素组成的集合称为集合 A 相对于全集 U 的补集，简称为集合 A 的补集，记作 $\complement_U A$，如图 1－5 所示。

描述：$\complement_U A = \{x \in U, 且\ x \notin A\}$。

补集性质

$$A \cup (\complement_U A) = U,\ A \cap (\complement_U A) = \varnothing$$

$$\complement_U(\complement_U A) = A,\ \complement_U U = \varnothing,\ \complement_U \varnothing = U$$

$$\complement_U(A \cap B) = \complement_U A \cup \complement_U B,\ \complement_U(A \cup B) = \complement_U A \cap \complement_U B$$

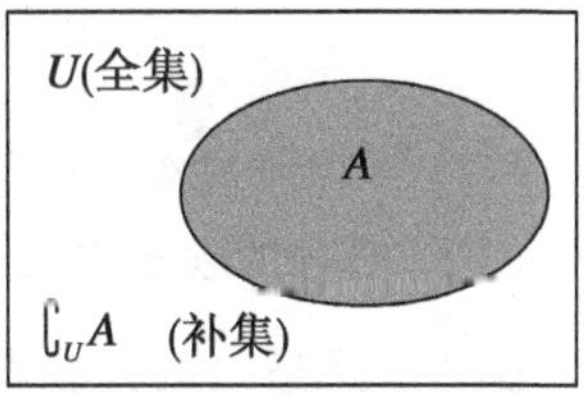

图 1－5　全集与补集

三、典型例题

(一) 基本概念

例 1　(1) 定义：把一些________的________的对象看成一个整体，就说这个整体是由这些对象的全体构成的集合，构成集合的每个________叫作这个集合的元素，元素通常用________________表示，集合通常用________________表示。

(2) 元素与集合间的关系：元素 a 属于集合 A 记作“________”，元素 a 不属于集合 A 记作“________”。

(3) 集合的表示方法:① ________;② ________;③ ________。

(4) 集合中元素的性质:① ________;② ________;③ ________。

(5) 集合分类:① ________;② ________。

(6) 常见数集的符号(按范围由大到小):________________。

(7) 特殊集合:不含任何元素的集合叫作空集,记作________。

解　此题考查与集合相关的定义和性质,注意数学符号使用的准确性。

(1) 确定,互不相同,对象,小写拉丁字母,大写拉丁字母。

(2) $a \in A, a \notin A$。

(3) ① 列举法;② 描述法;③ 图示法。

(4) ① 确定性;② 无序性;③ 互异性。

(5) ① 有限集;② 无限集。

(6) $\mathbf{R}, \mathbf{Q}, \mathbf{Z}, \mathbf{N}, \mathbf{N}^*$。

(7) $\varnothing$。

例 2　用符号"$\in$"或"$\notin$"填空。

(1) 设集合 B 是满足 $y = x^2$ 的有序实数对 (x,y) 的集合,则 -1 ________ B, $(-1,1)$ ________ B。

(2) $\sqrt{16}$ ________ $\mathbf{N}^*$, $\sqrt{4-2\sqrt{3}}+\sqrt{4+2\sqrt{3}}$ ________ $\mathbf{N}$, 0 ________ $\{x \mid x^2+2=0\}$, 0 ________ $\varnothing$, $\varnothing$ ________ $\{\varnothing\}$。

解　本题主要考查元素的表达形式、元素和集合的关系,以及常用数集。

(1) $\notin$, $\in$。(2) $\in$, $\notin$, $\notin$, $\notin$, $\in$。

(二) 集合的表示方法

例 3　用适当的方法表示下列集合。

(1) 试用列举法表示集合 $A = \{y \mid y = 2x, 1 < x < 5$ 且 $x \in \mathbf{N}\}$。

(2) 试用描述法表示"被 5 除余 1 的正整数所构成的集合"。

(3) 试用描述法表示"平面直角坐标系中第一、第三象限的点构成的集合"。

解　考查集合常用的表示方法,能够用数形结合的方式分析和表示集合。

(1) $A = \{4,6,8\}$。

(2) $A = \{y \mid y = 5x + 1, x \in \mathbf{N}^*\}$。

(3) $A = \{(x,y) \mid xy > 0, x \in \mathbf{R}, y \in \mathbf{R}\}$。

因为在第一、三象限内，x,y 为同号实数，所以可用表达式 $xy>0$ 来表示。

（三）集合中元素的性质及常见数集

例4　（1）已知集合 $A=\{2,4,6\}$，若 $a\in A$，则 $6-a\in A$，那么 $a=$ ________。

（2）已知集合 A 既可以表示为 $\{x,x^2,xy\}$，也可以表示为 $\{1,x,y\}$，则 $x-y=$ ________。

（3）已知集合 $P=\{0,2,5\}$，$Q=\{1,2,6\}$，定义集合 $P+Q=\{a+b\mid a\in P,b\in \mathbf{Q}\}$，则 $P+Q$ 中元素的个数为________。

解　（1）因为 $a=2\in A$，$6-a=4\in A$；而 $a=4\in A$，$6-a=2\in A$，所以 $a=2$ 或 4。

（2）如果两个集合相等，那么集合中的元素也必须相等。

将两个集合中带未知数的元素一一对应，即 $\{x,x^2,xy\}$，$\{x,1,y\}$，可分两种情况讨论：

假设 $x^2=1$，则 $\begin{cases}x^2=1\\xy=y\end{cases}$，解得 $\begin{cases}x=-1\\y=0\end{cases}$ 或 $\begin{cases}x=1（集合中有重复元素，舍）\\y=任意值\end{cases}$。

假设 $x^2\neq 1$，则 $\begin{cases}x^2=y\\xy=x\end{cases}$，解得 $x=1$（集合中有重复元素，舍），所以 $x=-1$，$y=0$，即 $x-y=-1$。

（3）因为 $P+Q=\{1,2,3,4,6,7,8,11\}$，注意集合中元素的互异性，所以 $P+Q$ 中元素的个数为 8。

例5　用符号"$\in$"或"$\notin$"填空。

1 ________ $\mathbf{N}^*$，0 ________ $\mathbf{N}^*$，$\sqrt{16}$ ________ $\mathbf{N}$，-1 ________ $\mathbf{Z}$，$\sqrt{3}$ ________ $\mathbf{R}$。

解　$\in$，$\notin$，$\in$，$\in$，$\in$。

例6　若 $A=\{x\mid x^2-(a+1)x+a=0\}$ 的所有元素之和为 1，求 a 的值。

答案　0 或 1。

分析　集合中包含参数的问题，可利用已知条件列出方程或代数式解出，再根据集合的性质进行取舍。此题目考查了方程的因式分解、集合中元素的互异性这两个知识点，首先求出方程的带参解，也就求出了集合中的元素，然后根据已知条件——集合中所有元素之和为 1，求出参数即可。

解　对方程 $x^2-(a+1)x+a=0$ 进行因式分解，可得 $(x-a)(x-1)=0$，解得 $x=a$ 或 $x=1$，即 $A=\{1,a\}$。

此时分两种情况讨论：

（1）$a=1$，则 $A=\{1\}$，所有元素之和为 1，符合。

（2）$a\neq 1$，则 $A=\{1,a\}$，即 $1+a=1\Rightarrow a=0$，符合。

所以，a 的值为 0 或 1。

（四）集合与集合的关系及运算

例 7　(1) 子集：任意 $x \in A \Rightarrow x \in B$，则 A ________ B。

(2) 真子集：若 $A \subseteq B$ 且 $A \neq B$，则 A ________ B。

(3) 集合相等：若 $A \subseteq B$ 且 $B \supseteq A$，则 A ________ B。

(4) 子集传递性：若 $A \subseteq B, B \subseteq C$，则 A ________ C。

(5) 规定：$\varnothing$ 是任何集合的________，$\varnothing$ 是任何非空集合的________。

(6) $A = \{1,2,3\}, B = \{1,2,3,4,5\}$，则 A ________ B。

(7) 子集个数：含 $n(n \in \mathbf{N}^*)$ 个元素的集合 A 的所有子集个数是________。

(8) 若 $A = \{1,2,3\}, B \subseteq A$，则非空集合 B 有________个。

(9) 若 $A = \{x \mid 0 \leqslant x < 4，且 x \in \mathbf{N}\}$，$B$ 真包含于 A，则集合 B 有________个。

解　考查集合之间的关系和子集个数的计算，注意集合与集合、元素与集合关系的区别。

(1) $\subseteq$。(2) $\subsetneqq$。(3) $=$。(4) $\subseteq$。(5) 子集，真子集。(6) $\subsetneqq$。(7) 2^n。(8) 7。(9) 15。

例 8　运算。

(1) 并集：A ________ $B = \{x \mid x \in A，或 x \in B\}$。

(2) 交集：A ________ $B = \{x \mid x \in A，且 x \in B\}$。

(3) 全集：如果一个集合含有我们所研究问题中的所有元素，就称这个集合为全集，记作________。

(4) 补集：________ $= \{x \mid x \in U，且 x \notin A\}$。

(5) 任意 $x \in A \Rightarrow x \in B$，则 A ________ B；若 $A \subseteq B$ 且 $A \neq B$，则 A ________ B。

解　(1) $\cup$。(2) $\cap$。(3) U。(4) $\complement_U A$。(5) $\subseteq$；$\subsetneqq$。

四、习题训练

1. (★) 选择正确答案。

(1) 下列每组对象能构成集合的有(　　)。

A. 1—20 以内的所有素数　　B. 实数范围内，平方后等于负数的数

C. 数学难题　　D. 班级内比较高的同学

(2) 下列四组对象中能构成集合的是(　　)。

A 本校学习好的学生　　B. 在数轴上与原点非常近的点

C. 很小的实数　　D. 倒数等于本身的数

2. (★) 集合 $\{x \in \mathbf{N} \mid x \leqslant 3\}$ 的列举法可以表示为(　　)。

A. $\{0,1,2,3\}$　　B. $\{1,2,3\}$　　C. $\{1,2,3,4\}$　　D. $\{0,1,2,3,4\}$

3.（★★）用列举法或描述法表示下列集合。

（1）不大于 10 的非负偶数组成的集合。

（2）被 3 除余 1 的正整数组成的集合。

（3）直线 $y = 2x + 1$ 与 y 轴的交点组成的集合。

4.（★★）集合运算。

（1）已知 $A = \{1,2,3,4,5\}$，$B = \{4,5,6,7,8\}$，则 $A \cup B =$ ________，$A \cap B =$ ________。

（2）已知 $A = \{x \mid x^2 - 4x + 3 = 0\}$，$B = \{x \mid -x^2 - x + 2 = 0\}$，则 $A \cup B =$ ________，$A \cap B =$ ________。

（3）已知 $A = \{x \mid y = \sqrt{x - 4}\}$，$B = \{x \mid y = \sqrt{-x^2 + 4x + 5}\}$，则 $A \cup B =$ ________，$A \cap B =$ ________。

单元测试

一、单项选择题(20 题,每题 3 分,共 60 分)

1. 下列各组对象能构成集合的是(　　)。

A. 所有接近于 0 的数　　B. 所有著名的作家

C. 大于 10 的整数　　D. $\sqrt{2}$ 的近似值的全体

2. 下列各组对象不能构成集合的是(　　)。

A. 我班学习好的学生　　B. 我班 20 岁的同学

C. 能被 3 整除的整数　　D. 所有的等腰三角形

3. 下列每组对象能构成集合的有(　　)。

A. 1—20 以内的所有素数　　B. 直角坐标系中第一象限中的一些点

C. 高一经典难题　　D. 中国古代伟大发明

4. 已知 3 属于$\{1,a,a-2\}$,则实数 a 的值为(　　)。

A. 3　　B. 5　　C. 3 或 5　　D. 无解

5. 若 $A=\{x\mid x\geqslant -2\}$,$B=\{x\mid x>3\}$,则 $A\cup B=$(　　)。

A. $\{x\mid x\geqslant -2\}$　　B. $\{x\mid x>3\}$　　C. $\{x\mid -2\leqslant x\leqslant 3\}$　　D. $\{x\mid -2<x<3\}$

6. 若 $A=\{0,1,2,4\}$,$B=\{1,2,3\}$,则 $A\cap B=$(　　)。

A. $\{0,1,2,3,4\}$　　B. $\{0,4\}$　　C. $\{1,2\}$　　D. $\{3\}$

7. 已知 $U=\{a,b,c,d,e\}$,$A=\{b,c\}$,$\complement_U B=\{c,d\}$,则$(\complement_U A)\cap B=$(　　)。

A. $\{a,e\}$　　B. $\{b,c,d\}$　　C. $\{a,c,e\}$　　D. $\{c\}$

8. 已知全集 $U=\mathbf{R}$,则正确表示集合 $M=\{-1,0,1\}$ 和 $N=\{x\mid x^2+x=0\}$ 关系的 Venn 图是(　　)。

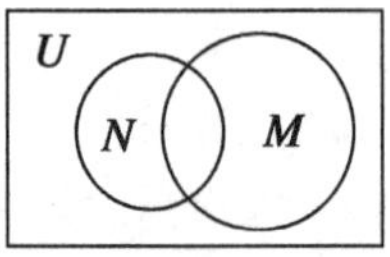

A.

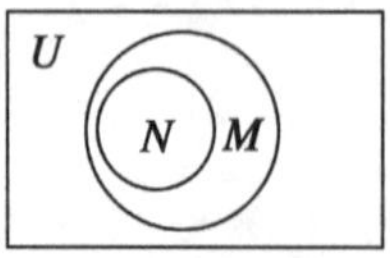

B.

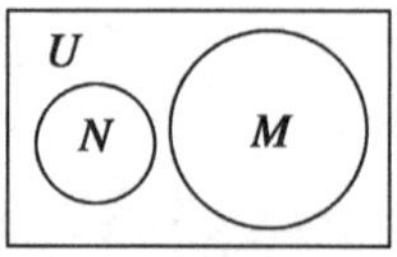

C.

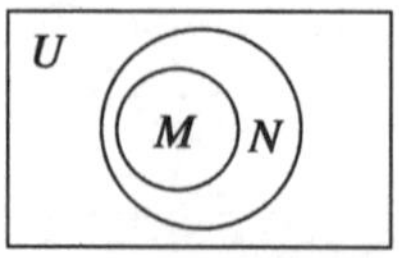

D.

9. 已知集合 $M = \{1,2,3\}$, $N = \{2,3,4\}$,则(　　)。

A. $M \subseteq N$　　B. $N \subseteq M$　　C. $M \cap N = \{2,3\}$　　D. $M \cup N = \{1,4\}$

10. 集合$\{x \in \mathbf{N} \mid x \leqslant 3\}$ 的另外一种表示方法(　　)。

A. $\{0,1,2,3\}$　　B. $\{1,2,3\}$　　C. $\{1,2,3,4\}$　　D. $\{0,1,2,3,4\}$

11. 设 $A = \{0,1,2,3,4,5\}$, $B = \{1,3,6,9\}$, $C = \{6,7,8\}$,则$(A \cap B) \cup C =$(　　)。

A. $\{0,1,2,6\}$　　B. $\{3,7,8\}$　　C. $\{1,3,7,8\}$　　D. $\{1,3,6,7,8\}$

12. 设全集 $U = \mathbf{R}$, $A = \{x \mid x^2 \neq 1\}$,则$\complement_U A =$(　　)。

A. 1　　B. $-1,1$　　C. $\{1\}$　　D. $\{-1,1\}$

13. 已知集合 $A = \{x \mid x^2 - 2x > 0\}$, $B = \{x \mid -\sqrt{5} < x < \sqrt{5}\}$,则(　　)。

A. $A \cap B = \varnothing$　　B. $A \cup B = \mathbf{R}$　　C. $B \subseteq A$　　D. $A \subseteq B$

14. 已知集合 $A = \{1,3,\sqrt{m}\}$, $B = \{1,m\}$, $A \cup B = A$,则 $m =$(　　)。

A. 0 或$\sqrt{3}$　　B. 0 或 3　　C. 1 或$\sqrt{3}$　　D. 1 或 3

15. 已知集合 $A = \{0,1,2\}$,则集合 $B = \{x - y \mid x \in A, y \in A\}$ 中元素的个数为(　　)。

A. 1　　B. 3　　C. 5　　D. 9

16. 已知集合 $A = \{1,2,3,4,5\}$, $B = \{(x,y) \mid x \in A, y \in A, x - y \in A\}$,则 B 中元素的个数为(　　)。

A. 3　　B. 6　　C. 8　　D. 10

17. 已知全集 $U = \{1,2,3,4\}$, $A = \{1,2\}$, $B = \{2,3\}$,则$\complement_U(A \cup B) =$(　　)。

A. $\{1,3,4\}$　　B. $\{3,4\}$　　C. $\{3\}$　　D. $\{4\}$

18. 设集合 $A = \{x \mid |x - 2| < 1\}$, $B = \{y \mid y = 2^x, x \in [0,2]\}$,则 $A \cap B =$(　　)。

A. $[0,2]$　　B. $(1,3)$　　C. $[1,3)$　　D. $(1,4)$

19. 设集合 $M = \{x \mid x^2 + 2x = 0, x \in \mathbf{R}\}$, $N = \{x \mid x^2 - 2x = 0, x \in \mathbf{R}\}$,则 $M \cup N =$(　　)。

A. $\{0\}$　　B. $\{0,2\}$　　C. $\{-2,0\}$　　D. $\{-2,0,2\}$

20. 已知集合 $A = \{x \mid x^2 - x - 2 < 0\}$, $B = \{x \mid -1 < x < 1\}$,则(　　)。

A. $A \subsetneqq B$　　B. $B \subsetneqq A$　　C. $A = B$　　D. $A \cap B = \varnothing$

二、填空题(10 题,每题 2 分,共 20 分)

1. 一般地,我们把________称为元素。元素通常用________表示,集合通常用________表示。

2. 集合中元素的三个特性：①________，②________，③________。

3. 元素与集合的关系中，如果 a 是集合的元素，就说 a ________ A；如果 a 不是集合的元素，就说 a ________ A。

4. 常见数集的符号：自然数集________；整数集________；正整数集________；有理数集________；实数集________。

5. 特殊集合：不含任何元素的集合叫作空集，记作________。

6. 用列举法写出单词“book”中的字母构成的集合________。

7. 用描述法写出大于 4 的所有偶数组成的集合________。

8. 若 $A=\{x \mid 0 \leqslant x<3$，且 $x \in \mathbf{N}\}$，则集合 A 的子集个数为________，真子集个数为________。

9. 已知集合 $A=\{x \mid 2x-3<7\}$，$B=\{x \mid x \geqslant 2\}$，则 $A \cap B=$ ________。

10. 若 $A=\{1,2,3\}$，$B \subseteq A$，则非空集合 B 的个数是________。

三、计算题(2 题，每题 10 分，共 20 分，要求写出计算过程和计算结果)

1. 已知集合 $A=\{-4,2a-1,a^2\}$，$B=\{a-5,1-a,9\}$，若 $9 \in(A \cap B)$，求 a 的值。

2. 已知 $A=\{x \mid (ax-4)(x-a)<0\}$，$B=\{-2,2\}$，$C=\{x \mid bx+1=0\}$，$D=\{x \mid -2 \leqslant x \leqslant 5\}$，$E=\{x \mid m+1 \leqslant x \leqslant 2m-1\}$，求：

(1) 若 $3 \in A$，求 a 的取值范围。

(2) 若 $C \subseteq B$，求 b 的取值范围。

(3) 若 $D \cap E=E$，求 m 的取值范围。

第2章　不　等　式

2.1　不等式的性质

一、教学基本要求

1. 理解并熟记不等式的基本性质和主要性质。

2. 会用不等式基本性质判断不等关系(如不等式两边同时加、减、乘、除一个正/负数,不等号如何改变)。

二、内容总结

1. 定义:用不等号表示不等关系的式子叫作不等式。

不等号主要有大于($>$),小于($<$),大于或等于($\geqslant$,至少,不少于),小于或等于($\leqslant$,至多,不多于)。

2. 不等式的基本性质

$$a-b=0 \Leftrightarrow a=b$$

$$a-b>0 \Leftrightarrow a>b$$

$$a-b<0 \Leftrightarrow a<b$$

3. 不等式的重要性质:

性质1(对称性)　$a>b \Leftrightarrow b<a$,反之成立。

性质2(传递性)　$a>b,b>c \Leftrightarrow a>c$。

根据以上两个性质,可得 $b<a,c<b \Rightarrow c<a$。

性质3(可加性)　如果 $a>b$,那么 $a+c>b+c$。即不等式两边都加上同一个实数,所得不等式与原不等式同向。

推论　不等式中的任何一项可以改变符号后移动到不等号的另一边。如:$a+b>c \Leftrightarrow a>c-b$。

性质4(可乘性)　如果 $a>b,c>0$,那么 $ac>bc$;如果 $a>b,c<0$,那么 $ac<bc$。

性质5(加法法则)　如果 $a>b, c>d$,那么 $a+c>b+d$。即两个同向不等式相加,所得不等式与原不等式同向。

性质6(乘法法则)　如果 $a>b>0, c>d>0$,那么 $ac>bd$。即两边都是正数的同向不等式相乘,所得不等式与原不等式同向。

性质7(乘方法则)　如果 $a>b>0$,那么 $a^n>b^n(n\in\mathbf{N}, n\geqslant 1)$。即不等式两边都是正数时,不等式两边同时乘方,所得不等式与原不等式同向。

性质8(开方法则)　如果 $a>b>0$,那么 $\sqrt[n]{a}>\sqrt[n]{b}(n\in\mathbf{N}, n\geqslant 2)$。即不等式两边都是正数时,不等式两边同时开方,所得不等式与原不等式同向。

定理1　如果 a,b 都是正数,那么 $\frac{a+b}{2}\geqslant\sqrt{ab}$,当且仅当 $a=b$ 时,等号成立。其中,$\frac{a+b}{2}$ 称为 a,b 的算数平均值,$\sqrt{ab}$ 称为 a,b 的几何平均值。

等价变形　当 $a>0$ 且 $b>0$ 时,$a^2+b^2\geqslant 2ab$,当且仅当 $a=b$ 时,等号成立。(重要不等式)

当 $a>0$ 且 $b>0$ 时,$a+b\geqslant 2\sqrt{ab}$,当且仅当 $a=b$ 时,等号成立。(基本不等式)

推论　算数平均值不小于几何平均值。

4. 不等式的倒数性质:

(1)$a>b, ab>0\Rightarrow\frac{1}{a}<\frac{1}{b}$。

(2)$a<0<b\Rightarrow\frac{1}{a}<\frac{1}{b}$。

(3)$a>b>0, d>c>0\Rightarrow\frac{a}{c}>\frac{b}{d}$。

三、典型例题

例1　判断对错,请将“√”或“×”填入括号中。

(1) 不等式两边同时乘以一个整数,不等号方向不变。　(　　)

(2) 如果 $a>b$,那么 $3-2a>3-2b$。　(　　)

(3) 如果 a 是有理数,那么 $-8a>-5a$。　(　　)

(4) 如果 $a<b$,那么 $a^2<b^2$。　(　　)

(5) 如果 a 为有理数,则 $a>-a$。　(　　)

(6) 如果 $a>b$,那么 $ac^2>bc^2$。　(　　)

(7) 如果 $-x>8$,那么 $x>-8$。 ( )

(8) 若 $a<b$,则 $a+c<b+c$。 ( )

解 (1) ×。

根据不等式性质4,不等式两边同时乘以一个正数,不等号方向才不改变。

(2) ×。

根据不等式性质4,$a>b$ 两边同时乘以 -2,不等式变为 $-2a<-2b$;再根据不等式性质3,两边同时加上3,则不等式变为 $3-2a<3-2b$。

(3) ×。

因为 $-8<-5$,所以根据不等式性质3,只有当 a 取小于0的有理数时,才有 $-8a>-5a$。

(4) ×。

如果 $a<b$,并且 $a>0,b>0$,那么 $a^2<b^2$。

(5) ×。

说法不严谨,如果 $a\leqslant 0$,则 $a>-a$ 不成立。

(6) ×。

如果 $a>b$,且 $c\neq 0$,那么 $ac^2>bc^2$。

(7) ×。

如果 $-x>8$,那么根据不等式性质4,则有 $x<-8$。

(8)√。

根据不等式性质1,可知,如果 $a<b$,那么 $a+c<b+c$。

例2 若 $x>y$,则 $ax>ay$,那么 a 一定为( )。

A. $a>0$ B. $a<0$ C. $a\geqslant 0$ D. $a\leqslant 0$

答案 A。

分析 根据不等式性质4,只有当等式两边同时乘以一个正数时,不等式才不会变号。

例3 若 $m<n$,则下列不等式中正确的是( )。

A. $m-3>n-3$ B. $3m>3n$

C. $-3m>-3n$ D. $\frac{m}{3}-1>\frac{n}{3}-1$

答案 C。

分析 根据不等式性质3可知A错;根据不等式性质4可知B错;同样根据不等式性质4可知C对;可以利用不等式性质4和不等式性质3判断D错。

例 4 若 $a<0$,则下列不等关系错误的是(　　)。

A. $a+5<a+7$　　B. $5a>7a$　　C. $5-a<7-a$　　D. $\frac{a}{5}>\frac{a}{7}$

答案 D。

例 5 下列各选项中,结论正确的是(　　)。

A. 若 $a>b,b<0$,则 $\frac{b}{a}<0$

B. 若 $a>b$,则 $a-b>0$

C. 若 $a>b$,则 $a-b<0$

D. 若 $a>b,a<0$,则 $\frac{b}{a}<0$

答案 B。

例 6 已知 $a>b>0,c<0$,求证:$\frac{c}{a}>\frac{c}{b}$。

分析 本题考查不等式重要性质的灵活运用,重点是根据给出的已知条件,判断不等号的方向。

证明 因为 $a>b>0$,所以 $\frac{1}{ab}>0$。

根据不等式性质 4,在不等式 $a>b$ 两边同时乘以 $\frac{1}{ab}$,可得 $\frac{1}{b}>\frac{1}{a}$,即 $\frac{1}{a}<\frac{1}{b}$。

又因为 $c<0$,利用不等式性质 4,在不等式 $\frac{1}{a}<\frac{1}{b}$ 两边同时乘以 c 可得 $\frac{c}{a}>\frac{c}{b}$。

所以原题得证。

四、习题训练

1. (★★) 已知 $a<b<0$,则下列不等式一定成立的是(　　)。

A. $|a|>-b$　　B. $\frac{a}{b}<1$　　C. $\sqrt{-a}<\sqrt{-b}$　　D. $\frac{1}{a}<\frac{1}{b}$

2. (★★★) 若 4 个实数 a,b,c,d 满足条件:①$d>c$;②$a+b=c+d$;③$a+d<b+c$,则有(　　)。

A. $d>b>a>c$

B. $b>a>d>c$

C. $b>d>c>a$

D. $b>d>a>c$

3.（★）若 $a > b > 0$，则$\frac{1}{a^n}$与$\frac{1}{b^n}$($n \in \mathbf{N}, n \geqslant 2$) 比较大小。

4.（★）若 $1 \leqslant a \leqslant 5$，$-1 \leqslant b \leqslant 2$，求 $a - b$ 的取值范围。

5.（★★）若 $x \in \mathbf{R}$，则$\frac{x}{1+x^2}$与$\frac{1}{2}$的大小关系为________。

6.（★★★）设 $n > 1, n \in \mathbf{N}, A = \sqrt{n} - \sqrt{n-1}, B = \sqrt{n+1} - \sqrt{n}$，则判断 A 与 B 的大小。

7.（★★）已知 $a > b > 0, c < d < 0, m < 0$，求证：$\frac{m}{a-c} > \frac{m}{b-d}$。

8.（★★★）已知甲、乙两种食物的维生素 A，B 含量如表 2 - 1 所示。

表 2 - 1

项目	食物甲	食物乙
维生素 A 含量 /($g \cdot kg^{-1}$)	600	700
维生素 B 含量 /($g \cdot kg^{-1}$)	800	400

分别用甲、乙两种食物 x kg，y kg 配成混合食物，并使混合食物中至少含有 56 000 g 维生素 A 和 63 000 g 维生素 B，请用不等式组来表示所满足的不等关系。

2.2 不等式的解法

一、教学基本要求

1. 了解一元二次不等式的概念、特点及与一元二次函数、一元二次方程的关系等。

2. 会用不等式的基本性质、一元二次函数图像及一元二次方程等求解一元二次不等式。

3. 会求一元二次不等式及简单分式不等式(分子、分母均为一次因式)的解集。

二、内容总结

1. 一元二次不等式的定义:只含有一个未知数,且未知数的最高次数为2的不等式,叫作一元二次不等式。形如 $ax^2+bx+c>0$ 或 $ax^2+bx+c<0$。

2. 一元二次不等式、一元二次方程及一元二次函数的关系:一元二次方程的解就是一元二次函数图像与 x 轴的交点的横坐标,而一元二次不等式的解集,就是函数图像在 x 轴上方或者 x 轴下方对应的 x 的范围,如图2-1(a)(b)所示。

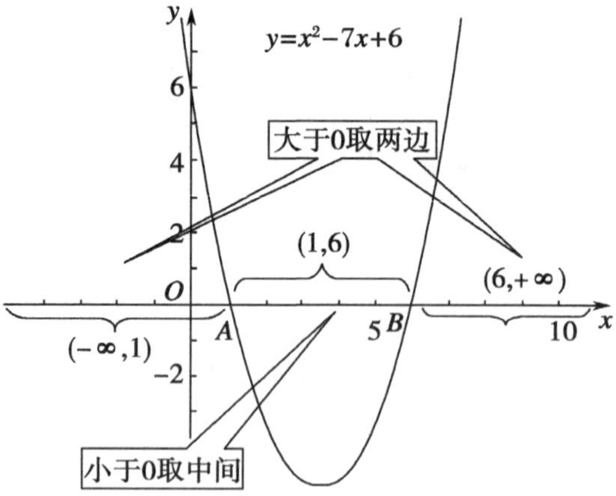

(a)

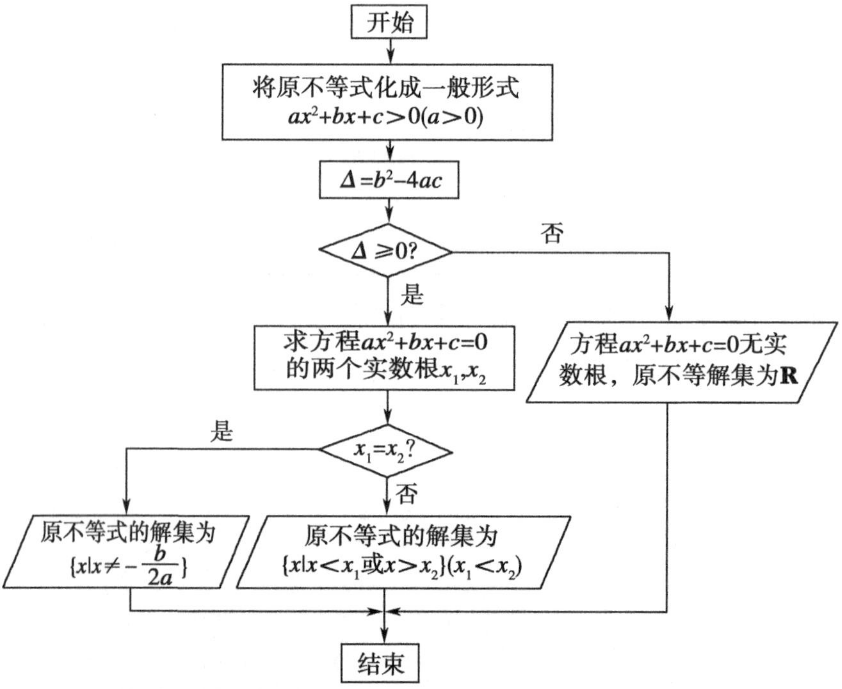

(b)

图2-1 一元二次不等式、一元二次方程及一元二次函数的关系

3. 利用一元二次方程求根公式及一元二次函数求解一元二次不等式(表2－2)。

表2－2

$\Delta=b^2-4ac$	$\Delta>0$	$\Delta=0$	$\Delta<0$
$y=ax^2+bx+c(a>0)$ 的图像	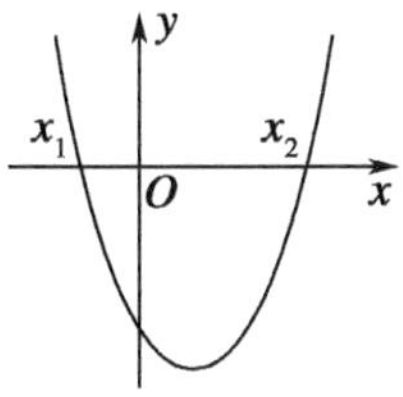	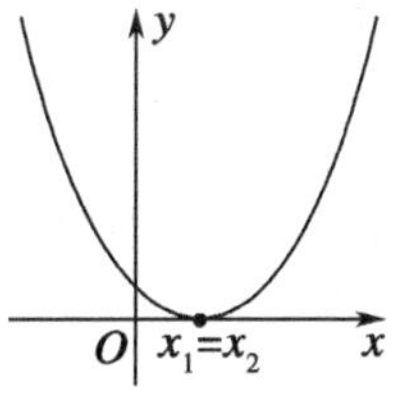	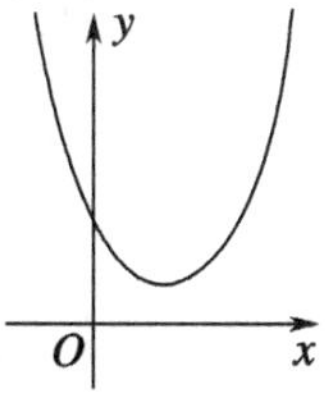
一元二次方程 $ax^2+bx+c=0(a>0)$ 的根	有两相异的实数根 $x_1,x_2(x_1<x_2)$	有两相等的实数根 $x_1=x_2=-\dfrac{b}{2a}$	没有实数根
$ax^2+bx+c>0(a>0)$ 的解集	$\{x\mid x<x_1,或x>x_2\}$ $(x_1<x_2)$	$\left\{x\,\middle\vert\, x\neq-\dfrac{b}{2a}\right\}$	**R**
$ax^2+bx+c<0(a>0)$ 的解集	$\{x\mid x_1<x<x_2\}$ $(x_1<x_2)$	$\varnothing$	$\varnothing$

4. 分式不等式定义：分母中含有未知数 x 的式子称为分式，含有分式的不等式称为分式不等式。

5. 分式不等式的几种典型形式及解法：

(1) $\dfrac{f(x)}{g(x)}>0$ 型

$$\frac{f(x)}{g(x)}>0\Leftrightarrow\begin{cases}f(x)>0\\g(x)>0\end{cases}\text{或}\begin{cases}f(x)<0\\g(x)<0\end{cases}\Leftrightarrow f(x)\cdot g(x)>0$$

(2) $\dfrac{f(x)}{g(x)}<0$ 型

$$\frac{f(x)}{g(x)}<0\Leftrightarrow\begin{cases}f(x)>0\\g(x)<0\end{cases}\text{或}\begin{cases}f(x)<0\\g(x)>0\end{cases}\Leftrightarrow f(x)\cdot g(x)<0$$

(3) $\dfrac{f(x)}{g(x)}\geqslant 0$ 型

$$\frac{f(x)}{g(x)}\geqslant 0\Leftrightarrow\begin{cases}f(x)\cdot g(x)\geqslant 0\\g(x)\neq 0\end{cases}$$

(4) $\dfrac{f(x)}{g(x)}\leqslant 0$ 型

$$\frac{f(x)}{g(x)} \leqslant 0 \Leftrightarrow \begin{cases} f(x) \cdot g(x) \leqslant 0 \\ g(x) \neq 0 \end{cases}$$

三、典型例题

（一）一元二次不等式

例1 解不等式 $2x^2 - 3x - 2 > 0$。

分析 主要考查简单一元二次不等式的解法，可根据一元二次方程的根的判别式结合一元二次函数图像来解。

解 因为方程 $2x^2 - 3x - 2 = 0$ 的根的判别式 $\Delta = (-3)^2 - 4 \times 2 \times (-2) = 25 > 0$，画出二次函数 $y = 2x^2 - 3x - 2$ 的图像（图2－2），结合图像得到不等式的解集为 $\{x \mid x < -\frac{1}{2}$，或 $x > 2\}$。

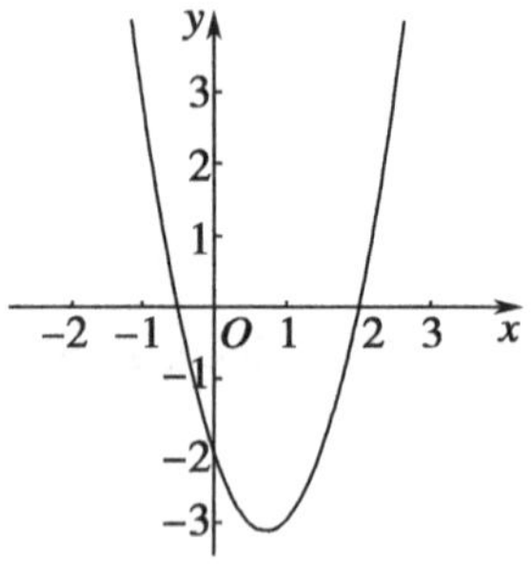

图2－2

例2 解不等式 $-x^2 + 2x - 3 > 0$。

分析 同上题比较，注意不等式符号的变化，结合一元二次函数图像来解即可。

解 原不等式可化为 $x^2 - 2x + 3 < 0$。

因为方程 $x^2 - 2x + 3 = 0$ 的根的判别式 $\Delta = (-2)^2 - 4 \times 1 \times 3 = -8 < 0$，所以方程无实数根。画出二次函数 $y = -x^2 + 2x - 3$ 的图像（图2－3），结合图像得到不等式的解集为 $\varnothing$。

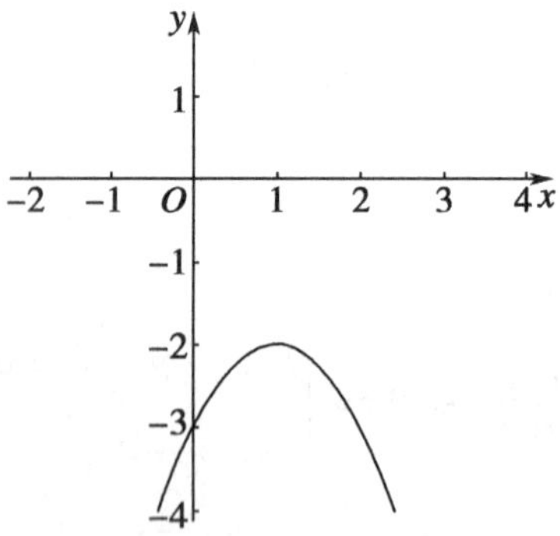

图2－3

（二）分式不等式

例3 解不等式$\frac{x-1}{x}>-1$。

分析 主要考查简单分式不等式的解法，注意不能直接在分式不等式两边同时乘以未知数来化成不含分式的标准型。

解 原不等式可转化为

$$\frac{x-1}{x}+1>0\Rightarrow\frac{2x-1}{x}>0\Rightarrow x(2x-1)>0\Rightarrow x(x-\frac{1}{2})>0$$

即解集为$\{x\mid x>\frac{1}{2},或x<0\}$。

例4 解不等式$\frac{x^2-1}{x^2-5x+6}<0$。

解 不等式可转化为$(x^2-1)(x^2-5x+6)<0$，即

$$(x+1)(x-1)(x-2)(x-3)<0$$

根据上面不等式左边各个因式的符号，按区间划分，可得到表2－3。

表2－3

因式	区间				
	$(-\infty,-1)$	$(-1,1)$	$(1,2)$	$(2,3)$	$(3,+\infty)$
$x+1$	－	＋	＋	＋	＋
$x-1$	－	－	＋	＋	＋
$x-2$	－	－	－	＋	＋
$x-3$	－	－	－	－	＋
$(x+1)(x-1)(x-2)(x-3)$	＋	－	＋	－	＋

最后得出解集为$\{x\mid-1<x<1,或2<x<3\}$

例5 关于x的不等式$x^2-2ax-8a^2<0(a>0)$的解集为(x_1,x_2)，且$x_2-x_1=15$，则a的值是多少？

分析 此题属于求解含参数的一元二次不等式。需要根据一元二次方程的根与系数的关系公式来确定未知数的值，从而求出答案；或根据不等式的性质及解集来确定未知数的值。

解 方法一：由已知条件可知，x_1,x_2是方程的两个根，则根据一元二次方程根与系数的关系，得$x_1+x_2=2a,x_1x_2=-8a^2$，所以

$$(x_2-x_1)^2=(x_2+x_1)^2-4x_1x_2=4a^2+32a^2=36a^2=15^2$$

又因为 $a>0$，所以 $a=\frac{5}{2}$。

方法二：由 $x^2-2ax-8a^2<0$，可得 $(x+2a)(x-4a)<0$。

因为 $a>0$，所以不等式的解集为 $(-2a,4a)$，而已知不等式的解集为 (x_1,x_2)，所以 $x_1=-2a$，$x_2=4a$，从而 $x_2-x_1=6a=15\Rightarrow a=\frac{5}{2}$。

四、习题训练

1.（★★）解下列一元二次不等式。

(1) $x^2-2x-3\leqslant 0$。

(2) $2x^2-5x-3>0$。

(3) $-3x^2+15x>12$。

(4) $-x^2+2x-3>0$。

2.（★★）解下列分式不等式。

(1) $\frac{x-1}{2x+1}\leqslant 0$。

(2) $\frac{x^2-2x+1}{x^2-1}<0$。

(3) $\frac{x^2-x-2}{x^2-3x+2}\leqslant 0$。

(4) $\frac{3x^2-5x+2}{-x^2+7x-10}\geqslant 0$。

3. (★★) 求不等式$(x^3-1)(x-1)(x+2)>0$的解集。

4. (★★★) 已知不等式的解集$\{x \mid ax^2-ax+1<0\}=\varnothing$,求实数 a 的取值范围。

5. (★★) 求关于 x 的不等式$\dfrac{ax-1}{x+1}<0(a<-1)$的解集。

单元测试

一、单项选择题(20 题,每题 3 分,共 60 分)

1. 已知 $a,b\in\mathbf{R}$,且 $ab>0$,则下列结论恒成立的是(　　)。

A. $a^2+b^2>2ab$　　B. $a+b\geqslant 2\sqrt{ab}$

C. $\frac{1}{a}+\frac{1}{b}>\frac{2}{\sqrt{ab}}$　　D. $\frac{b}{a}+\frac{a}{b}\geqslant 2$

2. 若 $0<a<1,0<b<1$,且 $a\neq b$,则 $a+b,2\sqrt{ab},2ab,a^2+b^2$ 中最大的一个是(　　)。

A. a^2+b^2　　B. $2\sqrt{ab}$　　C. $2ab$　　D. $a+b$

3. 不等式 $x^2-2x-15\leqslant 0$ 的解集是(　　)。

A. $[-3,5]$　　B. $[-5,3]$　　C. $(-3,5)$　　D. $(-5,3)$

4. 不等式 $x^2-7x+10\leqslant 0$ 的解集是(　　)。

A. $[2,5)$　　B. $[2,5]$　　C. $(-5,2)$　　D. $(-2,5)$

5. 不等式 $-2x^2+x+3<0$ 的解集是(　　)。

A. $\{x\mid x<-1\}$　　B. $\{x\mid x>\frac{3}{2}\}$

C. $\{x\mid -1<x<\frac{3}{2}\}$　　D. $\{x\mid x<-1$ 或 $x>\frac{3}{2}\}$

6. 若 $a<b<0$,则下列选项中正确的是(　　)。

A. $\frac{b}{a}<\frac{a}{b}$　　B. $\frac{1}{a}<\frac{1}{b}$

C. $a^n<b^n(n\in\mathbf{N}^*,n\geqslant 2)$　　D. $\forall c\neq 0$,都有 $ac<bc$

7. 若 $a>b>0$,则下列不等式成立的是(　　)。

A. $\frac{a}{b}<1$　　B. $b^2-a^2>0$　　C. $|b|>|a|$　　D. $2^a>2^b$

8. 若 a,b,c 满足 $c<b<a$,且 $ac<0$,则下列选项不一定成立的是(　　)。

A. $ab>ac$　　B. $c(b-a)>0$　　C. $cb^2<ab^2$　　D. $ac(a-c)<0$

9. 若$\frac{1}{a}<\frac{1}{b}<0$，则下列结论中不正确的是（　　）。

A. $a^2<b^2$　　B. $a>b$　　C. $\frac{a}{b}+\frac{b}{a}>2$　　D. $ab>b^2$

10. 已知一元二次不等式$ax^2+bx+1>0$的解集是$\{x\mid -2<x<1\}$，则a,b的值是（　　）。

A. $a=-1,b=-2$　　B. $a=-2,b=-1$

C. $a=b=-\frac{1}{2}$　　D. $a=1,b=2$

11. 如果$a<0,b>0$，那么下列不等式中正确的是（　　）。

A. $\frac{1}{a}<\frac{1}{b}$　　B. $\sqrt{-a}<\sqrt{b}$　　C. $a^2<b^2$　　D. $|a|>|b|$

12. 如果$a\in\mathbf{R}$，且$a^2+a<0$，那么$a,a^2,-a,-a^2$的大小关系是（　　）。

A. $a^2>a>-a^2>-a$　　B. $-a>a^2>-a^2>a$

C. $-a>a^2>a>-a^2$　　D. $a^2>-a>a>-a^2$

13. 如果$a<b<0$，那么下列不等式成立的是（　　）。

A. $\frac{1}{a}<\frac{1}{b}$　　B. $ab<b^2$　　C. $-ab<-a^2$　　D. $-\frac{1}{a}<-\frac{1}{b}$

14. 已知$a+b>0,b<0$，那么$a,b,-a,-b$的大小关系是（　　）。

A. $a>b>-b>-a$　　B. $a>-b>-a>b$

C. $a>-b>b>-a$　　D. $a>b>-a>-b$

15. 已知a,b,c,d均为实数，且$ab>0$，$-\frac{c}{a}<-\frac{d}{b}$，则下列不等式中成立的是（　　）。

A. $bc<ad$　　B. $bc>ad$　　C. $\frac{a}{c}>\frac{b}{d}$　　D. $\frac{a}{c}<\frac{b}{d}$

16. 若$f(x)=3x^2-x+1$，$g(x)=2x^2+x-1$，则$f(x)$，$g(x)$的大小关系是（　　）。

A. $f(x)>g(x)$　　B. $f(x)=g(x)$

C. $f(x)<g(x)$　　D. 随x值的变化而变化

17. 若$a>b>0,c<d<0$，则一定有（　　）。

A. $\frac{a}{c}>\frac{d}{b}$　　B. $\frac{a}{c}\leqslant\frac{b}{d}$　　C. $\frac{a}{d}>\frac{b}{c}$　　D. $\frac{a}{d}<\frac{b}{c}$

18. 不等式$\frac{x-2}{x^2-1}<0$的解集是（　　）。

A. $\{x \mid 1 < x < 2\}$　　B. $\{x \mid x < 2$ 且 $x \neq 1\}$

C. $\{x \mid -1 < x < 2$ 且 $x \neq 1\}$　　D. $\{x \mid x < -1$ 或 $1 < x < 2\}$

19. 设集合 $S = \{x \mid (x-2)(x-3) \geqslant 0\}$，$T = \{x \mid x > 0\}$，则 $S \cap T =$ (　　)。

A. $[2,3]$　　B. $(-\infty,2] \cup [3,+\infty)$

C. $[3,+\infty)$　　D. $(0,2] \cup [3,+\infty)$

20. 不等式 $\dfrac{x-1}{2x+1} \leqslant 0$ 的解集是(　　)。

A. $\left(-\dfrac{1}{2},1\right]$　　B. $\left[-\dfrac{1}{2},1\right]$

C. $\left(-\infty,-\dfrac{1}{2}\right) \cup [1,+\infty)$　　D. $\left(-\infty,-\dfrac{1}{2}\right] \cup [1,+\infty)$

二、填空题(10 题，每题 2 分，共 20 分)

1. 用不等式表示下面的不等关系。

(1) a 与 b 的和是非负数：________________。

(2) 某公路上限速(速度用 v)40 km/h：________。

2. 用“ > ”“ < ” 填空。

(1) $a > b, c < d \Rightarrow a - c$ ________ $b - d$。

(2) $a > b > 0, c < d < 0 \Rightarrow ac$ ________ bd。

(3) $a > b > 0 \Rightarrow \sqrt[3]{a}$ ________ $\sqrt[3]{b}$。

(4) $a > b > 0 \Rightarrow \dfrac{1}{a^2}$ ________ $\dfrac{1}{b^2}$。

3. 求下列不等式的解集(用描述法表示)。

(1) 不等式 $4x^2 - 4x + 1 > 0$ 的解集是________________________________。

(2) 不等式 $-x^2 + 2x - 3 > 0$ 的解集是________________________________。

(3) 不等式 $3x^2 - 7x \leqslant 10$ 的解集是________________________________。

(4) 不等式 $-2x^2 + x < -3$ 的解集是________________________________。

4. 若 $0 < a < b$，且 $a + b = \dfrac{1}{2}$，则 $\dfrac{1}{2}, a, 2ab, a^2 + b^2$ 中最大的是________。

5. 某中学对高一美术生划定录取控制分数线，专业成绩 x 不低于 95 分，文化课总分 y 不低于 380 分，体育成绩 z 不低于 45 分，写成不等式组就是________________。

6. 已知 $-\dfrac{1}{2} < a < 0, A = 1 + a^2, B = 1 - a^2, C = \dfrac{1}{1+a}, D = \dfrac{1}{1-a}$，则 A,B,C,D 的大

小关系是____________________。

7. 若 $a>b>0$，则$\frac{b}{a}$与$\frac{b+1}{a+1}$的大小关系是____________________。

8. 若对任意的 $x\in\mathbf{R}$，不等式 $x^2-2x-3>a$ 恒成立，则实数 a 的取值范围是____________________。

9. 不等式 $x^2+x-2<0$ 的解集是____________________。

10. 不等式 $\frac{2x^2-x-3}{x-1}>0$ 的解集是____________________。

三、证明及计算题(2 题，每题 10 分，共 20 分)

1. 已知 $a>b>0,c>d>0$，求证：$\sqrt{\frac{a}{d}}>\sqrt{\frac{b}{c}}$。

2. 求不等式 $\frac{x+1}{2x-3}<1$ 的解集。

第 3 章　函　　数

3.1　映射和函数

一、教学基本要求

1. 了解平面直角坐标系的相关概念，理解映射的定义及理解函数与映射的关系。

2. 理解函数的定义、特点及构成要素。

3. 理解函数定义域及值域的概念，会求简单函数的定义域和值域。

4. 会判断两个函数是否相等。

5. 理解函数的不同表示方法，并会根据不同需求选择恰当的方法表示函数。

6. 理解分段函数的概念。

二、内容总结

1. 映射的定义：设 X,Y 是两个非空集合，若存在一个法则 f，使得对 X 中每个元素 x，按法则 f，在 Y 中有唯一确定的元素 y 与之对应，则称 f 为从 X 到 Y 的映射，记作 $f:X\rightarrow Y$。

例如，$A=\{$中国，美国，英国，日本$\}$，$B=\{$北京，伦敦，华盛顿，东京$\}$，对于集合 A 中的每个国家，在集合 B 中都有一个首都与之对应，就是一个映射，如图 3 - 1 所示。

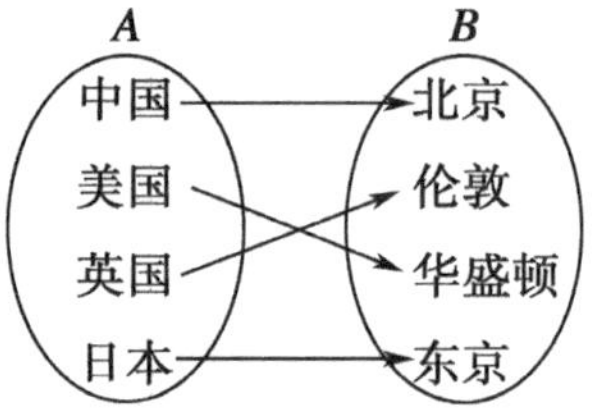

图 3 - 1

2. 映射的特点及判断依据。

(1) 映射定义中的两个集合是非空的，可以是数集，也可以是点集或者其他集合。

(2) 对应关系 f 可以是多对一、一对一，但不可以是一对多，即不可以一个 x 值对应多个 $f(x)$。口诀——A 中元素不可剩，B 中元素可剩；多对一行，一对多不行。

(3) 集合 A,B 是有先后次序的，从 A 到 B 的映射与从 B 到 A 的映射截然不同，也可以说对应关系具有方向性。

3. 一一映射的定义。

对于集合 A 与 B，在映射 f 下，B 中的每一个元素都至少是 A 中某一个元素的象，则称 f 是从 A 到 B 的映射。

A 中每一个元素在 B 中都有唯一的象与之对应。

A 中不同元素的象也不同。

B 中的每一个元素都有原象。

这样的映射叫作一一映射，也叫一一对应。

判断一个对应是不是一一映射，要看是否同时满足两个条件：

（1）集合 A 中的元素在集合 B 中有且都有唯一的象。

（2）集合 B 中的元素在集合 A 中有且都有唯一的原象。

4. 函数定义。

设 A，B 是非空数集，如果按照某个确定的对应关系 f，使得对于数集 A 中的任意一个数 x，在数集 B 中都有唯一确定的数 $f(x)$ 和它对应，那么就称 $f:A\to B$ 是从数集 A 到数集 B 的一个函数，记作 $y=f(x)(x\in A)$，其中 x 叫作自变量，x 的取值范围叫作函数的定义域，记作 D_f；与 x 的值相对应的 y 的值叫作函数值，函数值的集合叫作函数的值域，记作 V_f。

5. 函数与映射的关系。

函数是特殊的映射（非空数集之间的映射）。函数一定是映射，但映射不一定是函数，如图 3 – 2 所示。

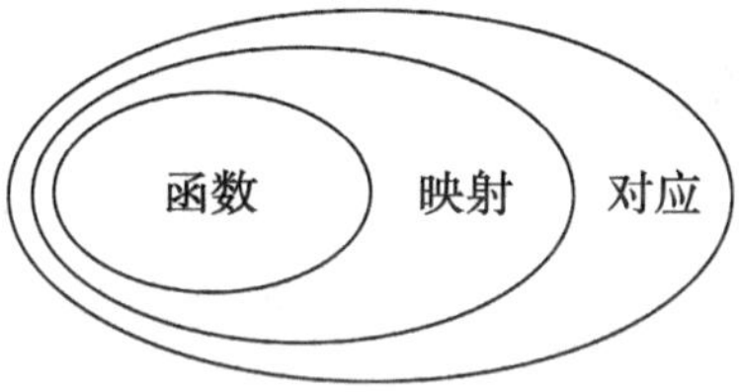

图 3 – 2　函数与映射的关系

6. 函数特性。

（1）A 和 B 是非空的数集，定义域和值域都不能是空集。

（2）函数的三个性质：任意性（任意一个元素）、存在性（都有）、唯一性（唯一）。

（3）判定两个变量之间是否有函数关系的依据：① 定义域和对应关系是否是确定的；② 根据给出的对应关系，自变量 x 在其定义域中的每个值是否都有唯一确定的函数值 y 与之对应。

（4）A 中元素无剩余，B 中元素可剩余。

7. 函数三要素：定义域、对应关系、值域。

（1）定义域：自变量 x 的取值范围，也就是指能使表达函数的式子各部分都有意义的所有实数 x 的集合。x 可以是数、代数式或某个函数符号。

（2）对应关系：是函数的核心，是对 x 实施“操作”得到 y 的“程序”或“方法”。

(3) 值域:是函数值的集合,通常定义域和对应关系确定了,函数值域也就确定了。

原象的集合称为定义域;象的集合称为值域。

8. 两个函数相等:

(1) 定义域相同;

(2) 对应关系相等。

三、典型例题

(一) 映射

例 1 集合 $A=\{$全班同学$\}$,集合 $B=\{$全班同学的姓$\}$,那么从 A 到 B 存在怎样的关系?

分析 判断是否为映射需要满足:

(1) 两个集合是非空的。

(2)A 中元素不可剩,B 中元素可剩;多对一行,一对多不行。

解 是映射关系。满足映射定义,即对于 A 中的任一元素,按照图 3-3 中所示的对应关系,在 B 中都有唯一的元素与之对应。

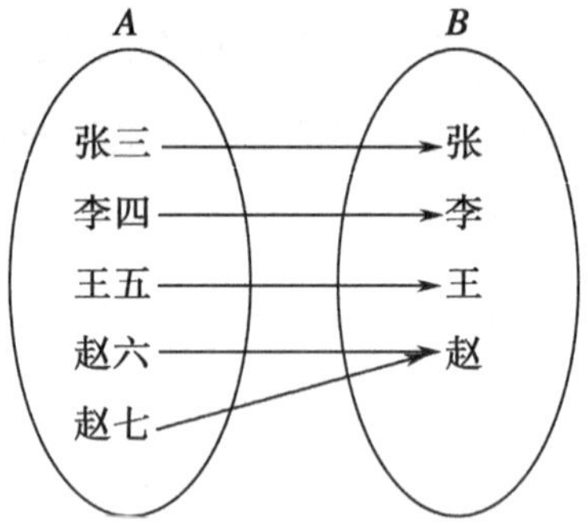

图 3-3

例 2 已知映射 $f:A\to B$,其中集合 $A=\{-3,-2,-1,1,2,3,4\}$,集合 B 中的元素是 A 中元素在映射 $f:A\to B$ 下的象,且对任意的 $a\in A$,在 B 中和它对应的元素是 $|a|$,则集合 B 中的元素个数为(　　)。

A. 4　　B. 5　　C. 6　　D. 7

答案 A。

分析 根据映射的定义和性质,对应法则是对 A 中元素取绝对值,并且 A 中元素不可剩,B 中元素可剩,所以可以推出 $B=\{1,2,3,4\}$。

(二) 函数的定义及性质

例 3 在下列从集合 A 到集合 B 的对应关系中,不能确定 y 是 x 的函数的是(　　)。

(1)$A=\{x\mid x\in\mathbf{Z}\}$,$B=\{y\mid y\in\mathbf{Z}\}$,对应法则 $f:x\to y=\dfrac{x}{3}$。

(2)$A=\{x\mid x>0,x\in\mathbf{R}\}$,$B=\{y\mid y\in\mathbf{R}\}$,对应法则 $f:x\to y^2=3x$。

(3)$A=\{x\mid x\in\mathbf{R}\}$,$B=\{y\mid y\in\mathbf{R}\}$,对应法则 $f:x\to y:x^2+y^2=25$。

(4)$A=\mathbf{R}$,$B=\mathbf{R}$,对应法则 $f:x\to y=x^2$。

(5)$A=\{(x,y)\mid x\in\mathbf{R},y\in\mathbf{R}\}$,$B=\mathbf{R}$,对应法则 $f:(x,y)\to x+y=0$。

(6)$A=\{x\mid -1\leqslant x\leqslant 1,x\in\mathbf{R}\}$,$B=\{0\}$,对应法则 $f:x\to y=0$。

分析　根据函数定义及性质,可知:

(1)A 中不能被 3 整除的数在 B 中没有象,所以不能确定是函数。

(2)A 中的元素在 B 中有两个象。

(3)A 中的数(除了 5 和 -5) 在 B 中有两个数或没有数与之对应;3 和 4, -4。

(5)A 不是数集,是点集。

解　不能确定的是(1)(2)(3)(5)。

例 4　设 $M=\{x \mid 0 \leqslant x \leqslant 2\}$,$N=\{y \mid 0 \leqslant y \leqslant 2\}$,给出下列四个图像,其中能表示从集合 M 到集合 N 的函数关系的是(　　)。

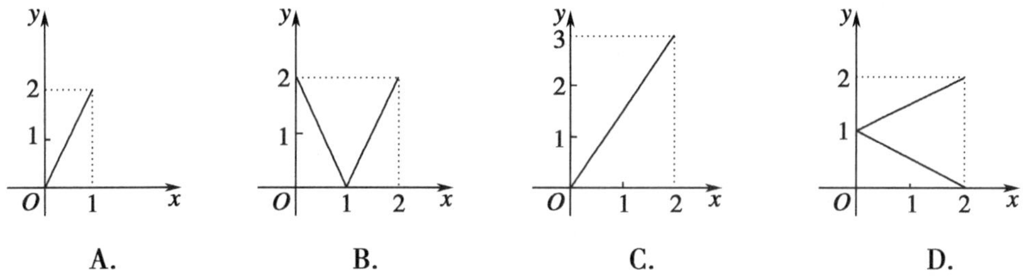

答案　B。

分析　根据函数定义可知:

A 定义域中的(1,2) 部分没有与其对应的数。

B 定义域、对应关系及值域都符合。

C 定义域中的 x(如 2) 在值域中无相应的 y 值对应。

D 定义域内的每一个 x 值,在值域上都有两个元素与其对应,不符合。

(三) 函数相等

例 5　(1) 与函数 $y=x+1$ 相等的函数是(　　)。

A. $y=\dfrac{x^2-1}{x-1}$　　B. $y=t+1$

C. $y=\sqrt{x^2+2x+1}$　　D. $y=(\sqrt{x+1})^2$

(2) 试判断函数 $y=\sqrt{x-1}\cdot\sqrt{x+1}$ 与函数 $y=\sqrt{(x+1)(x-1)}$ 是否相等,并说明理由。

分析　此题考查两个函数相等的定义和条件。函数共有三个要素,定义域、对应关系和值域,函数相等必须满足三个要素都相等,缺一不可。

解　(1)B。因为 A,D 与原函数定义域不同;C 与原函数的对应关系不同;而 B 与原函数定义域、对应关系和值域都相同,所以选 B。

(2) 不相等。因为函数 $y=\sqrt{x-1}\cdot\sqrt{x+1}$ 的定义域为 $\{x\mid x\geqslant 1\}$；而函数 $y=\sqrt{(x-1)(x+1)}$ 的定义域为 $\{x\mid x\geqslant 1 \text{ 或 } x\leqslant -1\}$。定义域不同，所以函数也不相等。

(四) 函数定义域

1. 函数定义域就是使得这个函数关系式有意义的实数的全体构成的集合。

基本原则：

(1) 分式的分母不为0。

(2) 偶次根式的被开方数大于或等于0。

(3) 零次幂的底数不为0。

(4) 实际问题对自变量的限制。

(5) 若函数由几个式子构成，求定义域时要满足各式子均有意义(取交集)。

2. 求解函数定义域的步骤：分析解析式 → 列不等式(组) → 解不等式(组) → 得到定义域(集合或区间形式表示)。

例 6　求函数 $f(x)=\dfrac{1}{\sqrt{1-2x}}$ 的定义域。

分析　需满足偶次根式的被开方数大于或等于零，并且分母不为零。由已知可得 $1-2x\geqslant 0$ 且 $1-2x\neq 0$，解得 $x<\dfrac{1}{2}$。

解　定义域为 $\left\{x\mid x<\dfrac{1}{2}\right\}$。

例 7　(1) 已知矩形的周长为1，它的面积 S 与矩形的一条边长 x 之间的函数解析式为________，其定义域为________。

(2) 求下列函数的定义域。

①$y=\dfrac{(x+2)^0}{|x|-x}$；②$f(x)=\dfrac{x^2-1}{x-1}-\sqrt{4-x}$。

分析　(1) 由题意得，矩形的另外一条边长为 $\dfrac{1}{2}-x$，于是 $S=\left(\dfrac{1}{2}-x\right)x=\dfrac{1}{2}x-x^2$，其中 x 需满足 $\begin{cases}\dfrac{1}{2}-x>0\\ x>0\end{cases}$，所以 $0<x<\dfrac{1}{2}$，所以 S 与 x 之间的函数关系中的定义域为 $\left(0,\dfrac{1}{2}\right)$。

解　(1) $S=\dfrac{1}{2}x-x^2$，$\left(0,\dfrac{1}{2}\right)$。

(2) ① 要使函数有意义，自变量 x 的取值必须满足 $\begin{cases}x+2\neq 0\\ |x|-x\neq 0\end{cases}$，即 $\begin{cases}x\neq -2\\ |x|\neq x\end{cases}$，所以 $x<$

0 且 $x \neq -2$，所以原函数的定义域为 $(-\infty, -2) \cup (-2, 0)$。

②要使函数有意义，自变量 x 的取值必须满足 $\begin{cases} 4-x \geqslant 0 \\ x-1 \neq 0 \end{cases}$，即 $\begin{cases} x \leqslant 4 \\ x \neq 1 \end{cases}$，所以原函数的定义域为 $(-\infty, 1) \cup (1, 4]$。

（五）函数值域

例8 求如下函数的值域。

(1) $f(x) = \dfrac{5x+4}{x-1}$；(2) $f(x) = -x^2 - 2x + 5$；(3) $f(x) = x + 4\sqrt{1-x}$。

解 (1) 函数的定义域是 $\{x \mid x \neq 1\}$，$y = \dfrac{5x+4}{x-1} = 5 + \dfrac{9}{x-1}$，所以函数的值域为 $\{y \mid y \neq 5\}$。

(2) 因为 $f(x) = -x^2 - 2x + 5 = -(x+1)^2 + 6$，所以当 $x = -1$ 时，$f(x)$ 取得最大值 6，因此函数 $f(x) = -x^2 - 2x + 5$ 的值域是 $(-\infty, 6]$。

(3) 设 $t = \sqrt{1-x} \geqslant 0$，则 $x = 1 - t^2$，所以原函数可化为 $y = 1 - t^2 + 4t = -(t-2)^2 + 5 (t \geqslant 0)$，因此 $y \leqslant 5$，故原函数的值域为 $(-\infty, 5]$。

例9 函数 $f(x) = x^2 - 2x, x \in [0, b]$，且该函数的值域为 $[-1, 3]$，求 b 的值。

解 作函数 $f(x) = x^2 - 2x, x \in [0, b]$ 的图像如图 3-4 所示。

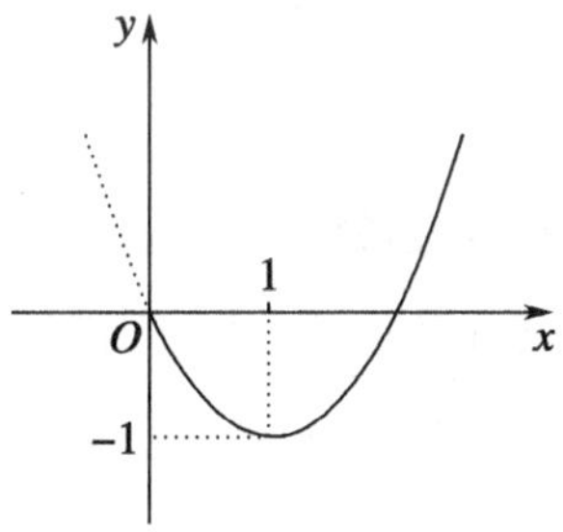

图 3-4

由图 3-4 可知，区间右端点必为函数最大值的对应点。所以 $f(b) = 3$，即 $b^2 - 2b = 3$，故 $b = -1$ 或 $b = 3$。

又 $-1 \notin [0, b]$，所以 $b = 3$。

例10 函数 $y = x^2 - 2x$ 的定义域为 $\{0, 1, 2, 3\}$，那么其值域为（　　）。

A. $\{-1, 0, 3\}$　　B. $\{0, 1, 2, 3\}$　　C. $\{y \mid -1 \leqslant y \leqslant 3\}$　D. $\{y \mid 0 \leqslant y \leqslant 3\}$

答案 A。

解　由对应关系 $y = x^2 - 2x$，得 $0 \to 0, 1 \to -1, 2 \to 0, 3 \to 3$，所以值域为 $\{-1, 0, 3\}$。

（六）函数表示法

1. 函数表示法分类及定义（表 3 - 1）。

表 3 - 1

表示法	定　义
解析法	用数学表达式表示两个变量之间的对应关系
列表法	通过列出表格来表示两个变量之间的对应关系
图像法	用图像表示两个变量之间的对应关系

2. 函数三种表示方法的优缺点（图 3 - 5）。

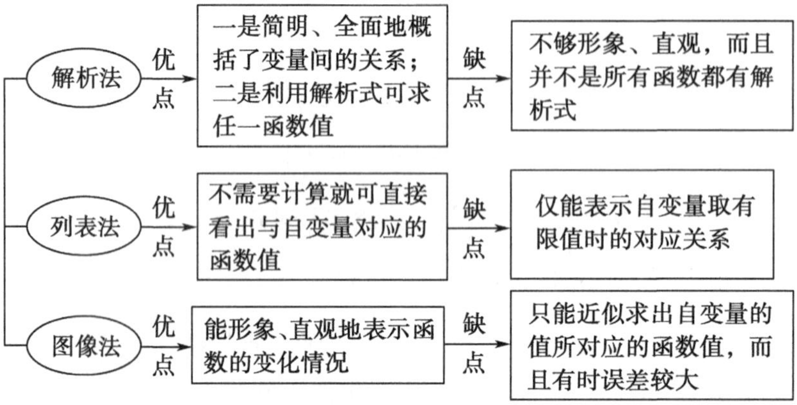

图 3 - 5

3. 作函数图像的注意事项。

（1）应先确定函数的定义域，在定义域内作图。

（2）图像是实线或实点，定义域外的部分有时可用虚线来衬托整个图像。

（3）要标出某些关键点，例如图像的顶点、端点、与坐标轴的交点等，要分清这些关键的点是实心的还是空心的。

例 11　函数 $y = \dfrac{|x|}{x} + x$ 的图像是（　　）。

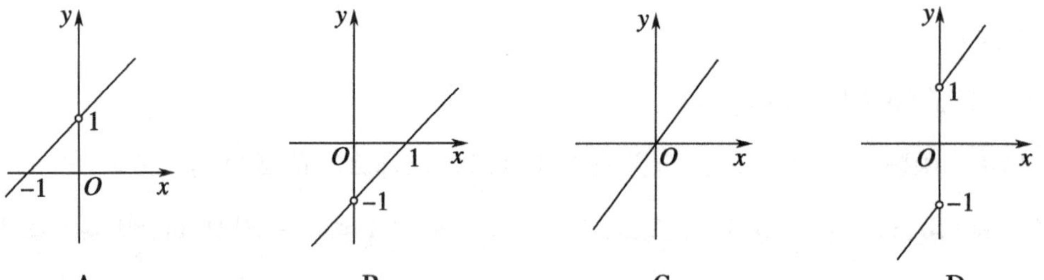

A.　　B.　　C.　　D.

答案 D。

解 函数的定义域为$\{x \mid x \neq 0\}$，可排除C；当$x=1$时，$y=2$，可排除B；当$x=-1$时，$y=-2$，可排除A。

4. 求函数的解析式的常用方法。

(1) 待定系数法：当已知函数类型时，常用待定系数法。

(2) 代入法：已知$y=f(x)$的解析式，求$x=f(g(x))$的解析式时，可直接用新自变量$g(x)$替换$y=f(x)$中的x。

(3) 换元法（有时可用“配凑法”）：已知$y=f(g(x))$的解析式，求$y=f(x)$的解析式，即令$g(x)=t$，反解出x，然后代入$y=f(g(x))$中求出$f(t)$，从而求出$f(x)$。

(4) 构造方程法：当同一个对应关系中的两个自变量之间有互为相反数或者互为倒数关系时，构造方程求解。

例12 设函数$g(x+2)=2x+3$，则$g(x)=$（ ）。

A. $2x+1$　　B. $2x-1$　　C. $2x-3$　　D. $2x+7$

答案 B。

解 设$x+2=t$，则$x=t-2$，$g(t)=2(t-2)+3=2t-1$，$g(x)=2x-1$。

例13 已知$f(2x+1)=x^2-2x+1$，则$f(5)=$ ________。

答案 1。

解 令$2x+1=5$，则$x=2$，代入已知条件可得$f(5)=2^2-2\times2+1=1$。

5. 列表法求函数及函数值。

例14 表3-2表示函数$y=f(x)$，则$f(11)=$（ ）。

表3-2

x	$0<x<5$	$5\leqslant x<10$	$10\leqslant x<15$	$15\leqslant x\leqslant 20$
y	2	3	4	5

A. 2　　B. 3　　C. 4　　D. 5

答案 C。

解 由表3-2可知$f(11)=4$。

(七) 分段函数

定义:对于自变量 x 的不同的取值范围,有着不同的解析式的函数,例如图 3 - 6 所示的分段函数。

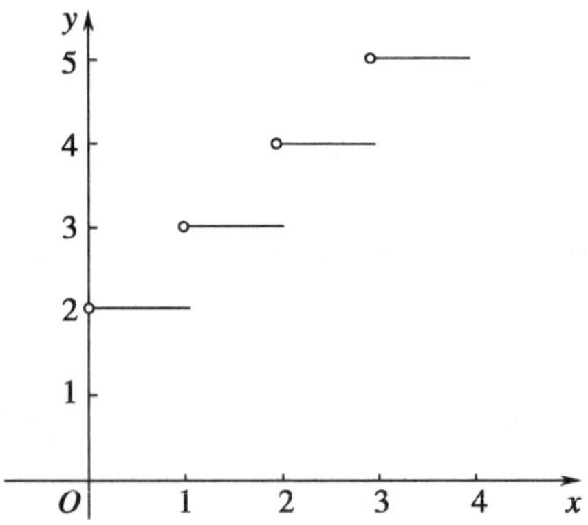

图 3 - 6　分段函数

注意:

(1) 分段函数是一个函数,而不是几个函数。

(2) 分段函数的定义域是各段函数定义域的并集,值域也是各段函数值域的并集,区间端点要注意不重不漏。

(3) 每一段可以是等长的,也可以是不等长的。

例 15　小明骑车上学,开始时匀速行驶,途中因为交通堵塞停留了一段时间,后为了赶时间加快速度行驶,与以上事件吻合得最好的图像是(　　)。

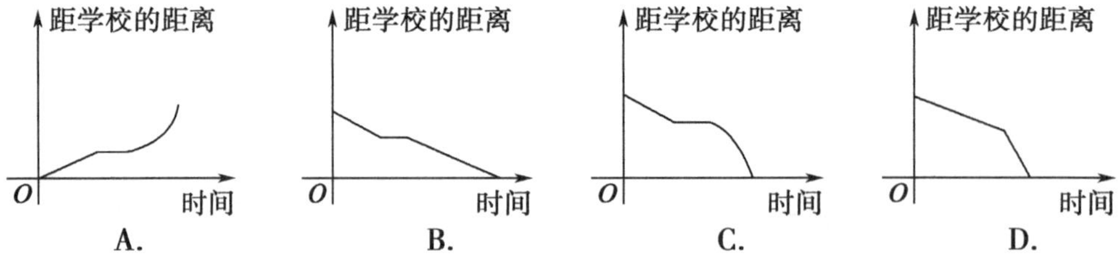

答案　C

分析　可以将小明骑车上学的行程分为三段:

第一段:是匀速行驶,运动方程是一次函数,即小明距学校的距离是他行驶时间的一次函数,所对应的函数图像是一条向下倾斜的直线段,由此可以判断 A 是错误的。

第二段:因交通堵塞停留了一段时间,这段时间内小明距学校的距离没有改变,即小明距学校的距离是行驶时间的常值函数,所对应的函数图像是平行于 x 轴的一条线段,由此可以排除 D。

第三段:小明为了赶时间加快速度行驶,即小明在第三段的行驶速度大于第一段的行驶速度,所以第三段所对应的函数图像不与第一段平行,从而排除 B。

四、习题训练

（一）映射定义及性质习题

1.（★）判断下列关系是不是映射，并说明原因。

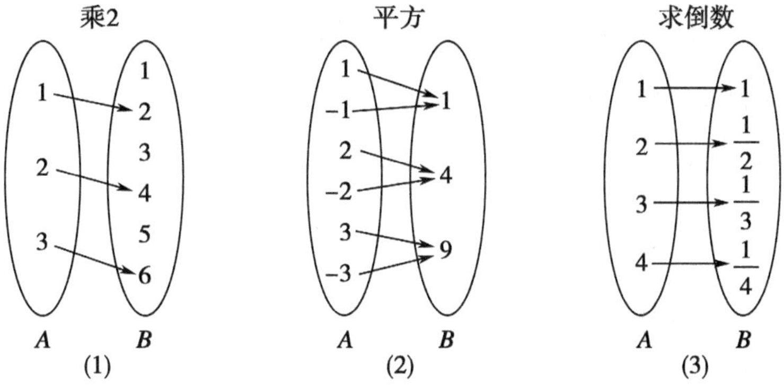

2.（★★）设 $A=\{1,2,3,4\}$，$B=\{3,4,5,6,7,8\}$，对应关系为“加 2”，判断这个对应是不是集合 A 到集合 B 的映射。

3.（★★）设 $A=\{x \mid x$ 是留学生中心的班级$\}$，$B=\{y \mid y$ 是留学生中心的学生$\}$，判断这个对应是不是集合 A 到集合 B 的映射。

4.（★★）设集合 $A=\{2,4,6,8,10\}$，$B=\{1,9,25,49,81,100\}$，下面的对应关系 f 能构成 A 到 B 的映射的是（　　）。

A. $f:x\to(2x-1)^2$　　B. $f:x\to(2x-3)^2$

C. $f:x\to x^2-2x-1$　　D. $f:x\to(x-1)^2$

5.（★★★）根据下列所给的对应关系填空。

①$A=\mathbf{N}^*$，$B=\mathbf{Z}$，$f:x\to y=3x+1$，$x\in A$，$y\in B$。

②$A=\mathbf{N}$，$B=\mathbf{N}^*$，$f:x\to y=|x-1|$，$x\in A$，$y\in B$。

③$A=\{x\mid x=\text{某班学生}\}$，$B=\{x\mid x=\text{学生身高}\}$，$f$：每个同学对应的身高。

④$A=\mathbf{N}^-$（表示负整数），$B=\mathbf{N}^*$，$f:x\to y=5x+3$，$x\in A$，$y\in B$。

上述四组对应关系中，是映射的是________，是函数的是________。（填序号）

（二）函数定义、定义域及值域习题

1.（★★）下列对应是否是从集合 A 到集合 B 的函数？

(1) $A=\mathbf{R}$，$B=\mathbf{Z}$，$x\in A$，$y\in B$，$f:x\to y=\sqrt{x}$。

(2) $A=\mathbf{R}$，$B=\mathbf{R}$，$x\in A$，$y\in B$，$f:x\to y=\pm\sqrt{x}$。

2. 判断下列函数是否相等。

(1) $y=3x+1$，$y=3t+1$。

(2) $y=x, y=\frac{x^2}{x}$。

(3) $y=x, y=\sqrt[3]{x^3}$。

(4) $y=x, y=\sqrt{x^2}$。

3. (★★) 下列说法正确的是(　　)。

A. 函数的定义域和值域可以是空集

B. 函数的定义域和值域一定是数集

C. 函数值域中每一个数在定义域中一定只有一个数与之对应

D. 函数定义域与值域确定后,函数的对应关系就确定了

4. (★★★) 求函数 $y=\sqrt{x+2}-\frac{2}{x^2-x-6}$ 的定义域。

5.（★★）求定义域。

（1）已知 $f(x)$ 的定义域为 $[-2,3)$，则函数 $f(x+2)$ 的定义域为________。

（2）已知函数 $f(x+2)$ 的定义域为 $[-2,3)$，则 $f(x)$ 的定义域为________。

6.（★★）已知 $f(x)$ 的定义域为 $[-4,3]$，则函数 $F(x)=f(x)-f(-x)$ 的定义域为（　　）。

A. $[-3,3]$　　B. $[-4,3]$　　C. $[-3,4]$　　D. $[-4,4]$

7.（★★）函数 $y=x^2-2x$ 的定义域为 $\{0,1,2,3\}$，那么其值域为（　　）。

A. $\{-1,0,3\}$　　B. $\{0,1,2,3\}$

C. $\{y \mid -1 \leqslant y \leqslant 3\}$　　D. $\{y \mid 0 \leqslant y \leqslant 3\}$

8.（★★★）函数 $y=x^2-3x-4$ 的定义域是 $[-1,m]$，值域是 $\left[-\frac{25}{4},0\right]$，则 m 的取值范围是________。

9.（★★）设 $M=\{x \mid -2 \leqslant x \leqslant 2\}$，$N=\{y \mid 0 \leqslant y \leqslant 2\}$，函数的定义域是 M，值域是 N，则 $f(x)$ 的图像可以是（　　）。

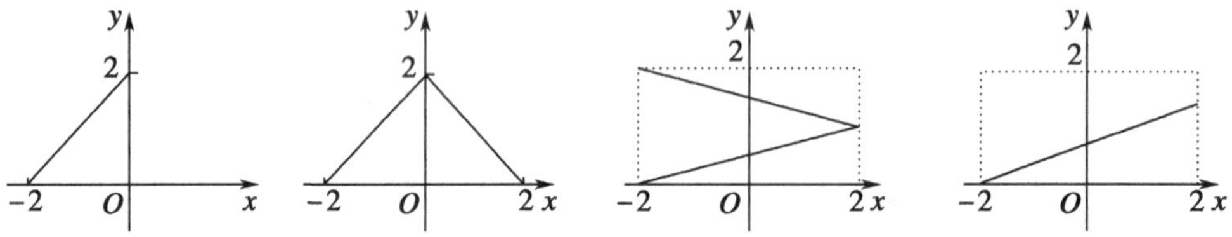

A.　　B.　　C.　　D.

（三）函数表示法及分段函数习题

1.（★★★）求下列函数的解析式。

（1）已知反比例函数 $f(x)$ 满足 $f(3)=-6$，则 $f(x)$ 的解析式为________。

（2）若 $f(x)$ 是一次函数，且满足 $3f(x+1)-f(x)=2x+9$，则 $f(x)$ 的解析式为________。

（3）已知 $f(\sqrt{x}+1)=x+2\sqrt{x}$，则 $f(x)$ 的解析式为________。

（4）已知 $af(x)+bf\left(\frac{1}{x}\right)=cx$（$a,b,c$ 为非零常数，且 $a \neq \pm b$），则 $f(x)$ 的解析式为________。

2.（★★）设函数 $g(x+2)=2x+3$，则 $g(x)=$（　　）。

A. $2x+1$　　B. $2x-1$　　C. $2x-3$　　D. $2x+7$

3.（★★★）已知 $f(x)=x+b$，$f(ax+1)=3x+2$，求 a，b。

4.（★★★）已知函数 $f(x)=\begin{cases}2^x, x\leqslant 0\\ \log_2 x, x>0\end{cases}$，求 $f\left(f\left(\frac{1}{2}\right)\right)$。

3.2　函数的单调性与极值

一、教学基本要求

1. 理解增函数、减函数、增区间及减区间的定义，了解什么是严格的单调性。

2. 会用函数图像法或定义判断、证明函数的单调性。

3. 会用图像法或定义求函数的单调区间。

4. 会利用图像法或单调性求函数的最值。

二、内容总结

1. 增函数与减函数的定义。

设函数 $f(x)$ 的定义域为 I：如果对于定义域 I 内某个区间 D 上的任意两个自变量的值 x_1，x_2。

（1）条件：$x_1<x_2$ 时，都有 $f(x_1)<f(x_2)$。结论：函数 $f(x)$ 在区间 D 上是增函数（图 3－7(a)）。

（2）条件：$x_1<x_2$ 时，都有 $f(x_1)>f(x_2)$。结论：函数 $f(x)$ 在区间 D 上是减函数（图 3－7(b)）。

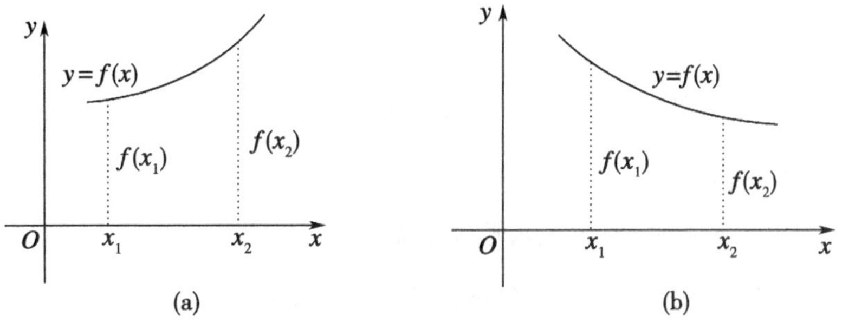

图 3－7

函数 $y=f(x)$ 在这一区间 D 上具有(严格的)单调性,这一区间 D 叫作函数 $y=f(x)$ 的单调区间。

2. 理解增函数、减函数定义的注意事项。

(1) 单调性是与“区间”紧密相关的概念,一个函数在定义域的不同区间内可以有不同的单调性,即单调性是函数的一个“局部”性质。

(2) 定义中的 x_1,x_2 有以下三个特征:

① 任意性,即“任意取 x_1,x_2”中“任意”二字绝不能去掉,证明时不能以特殊代替一般。

② 有大小。

③ 属于同一个单调区间。

3. 求函数单调区间的方法:定义法、图像法。

(1) 定义法:先求定义域,再作差变形,然后确定符号,根据定义得出单调结论。

定义法证明或判断函数单调性的四个步骤,如图 3-8 所示。

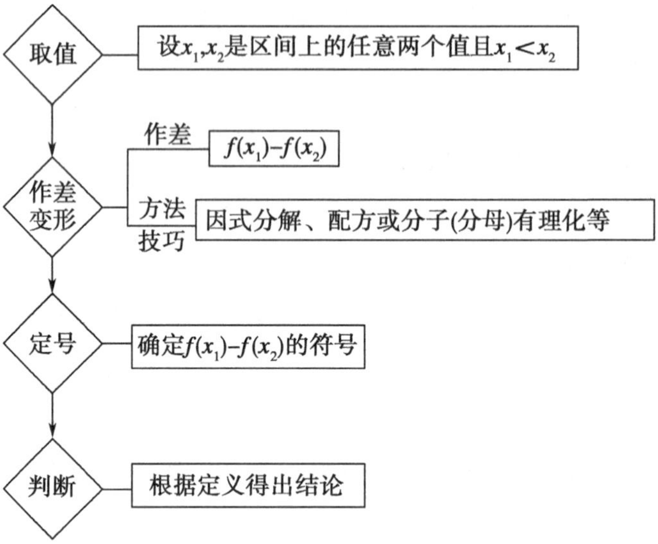

图 3-8

(2) 图像法:先画出图像,再根据函数图像求单调区间。在解决选择题、填空题时有时选用图像法解题会更快捷。

① 求函数的单调区间时,要先求函数的定义域。

② 对于一次函数、二次函数、反比例函数的单调区间作为常识性的知识,可以直接使用。

③ 函数图像不连续的单调区间要分开写,用“和”或“,”连接,不能用“∪”连接。

4. 函数最大值、最小值定义及意义(表 3 - 3)。

表 3 - 3

最值	条件	几何意义
最大值	对于任意 $x \in I$,都有 $f(x) \leqslant M$,存在 $x_0 \in I$,使得 $f(x_0) = M$	函数 $y = f(x)$ 图像上最高点的纵坐标
最小值	对于任意 $x \in I$,都有 $f(x) \geqslant M$,存在 $x_0 \in I$,使得 $f(x_0) = M$	函数 $y = f(x)$ 图像上最低点的纵坐标

注意:函数的最值是函数在其定义域上的整体性质,即函数的值域中最大(最小)的一个值。

最大值、最小值定义的理解。

(1) 最大(小)值定义中具备的两个条件:

① 对于定义域内全部元素,都有 $f(x) \leqslant M$ ($f(x) \geqslant M$) 成立。

②M 首先是一个函数值,它是值域的一个元素,如 $f(x) = -x^2$ 的最大值是 0,有 $f(0) = 0$,注意定义中对“存在”一词的理解。

(2) 两个条件缺一不可。若只有前者,M 不是最大(小)值,如 $f(x) = -x^2 \leqslant 1$ 成立,但 1 不是最大值;更不能只有后者,那样就丢掉了最大值的核心了。

5. 求函数最值的方法:图像法、单调性法、换元法等。

(1) 图像法:先做出函数图像,再在图像上观察其最高点、最低点,求出最值。

(2) 单调性法:先确定函数的单调性,再由单调性求出最值。

(3) 换元法:对比较复杂的函数可通过换元转化为熟悉的函数,再用相应的方法求最值。

三、典型例题

(一) 函数单调性的求解与证明

例 1　如图 3 - 9 是定义在区间[- 5,5] 上的函数 $y = f(x)$,根据图像说出函数的单调区间,以及在每一单调区间上,是增函数还是减函数?

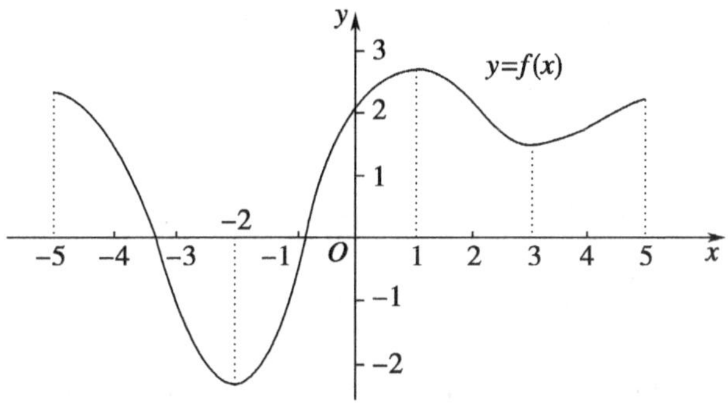

图 3 - 9

答案 单调区间为$[-5,-2)$,$[-2,1)$,$[1,3)$,$[3,5]$。

在$[-5,-2)$,$[1,3)$上为单调递减函数;在$[-2,1)$,$[3,5]$上为单调递增函数。

分析 根据函数单调性的定义,再结合函数图像可得。

例2 (1) 函数$f(x)=-2x-1$在$(-\infty,+\infty)$上是________(增函数/减函数)。

(2) 函数$f(x)=x^2-1$在$(-\infty,0)$上是________(增函数/减函数)。

答案 (1) 减函数。(2) 减函数。

分析 (1) 方法一:设x_1,x_2为$(-\infty,+\infty)$上的任意两个实数且$x_1<x_2$,则$f(x_1)-f(x_2)=-2x_1-1-(-2x_2-1)=-2(x_1-x_2)$。因为$x_1-x_2<0$,所以$-2(x_1-x_2)>0$,即$f(x_1)>f(x_2)$,所以函数$f(x)=-2x-1$在$(-\infty,+\infty)$上是减函数。

方法二:函数的图像如图3-10所示。

由图像可知$f(x)=-2x-1$在$(-\infty,+\infty)$上是减函数。

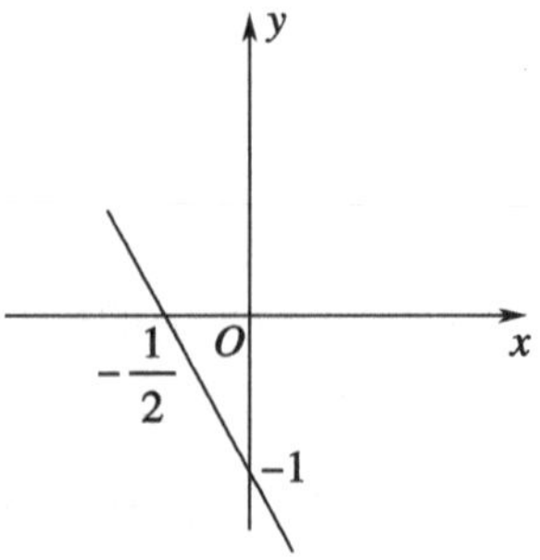

图3-10

(2) 设x_1,x_2为$(-\infty,0)$上的任意两个实数且$x_1<x_2$,则$f(x_1)-f(x_2)=x_1^2-1-(x_2^2-1)=(x_1-x_2)(x_1+x_2)$。

因为$x_1-x_2<0$,$x_1+x_2<0$,所以$(x_1-x_2)(x_1+x_2)>0$,即$f(x_1)-f(x_2)>0$,故$f(x_1)>f(x_2)$。

综上,函数$f(x)=x^2-1$在$(-\infty,0)$上是减函数。

例3 证明函数$f(x)=x+\frac{4}{x}$在$(2,+\infty)$上是增函数。

证明 任取$x_1,x_2\in(2,+\infty)$,且$x_1<x_2$,则

$$f(x_1)-f(x_2)=x_1+\frac{4}{x_1}-x_2-\frac{4}{x_2}=(x_1-x_2)+\frac{4(x_2-x_1)}{x_1x_2}=(x_1-x_2)\frac{x_1x_2-4}{x_1x_2}$$

因为$2<x_1<x_2$,所以$x_1-x_2<0$,$x_1x_2>4$,$x_1x_2-4>0$,故$f(x_1)-f(x_2)<0$,即$f(x_1)<f(x_2)$。

综上，函数 $f(x)=x+\frac{4}{x}$ 在 $(2,+\infty)$ 上是增函数。

例 4　已知函数 $f(x)=\frac{2-x}{x+1}$，证明：函数 $f(x)$ 在 $(-1,+\infty)$ 上是减函数。

证明　任取 $x_1,x_2\in(-1,+\infty)$，且 $x_1<x_2$。

因为 $f(x_1)-f(x_2)=\frac{2-x_1}{x_1+1}-\frac{2-x_2}{x_2+1}=\frac{3x_2-3x_1}{(x_1+1)(x_2+1)}>0$，所以函数 $f(x)=\frac{2-x}{x+1}$ 在 $(-1,+\infty)$ 上为减函数。

例 5　已知函数 $f(x)=(3a+1)x+b$ 在 $\mathbf{R}$ 上是减函数，求 a 的取值范围？

分析　要使 $f(x)=(3a+1)x+b$ 在 $\mathbf{R}$ 上是减函数，只需要 $3a+1<0$，即 $a<-\frac{1}{3}$。

例 6　函数 $y=|x+2|$ 在区间 $[-3,0]$ 上(　　)。

A. 递减　　B. 递增　　C. 先减后增　　D. 先增后减

答案　C。

分析　$y=|x+2|=\begin{cases}x+2, x\geqslant-2\\-x-2, x<-2\end{cases}$。

作 $y=|x+2|$ 的图像，如图 3－11 所示。由图像可知此函数在 $[-3,-2]$ 上为减函数，在 $[-2,0]$ 上为增函数。

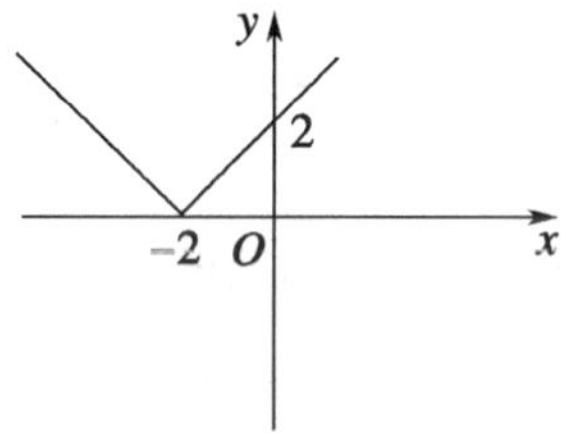

图 3－11

（二）函数最值

例 7　函数 $f(x)$ 的部分图像如图 3－12 所示，则此函数在 $[-2,2]$ 上的最小值、最大值分别是(　　)。

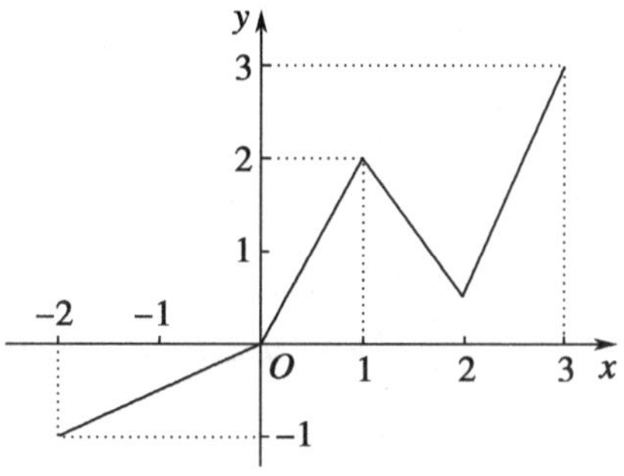

图 3－12

A. $f(-2), f(3)$　　B. 0,2　　C. $f(-2)$,2　　D. $f(2)$,2

答案　A。

分析　利用函数图像法来求最大值和最小值即可。

例 8　(1) 定义在 **R** 上的函数 $f(x)$ 对任意两个不等实数 a,b 总有 $\frac{f(a)-f(b)}{a-b}>0$ 成立，且 $f(-3)=a, f(-1)=b$，则 $f(x)$ 在 $[-3,-1]$ 上的最大值是________。

(2) 求二次函数 $f(x)=x^2-2x-3$ 在下列区间上的最小值。

①$[-3,0]$；②$[-1,2]$。

答案　(1) b。(2) ① -3；② -4。

分析　(1) 由题意可知函数 $f(x)$ 在 **R** 上为增函数，则函数 $f(x)$ 在 $[-3,-1]$ 上的最大值应为 $f(-1)=b$。

(2) $f(x)=(x-1)^2-4$。

① 当 $x\in[-3,0]$ 时，$f(x)$ 为减函数，所以当 $x=0$ 时，$f(x)$ 取得最小值 -3。

② 当 $x\in[-1,2]$ 时，$f(x)$ 在 $[-1,1]$ 上为减函数，在 $(1,2]$ 上为增函数，所以当 $x=1$ 时，$f(x)$ 取得最小值 -4。

例 9　函数 $f(x)=ax-1$ 在 $[-1,1]$ 上的最大值与最小值的差为 2，则 a 的值是(　　)。

A. 1　　B. -1　　C. -1 或 1　　D. 0

答案　C。

分析　本题是利用最大(最小)值来求函数的含参问题；由题意知 $a\neq 0$。

当 $a>0$ 时，$a-1-(-a-1)=2\Rightarrow a=1$。

当 $a<0$ 时，$-a-1-(a-1)=2\Rightarrow a=-1$。

所以，$a=1$，或 $a=-1$。

例 10　已知函数 $f(x)=3x^2-12x+5$，当自变量 x 在下列范围内取值时，求函数的最大值和最小值。

(1) $x\in\mathbf{R}$；(2) $[0,3]$；(3) $[-1,1]$。

解　$f(x)=3x^2-12x+5=3(x-2)^2-7$。

(1) 当 $x\in\mathbf{R}$ 时，$f(x)=3(x-2)^2-7\geqslant -7$，当 $x=2$ 时，等号成立。

因此，函数 $f(x)$ 的最小值为 -7，无最大值。

(2) 函数 $f(x)=3(x-2)^2-7$ 的图像如图 3－13 所示，由图可知，函数 $f(x)$ 在 $[0,2)$ 上递减，在 $[2,3]$ 上递增，并且 $f(0)=5, f(2)=-7, f(3)=-4$，所以在 $[0,3]$ 上，$f(x)_{max}=f(0)=5, f(x)_{min}=f(2)=-7$。

(3) 由图像可知，$f(x)$ 在 $[-1,1]$ 上单调递减，$f(x)_{max}=f(-1)=20$，$f(x)_{min}=f(1)=-4$。

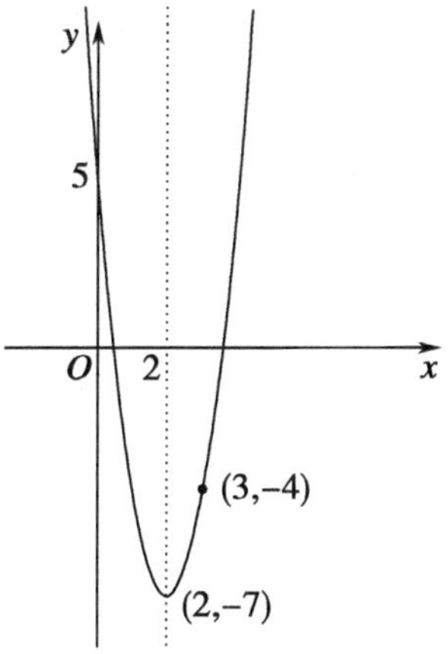

图 3 - 13

四、习题训练

(一) 函数单调性

1. (★★)(1) 图 3 - 14 所示为函数 $y=f(x)$，$x\in[-4,7]$ 的图像，则函数 $f(x)$ 的单调递增区间是________。

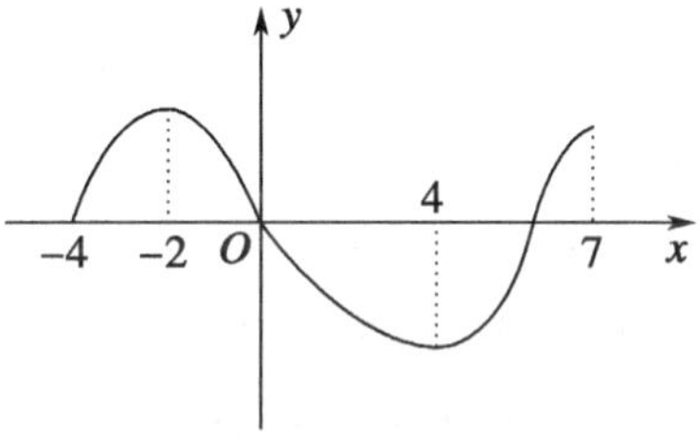

图 3 - 14

(2) $y=\dfrac{1}{x-1}$ 的单调区间是________。

2. (★★) 函数 $y=\dfrac{3}{-x+1}$ 的单调增区间为________。

3. (★★★) 函数 $f(x)=\dfrac{a}{x}$ 在 $(0,+\infty)$ 上是增函数，求实数 a 的取值范围。

4. (★★) 函数 $y=\left(x-\frac{3}{2}\right)^2$ 的单调递减区间为(　　)。

A. $[0,+\infty)$　　B. $[1,+\infty)$　　C. $[1,2]$　　D. $\left(-\infty,\frac{3}{2}\right]$

5. (★★★) 已知函数 $f(x)=\frac{1}{x}-2$。

(1) 若 $f(x)=3$,求 x 的值。

(2) 证明函数 $f(x)=\frac{1}{x}-2$ 在 $(0,+\infty)$ 上是减函数。

(二) 函数最值

1. (★★) 某商场经营一批进价 30 元/件的商品,在市场试销中发现,此商品销售单价 x(元/件) 与日销售量 y(件) 之间的关系如表 3－4 所示。

表 3－4

销售单价 x/(元·件$^{-1}$)	45	50
日销售量 y/件	27	12

(1) 确定 x 与 y 的一个一次函数关系式 $y=f(x)$。

(2) 若日销售利润为 P 元,根据上述关系写出 P 关于 x 的函数关系,并指出当销售单价 x 为多少时,才能获得最大的日销售利润?

2. (★★) 定义在 **R** 上的函数 $f(x)$ 满足 $f(x)>4$,则 $f(x)$ 的最小值为(　　)。

A. 4　　B. 0　　C. 4.001　　D. 不确定

3. (★★★) 函数 $y=x^2$ 在区间 $[-1,2]$ 上的最大值是(　　)。

A. 1　　B. 2　　C. 4　　D. 不存在

4.（★★）已知函数 $f(x)=\frac{2}{x-1}(x\in[2,6])$，求函数的最大值和最小值。

5.（★★★）函数 $f(x)$ 在定义域 $[-3,4]$ 内是增函数，且有 $f(2m-1)-f(1-m)>0$，求 m 的取值范围。

3.3　函数的奇偶性

一、教学基本要求

1. 理解奇函数、偶函数、非奇非偶函数的概念、性质及图像特征。

2. 会利用函数图像或定义判断、证明函数的奇偶性。

3. 会用函数的奇偶性求函数的简单问题，如求函数表达式、定义域或单调性等。

二、内容总结

1. 函数奇偶性定义：一般地，若函数 $f(x)$ 的定义域 D_f 是关于原点对称的，并且

(1) 如果对于 $\forall x\in D_f$，总有 $f(-x)=-f(x)$ 成立，那么我们称 $f(x)$ 为奇函数。

(2) 如果对于 $\forall x\in D_f$，总有 $f(-x)=f(x)$ 成立，那么我们称 $f(x)$ 为偶函数。

如果一个函数 $f(x)$ 是奇函数或偶函数，我们就说 $f(x)$ 有奇偶性。

总结如图 3 － 15。

偶函数的定义

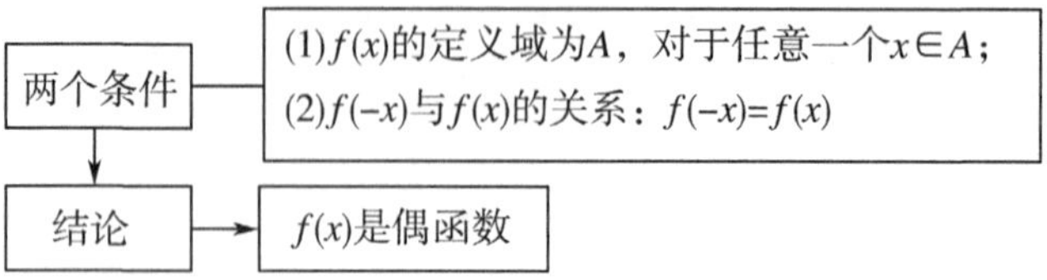

奇函数的定义

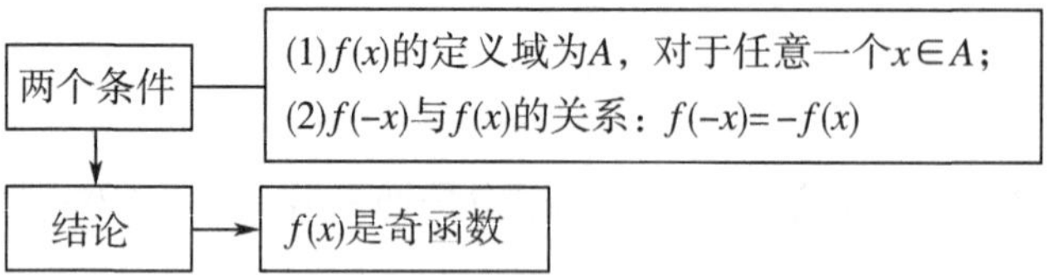

图 3 － 15

2. 图像特征。

(1) 偶函数图像特征：关于 y 轴对称；反过来，如果一个函数的图像关于 y 轴对称，那么这个函数是偶函数：$f(-x)=f(x)$。

(2) 奇函数图像特征：关于原点对称；反过来，如果一个函数的图像关于原点对称，那么这个函数是奇函数：$f(-x)=-f(x)$。

3. 根据奇偶性将函数分类（图 3 － 16）。

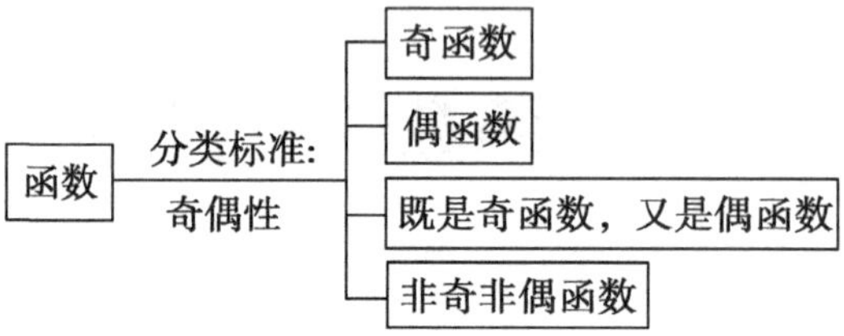

图 3 － 16

4. 函数奇偶性与单调性的区别。

奇偶性：反映函数在定义域上的对称性；相对于函数整个定义域来说，是整体性质。

单调性：反映函数在某一区间上的函数值的变化趋势，此区间是定义域的子集，是局部性质。

5. 判断函数奇偶性的方法。

(1) 定义法。利用函数奇偶性定义判断，首先判断定义域是否关于原点对称，然后根据 $f(-x)$ 与 $f(x)$ 的关系判断奇偶性（图 3 － 17）。

① 奇函数：$f(-x)=-f(x)$；② 偶函数：$f(-x)=f(x)$；③ 非奇非偶函数：$f(-x)$ 与 $f(x)$ 无上述关系。

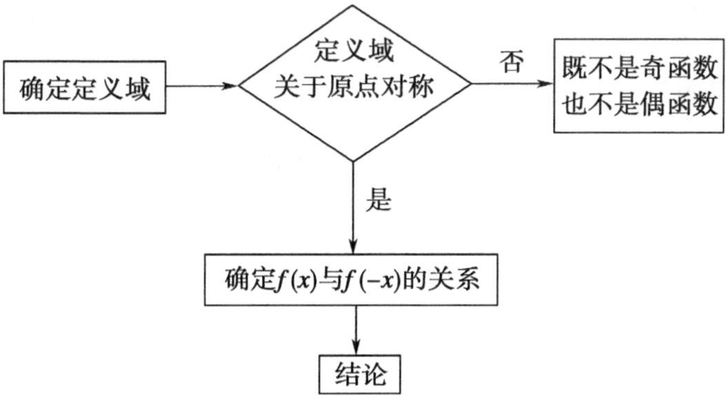

图 3 － 17

(2) 图像法(图 3 － 18)。

① 如果一个函数的图像关于 y 轴对称，那么这个函数是偶函数。

② 如果一个函数的图像关于原点对称，那么这个函数是奇函数。

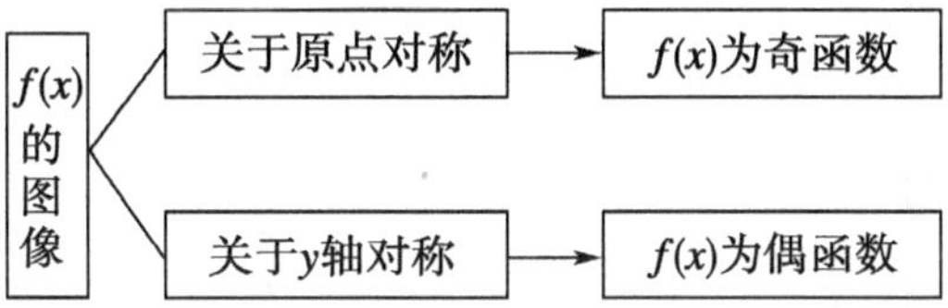

图 3 － 18

三、典型例题

例 1　判断下列函数的奇偶性：

(1) $f(x)=x^4$。

(2) $f(x)=x^5$。

(3) $f(x)=x+\dfrac{1}{x}$。

(4) $f(x)=\dfrac{1}{x^2}$。

解　(1) $f(x)=x^4$ 的定义域是 $\mathbf{R}$，关于原点对称。

因为 $\forall x\in\mathbf{R}$，$f(-x)=(-x)^4=x^4=f(x)$，所以 $f(x)=x^4$ 在定义域 $\mathbf{R}$ 上是偶函数。

(2) $f(x)=x^5$ 的定义域是 $\mathbf{R}$，关于原点对称。

因为 $\forall x\in\mathbf{R}$，$f(-x)=(-x)^5=-x^5=-f(x)$，所以 $f(x)=x^5$ 在定义域 $\mathbf{R}$ 上是奇函数。

(3) $f(x)=x+\frac{1}{x}$ 的定义域是 $\{x \mid x \neq 0\}$，关于原点对称。

因为 $\forall x \neq 0, f(-x)=-x-\frac{1}{x}=-(x+\frac{1}{x})=-f(x)$，所以 $f(x)=x+\frac{1}{x}$ 在定义域 $\{x \mid x \neq 0\}$ 上是奇函数。

(4) $f(x)=\frac{1}{x^2}$ 的定义域是 $\{x \mid x \neq 0\}$，关于原点对称。

因为 $\forall x \neq 0, f(-x)=\frac{1}{(-x)^2}=\frac{1}{x^2}=f(x)$，所以 $f(x)=\frac{1}{x^2}$ 在定义域 $\{x \mid x \neq 0\}$ 上是偶函数。

例 2 函数 $f(x)=2-|x|$ 是(　　)。

A. 奇函数　　　　B. 偶函数

C. 既是奇函数，又是偶函数　　　　D. 非奇非偶函数

答案 B。

解 因为函数 $f(x)=2-|x|$ 的定义域为 $\mathbf{R}$，关于原点对称。

因为 $\forall x \in \mathbf{R}, f(-x)=2-|-x|=2-|x|=f(x)$，所以 $f(x)=2-|x|$ 在定义域 $\mathbf{R}$ 上是偶函数。

例 3 下列函数为奇函数的是(　　)。

A. $y=|x|$　　B. $y=3-x$　　C. $y=\frac{1}{x^3}$　　D. $y=-x^2-14$

答案 C。

解 A,D 两项，函数均为偶函数，B 项中函数为非奇非偶函数，而 C 项中函数为奇函数。

例 4 奇函数 $f(x)$ 的定义域为 $[-5,5]$，其 y 轴右侧图像如图 3－19，则使 $f(x)<0$ 的取值集合为________。

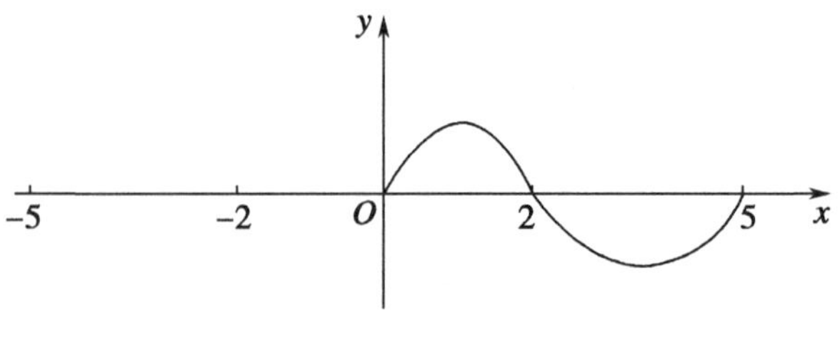

图 3－19

答案 $(-2,0)\cup(2,5)$。

解 利用函数奇偶性的图像特征来解题。

由图 3－19 知，当 $x \in (2,5)$ 时，$f(x)<0$；当 $x \in (0,2)$ 时，$f(x)>0$。

因为 $f(x)$ 在 $[-5,5]$ 上为奇函数，所以图像关于原点对称。

因此当 $x \in (-5,-2)$ 时，$f(x) > 0$；当 $x \in (-2,0)$ 时，$f(x) < 0$。

综上，使 $f(x) < 0$ 的取值集合为 $(-2,0) \cup (2,5)$。

例 5　已知偶函数 $f(x)$ 的一部分图像如图 3 - 20 所示，试画出该函数的 y 轴另一侧的图像，并比较 $f(2)$，$f(4)$ 的大小。

解　根据偶函数图像特征，关于 y 轴对称，所以得出整个函数图像如图 3 - 21 所示。

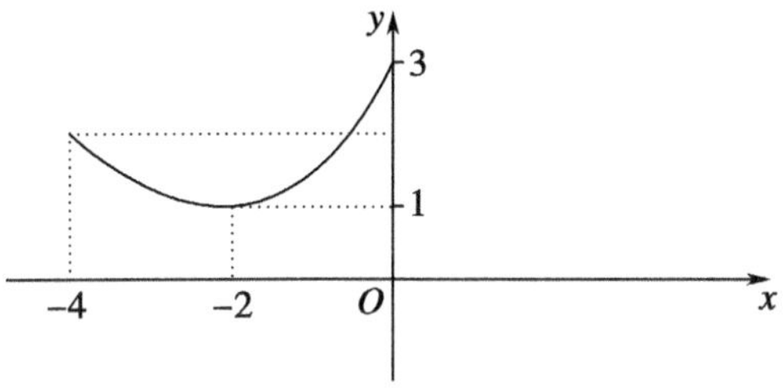

图 3 - 20

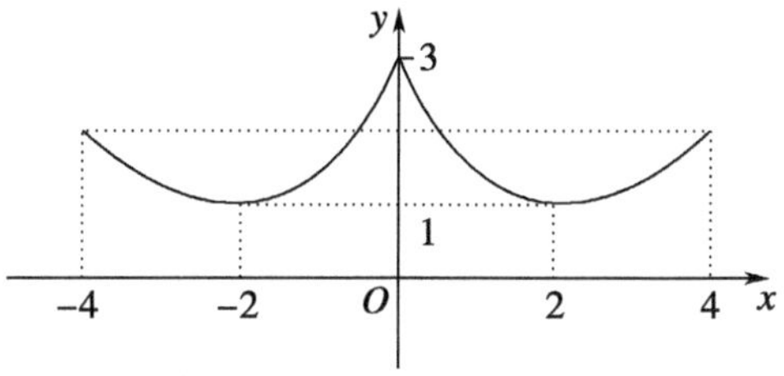

图 3 - 21

由图像得出 $f(2) < f(4)$。

例 6　若函数 $f(x) = ax^2 + bx + 3a + b$ 是偶函数，定义域为 $[a-1,2a]$，则 $a =$ ________，$b =$ ________。

答案　$\frac{1}{3}$，0。

解　本题是利用函数奇偶性来求参数。

因为函数 $f(x) = ax^2 + bx + 3a + b$ 的定义域为 $[a-1,2a]$，且关于 y 轴对称，所以 $a - 1 + 2a = 0$，得 $a = \frac{1}{3}$。

又因为 $f(-x) = f(x)$，所以 $\frac{1}{3}x^2 - bx + 1 + b = \frac{1}{3}x^2 + bx + 1 + b$，得 $b = 0$。

综上，$a = \frac{1}{3}$，$b = 0$。

例 7　$f(x) = \frac{(x+1)(x+a)}{x}$ 为奇函数，求 a 的值。

解　利用奇函数的定义、性质列出等式，求出参数。

因为函数 $f(x) = \frac{(x+1)(x+a)}{x}$ 为奇函数，所以 $f(-x) = -f(x)$。于是

$$\frac{(-x+1)(-x+a)}{-x} = -\frac{(x+1)(x+a)}{x}$$

即 $(2a+2)x = 0$。

又因为 $x \neq 0$，所以 $2a + 2 = 0$，即 $a = -1$。

例 8 已知 $f(x)=3ax^2+bx-5a+b$ 为偶函数,且其定义域为 $[6a-1,a]$,求 $a+b$ 的值。

解 因为偶函数关于 y 轴对称,且 $f(-x)=f(x)$,所以 $6a-1+a=0\Rightarrow a=\frac{1}{7}$,$3a(-x)^2-bx-5a+b=3ax^2+bx-5a+b$,所以 $b=0$。

可得 $a+b=\frac{1}{7}$。

四、习题训练

1. (★) 下列函数中是奇函数的是(　　)。

A. $f(x)=4x^4$　　B. $f(x)=-5x^7$

C. $f(x)=|x|+3$　　D. $f(x)=x+1$

2. (★★) 下列函数中,既是偶函数,又在区间 $(0,+\infty)$ 上单调递减的是(　　)。

A. $y=\frac{1}{x}$　　B. $y=e^{-x}$　　C. $y=-x^2+1$　　D. $y=\lg|x|$

3. (★★) 已知函数 $f(x)=ax^2+bx+c(a\neq 0)$ 是偶函数,那么 $g(x)=ax^3+bx^2+cx$ 是(　　)。

A. 奇函数　　B. 偶函数

C. 既是奇函数,又是偶函数　　D. 非奇非偶函数

4. (★★) 已知函数 $f(x)$ 是奇函数,当 $x\in(-\infty,0)$ 时,$f(x)=x^2+mx$。若 $f(2)=-3$,则 m 的值为________。

5. (★) 定义域为 $\mathbf{R}$ 的四个函数 $y=x^3$,$y=x^2+1$,$y=2^x$,$y=2\sin x$ 中,奇函数的个数是(　　)。

A. 4　　B. 3　　C. 2　　D. 1

6. (★★) 下列函数中,既是奇函数,也是增函数的是(　　)。

A. $y=x+1$　　B. $y=-x^3$

C. $y=\frac{1}{x}$　　D. $y=x|x|$

7. (★★) $y=f(x)(x\in\mathbf{R})$ 是奇函数,则它的图像必经过点(　　)。

A. $(-a,-f(-a))$　　B. $(a,-f(a))$

C. $\left(a,f\left(\frac{1}{a}\right)\right)$　　D. $(-a,-f(a))$

8.（★）判断下列函数的奇偶性。

(1) $f(x)=2x^4+3x^2$；　　(2) $f(x)=x^3-2x$；

(3) $f(x)=\dfrac{x^2+1}{x}$；　　(4) $f(x)=x^2+1$。

9.（★★）下列函数中，既是偶函数，又在区间 $(-\infty,0)$ 上单调递增的是（　　）。

A. $f(x)=\dfrac{1}{x^2}$　　B. $f(x)=x^2+1$

C. $f(x)=x^3$　　D. $f(x)=-x^2+x+1$

10.（★★★）设函数 $f(x)(x\in\mathbf{R})$ 为奇函数，$f(1)=\dfrac{1}{2}$，$f(x+2)=f(x)+f(2)$，则 $f(5)=$ ________。

3.4　反　函　数

一、教学基本要求

1. 理解反函数的概念、性质及图像特征。

2. 理解函数与反函数之间定义域与值域的关系。

3. 会利用定义求函数的反函数。

二、内容总结

1. 反函数定义：一般地，设函数 $y=f(x)(x\in A)$（设它的值域为 C）从 A 到 C 的关系是一对一的，如果可以用 y 把 x 表示出来，得到 $x=\varphi(y)(y\in C)$，那么这种从 C 到 A 的对应关系也是一对一的，从而 $x=\varphi(y)$ 就表示 y 是自变量，x 是自变量 y 的函数。这样的函数 $x=\varphi(y)(y\in C)$ 叫作函数 $y=f(x)(x\in A)$ 的反函数。

记作 $x=f^{-1}(y)$；读作 x 等于 f 逆 y。

习惯上，我们依旧把 x 写作自变量，y 写作函数，所以上面的反函数可以写成 $y=f^{-1}(x)$。

2. 求反函数的步骤。

(1) 先根据原函数 $y=f(x)$ 解出 x,得到 $x=f^{-1}(y)$。

(2) 交换 x,y,得到 $y=f^{-1}(x)$。

(3) 根据原函数的值域或直接求出反函数的定义域。

3. 反函数的性质。

反函数其实就是 $y=f(x)$ 中 x 和 y 互换了角色。

(1) 函数与它的反函数图像关于直线 $y=x$ 对称。

(2) 函数存在反函数的重要条件是函数的定义域与值域是一一映射。

(3) 一个函数与它的反函数在相应区间上单调性一致。

(4) 大部分偶函数不存在反函数;奇函数不一定存在反函数,若一个奇函数存在反函数,则它的反函数也是奇函数。

(5) 严格增(减) 的函数一定有严格增(减) 的反函数。

(6) 反函数是相互的,且具有唯一性。

(7) 函数与它的反函数的定义域、值域相反,对应法则互逆(三反)。

(8) 原函数确定,如果它有反函数,那么反函数即确定(三定)。

(9) $y=x$ 的反函数是它本身。

(10) 若(a,b) 是函数 $y=f(x)$ 图像上的一点,则(b,a) 是其反函数图像上的一点。

三、典型例题

例 1 下面的函数是否具有反函数,没有请说明理由;如有求出其反函数。

(1)$y=x^2(x\in\mathbf{R})$。

(2)$y=|x|\ (x\leqslant 0)$。

(3)$y=\sqrt{x}+1(x\geqslant 0)$。

(4)$y=\dfrac{2x+1}{x-1}(x\in\mathbf{R},x\neq 1)$。

解 (1) 因为 $y=x^2(x\in\mathbf{R})$ 不是一一映射,一个函数值对应两个自变量,所以没有反函数。

(2) 由函数 $y=|x|\ (x\leqslant 0)$ 解得 $x=-y$,互换后得 $y=-x$。

又因为 $y\geqslant 0$,所以反函数的定义域为 $x\geqslant 0$,因此 $y=|x|\ (x\leqslant 0)$ 的反函数为 $y=-x$

$(x \geqslant 0)$。

(3) 同理，$y = \sqrt{x} + 1 (x \geqslant 0)$ 的反函数为 $y = (x-1)^2 (x \geqslant 1)$。

(4) $y = \dfrac{2x+1}{x-1} (x \in \mathbf{R}, x \neq 1)$ 的反函数为 $y = \dfrac{x+1}{x-2} (x \in \mathbf{R}, x \neq 2)$。

注意：(4) 的反函数的定义域不仅要考虑原函数的值域，更要考虑求得的反函数的定义域，取两者交集才正确。

例 2　若函数 $y = a^x (a > 0$，且 $a \neq 1)$ 的反函数的图像过点 $(2, -1)$，求 a 的值。

分析　根据反函数的性质可知，若 (a,b) 是函数 $y = f(x)$ 图像上的一点，则 (b,a) 是其反函数图像上的一点。

解　因为函数 $y = a^x (a > 0$，且 $a \neq 1)$ 的反函数图像过点 $(2, -1)$，所以函数 $y = a^x$ $(a > 0$，且 $a \neq 1)$ 过点 $(-1, 2)$，因此 $2 = a^{-1} \Rightarrow a = \dfrac{1}{2}$。

例 3　若函数 $y = \log_2 x + 2$ 的反函数的定义域为 $(3, +\infty)$，求原函数的定义域。

分析　原函数的定义域应为其反函数的值域，并应符合原函数的解析式。

解　因为 $y = \log_2 x + 2$ 的反函数的定义域为 $(3, +\infty)$，所以 $y = \log_2 x + 2$ 的值域为 $(3, +\infty)$。

于是 $\log_2 x + 2 > 3 \Rightarrow \log_2 x > 1 \Rightarrow x > 2$。

因此 $y = \log_2 x + 2$ 的定义域为 $(2, +\infty)$。

四、习题训练

1.（★）函数 $y = 2x^2 (x \geqslant 0)$ 的反函数是(　　)。

A. $x = \dfrac{\sqrt{y}}{2} (y \geqslant 0)$　　B. $x = 2y^2 (x \geqslant 0)$

C. $y = \dfrac{\sqrt{2x}}{2} (x \geqslant 0)$　　D. $y = \dfrac{\sqrt{x}}{2}$

2.（★★）函数 $y = a^x (a > 0$，且 $a \neq 1)$ 的反函数图像过点 $(\sqrt{a}, a)$，则 $a =$ (　　)。

A. 2　　B. $\dfrac{1}{2}$　　C. 2 或 $\dfrac{1}{2}$　　D. 3

3.（★）函数 $y = -x^2 (x \leqslant 0)$ 的反函数是(　　)。

A. $y = -\sqrt{x} (x \geqslant 0)$　　B. $y = -\sqrt{x} (x \leqslant 0)$

C. $y = -\sqrt{-x} (x \leqslant 0)$　　D. $y = -|x|$

4. (★★) 函数 $y=\sqrt{9-x^2}(-3\leqslant x\leqslant 0)$ 的反函数是________。

5. (★★★) 求下列函数的反函数。

(1) $y=\dfrac{3x-5}{2x+1}\left(x\neq-\dfrac{1}{2}\right)$。

(2) $y=x^2-2x+3, x\in(-\infty,0]$。

(3) $y=\dfrac{1}{x^2+1}(x\leqslant 0)$。

(4) $y=\begin{cases}\sqrt{x+1}(-1\leqslant x\leqslant 0)\\ -\sqrt{x}(0<x\leqslant 1)\end{cases}$。

6. (★★★) 求函数 $y=\sqrt{x-1}-1$ 的反函数,并画出原函数和其反函数的图像。

3.5　幂　函　数

一、教学基本要求

1. 了解平面直角坐标系、象限的定义，会区分四个象限的坐标的符号。

2. 理解幂函数的概念、性质及图像特征。

3. 结合幂函数（例如，$y = x^{\frac{1}{2}}, y = x, y = x^2$）的图像，掌握幂函数的定义域、值域、单调性、奇偶性。

4. 会根据幂函数的单调性比较两个数的大小。

二、内容总结

1. 平面直角坐标系：在同一个平面上互相垂直且有公共原点的两条数轴构成平面直角坐标系，简称直角坐标系。通常，两条数轴分别置于水平位置与垂直位置，取向右与向上的方向分别为两条数轴的正方向。水平的数轴叫作 x 轴或横轴，垂直的数轴叫作 y 轴或纵轴，x 轴、y 轴统称为坐标轴，它们的公共原点 O 称为直角坐标系的原点（origin），以点 O 为原点的平面直角坐标系记作平面直角坐标系 xOy；一般地，x 轴、y 轴取相同的单位长度（图 3 － 22）。

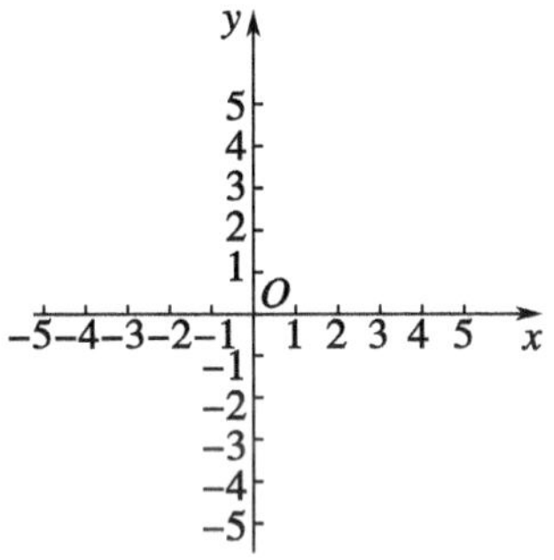

图 3 － 22

2. 象限：平面直角坐标系内，x 轴和 y 轴将坐标平面分成了四个象限，右上方的部分叫作第一象限，其他三个部分按逆时针方向依次叫作第二象限、第三象限和第四象限。象限以数轴为界，横轴、纵轴上的点及原点不在任何一个象限内（图 3 － 23）。

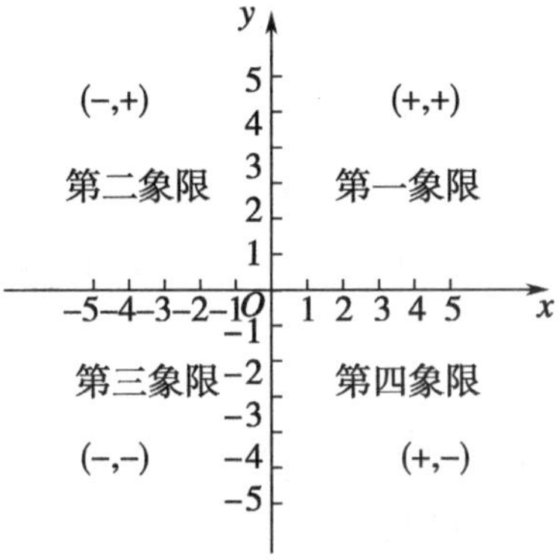

图 3 － 23

各个象限内点的横、纵坐标符号。

第一象限(Ⅰ):(+, +)(正,正)。

第二象限(Ⅱ):(−, +)(负,正)。

第三象限(Ⅲ):(−, −)(负,负)。

第四象限(Ⅳ):(+, −)(正,负)。

x 轴正半轴:(+,0)。

x 轴负半轴:(−,0)。

y 轴正半轴:(0, +)。

y 轴负半轴:(0, −)。

第一、三象限角平分线上的点横、纵坐标相等。

第二、四象限角平分线上的点横、纵坐标互为相反数。

3. 幂函数定义:一般地,函数 $y = x^\alpha$ 叫作幂函数,其中,x 是自变量,α 是常数。

4. 判断幂函数的方法:只有同时满足下面四个特征的函数才是幂函数。

(1)x^α 的系数为 1。

(2)x^α 的底数是自变量。

(3)x^α 的指数是常数。

(4) 整个函数项只有一项。

5. 幂函数的图像(图 3 − 24) 和性质(表 3 − 5):

性质 1 所有的幂函数在区间$(0, +\infty)$上都有定义,并且图像都通过定点(1,1),无论 α 为何实数,幂函数的图像最多只能出现在两个象限内,且一定经过第一象限,一定不经过第四象限。

性质 2 若幂指数 $\alpha > 0$,则幂函数 $y = x^\alpha$ 的图像都通过点(0,0),(1,1),并且在区间$(0, +\infty)$上是增函数,第一象限上是增函数。

若 $\alpha < 0$,则 $y = x^\alpha$ 的图像都通过点(1,1),并且在区间$(0, +\infty)$上是减函数。

在第一象限内,当 x 趋于 0 时,其图像在 y 轴右侧无限逼近 y 轴;当 x 趋于 $+\infty$ 时,其图像在 x 轴右侧无限逼近 x 轴。

性质 3 若幂函数图像与坐标轴相交,则交点一定是原点。

性质 4 在第一象限内,当 $\alpha > 1$ 时,图像是向下凹的;当 $0 < \alpha < 1$ 时,图像是向上凸的;当 $\alpha < 0$ 时,图像是向下凹的。

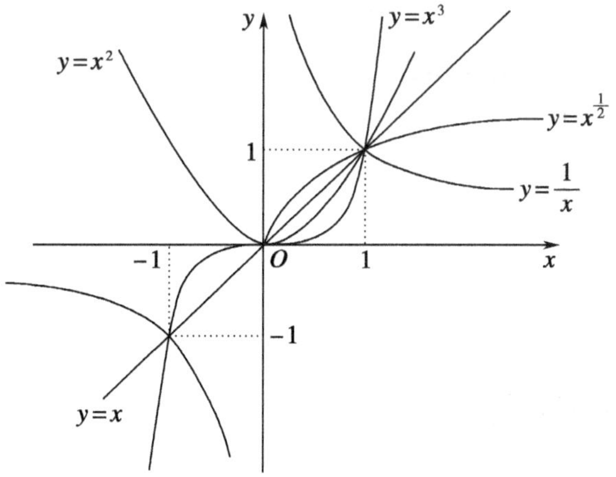

图 3 - 24

表 3 - 5

性质	幂函数				
	$y=x$	$y=x^2$	$y=x^3$	$y=x^{\frac{1}{2}}$	$y=\frac{1}{x}$
定义域	**R**	**R**	**R**	$[0,+\infty)$	$\{x \mid x \neq 0\}$
值域	**R**	$[0,+\infty)$	**R**	$[0,+\infty)$	$\{y \mid y \neq 0\}$
奇偶性	奇函数	偶函数	奇函数	非奇非偶函数	奇函数
单调性	增函数	在$(-\infty,0]$上单调递减，在$[0,+\infty)$上单调递增	增函数	增函数	在$(-\infty,0)$上单调递减，在$(0,+\infty)$上单调递减
定点	(0,0),(1,1)				(1,1)
图像特点	在第一象限内，当 $x>1$ 时，幂函数的指数越小，其图像越靠近 x 轴				

6. 幂值大小的比较。

差值比较法、商值比较法、中间值法、利用函数的单调性比较。

比较两个幂值大小的关键是搞清底数和指数是否相同。若底数相同，指数不同，则利用指数函数的单调性比较；若指数相同，底数不同，则利用幂函数的单调性比较；若底数、指数皆不同，可考虑用其他方法比较。

三、典型例题

例 1　判断下列函数是否是幂函数：

(1) $y = 3x^2$。

(2) $y = x^4 + x$。

(3) $y = \frac{1}{x^2}$。

解　(1) 不是，因为幂函数中 x^α 的系数必须为 1。

(2) 不是，因为幂函数中整个函数项只能有一项。

(3) 是，因为这个幂函数中 x^α 的系数为 1，x 的指数是常数 -2，整个函数项只有一项，所以满足判定条件。

例 2　已知 $f(x) = (m^2 + m - 1)x^{2m+3}$ 是幂函数，求 m 的值。

解　因为 $f(x) = (m^2 + m - 1)x^{2m+3}$ 是幂函数，根据幂函数的定义，有 $m^2 + m - 1 = 1$，所以 $m = -2$ 或 $m = 1$。

例 3　判断下列各值的大小：

(1) $5.2^{0.8}$ 与 $5.3^{0.8}$。

(2) $0.2^{0.3}$ 与 $0.3^{0.3}$。

(3) $2.7^{-\frac{2}{5}}$ 与 $1.8^{-\frac{2}{5}}$。

(4) $1.5^{-1.2}$ 与 $1.7^{-1.2}$。

解　(1) 选取幂函数 $y = x^{0.8}$，在 $(0, +\infty)$ 是增函数。

因为 $5.2 < 5.3$，所以 $5.2^{0.8} < 5.3^{0.8}$。

(2) 选取幂函数 $y = x^{0.3}$，在 $(0, +\infty)$ 是增函数。

因为 $0.2 < 0.3$，所以 $0.2^{0.3} < 0.3^{0.3}$。

(3) 选取幂函数 $y = x^{-\frac{2}{5}}$，在 $(0, +\infty)$ 是减函数。

因为 $2.7 > 1.8$，所以 $2.7^{-\frac{2}{5}} < 1.8^{-\frac{2}{5}}$。

(4) 选取幂函数 $y = x^{-1.2}$，在 $(0, +\infty)$ 是减函数。

因为 $1.5 < 1.7$，所以 $1.5^{-1.2} > 1.7^{-1.2}$。

例 4　证明幂函数 $f(x) = \sqrt{x}$ 在 $[0, +\infty)$ 上是增函数。

证明　任取 $x_1, x_2 \in [0, +\infty)$，且 $x_1 < x_2$，于是有

$$f(x_1) - f(x_2) = \sqrt{x_1} - \sqrt{x_2} = \frac{(\sqrt{x_1} - \sqrt{x_2})(\sqrt{x_1} + \sqrt{x_2})}{\sqrt{x_1} + \sqrt{x_2}} = \frac{x_1 - x_2}{\sqrt{x_1} + \sqrt{x_2}} \quad \text{（配凑化简）}$$

因为 $0 < x_1 < x_2$,所以 $f(x_1) < f(x_2)$,因此 $f(x) = \sqrt{x}$ 在 $[0, +\infty)$ 上是增函数。

例5 已知幂函数 $y = f(x)$ 的图像过点 $(2,\sqrt{2})$,试求出这个函数的解析式。

解 设所求的幂函数为 $y = x^\alpha$。

因为函数图像过点 $(2,\sqrt{2})$,所以 $\sqrt{2} = 2^\alpha \Rightarrow 2^{\frac{1}{2}} = 2^\alpha \Rightarrow \alpha = \frac{1}{2}$,所以所求的幂函数为 $y = x^{\frac{1}{2}}$。

四、习题训练

1.(★)在同一坐标系中画出以下几个常见幂函数的图像,即

$$y = x, y = x^2, y = x^3, y = x^{\frac{1}{2}}, y = x^{-1}$$

2.(★★)下列函数中是幂函数的是(　　)。

A. $y = -x^4$　　B. $y = x^7 + 1$　　C. $y = x^{\frac{4}{3}}$　　D. $y = 3^{x+1}$

3.(★★)函数 $y = x^{\frac{4}{3}}$ 的图像是(　　)。

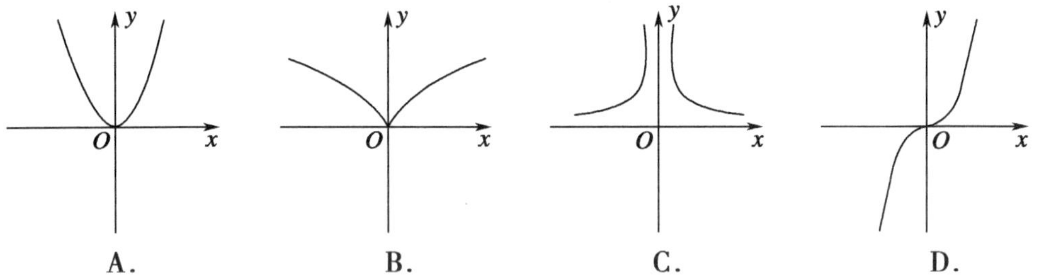

4.(★★★)已知 $a = 2^{\frac{4}{3}}, b = 3^{\frac{2}{3}}, c = 25^{\frac{1}{3}}$,则(　　)。

A. $b < a < c$　　B. $a < b < c$　　C. $b < c < a$　　D. $c < a < b$

5.(★★)下列命题中正确的是(　　)。

A. 当 $\alpha = 0$ 时,函数 $y = x^\alpha$ 的图像是一条直线

B. 幂函数的图像都经过点 $(0,0)$ 和点 $(1,1)$

C. 若幂函数 $y = x^\alpha$ 是奇函数,则 $y = x^\alpha$ 是定义域上的增函数

D. 幂函数的图像不可能出现在第四象限

6.(★★★)已知幂函数 $y = (m^2 - m - 1)x^{\frac{1}{m^2+m}}$,求 m 的值。

7.（★★★）比较大小。

(1)$0.6^{\frac{6}{11}}$ 与 $0.7^{\frac{6}{11}}$。

(2)$2^{\frac{1}{2}}$,$3^{\frac{1}{3}}$,$6^{\frac{1}{6}}$。

8.（★★★）已知$(a+1)^{-\frac{1}{3}}<(3-2a)^{-\frac{1}{3}}$,求 a 的取值范围。

9.（★★）已知幂函数 $y=(m^2-m-1)\cdot x^{m^2-2m-3}$,当 $x\in(0,+\infty)$ 时,y 随 x 的增大而减小,求此幂函数的解析式。

3.6　指数函数

一、教学基本要求

1. 了解指数定义及其运算性质。

2. 理解指数函数的定义、图像及性质。

3. 会利用指数函数的图像及性质求定义域、值域、单调性及奇偶性等。

4. 会根据指数函数图像及单调性比较两个指数函数大小。

5. 了解指数函数与对数函数互为反函数。

二、内容总结

1. 指数定义:指数是幂运算 $a^n(a\neq0)$ 中的一个参数,a 为底数,n 为指数,指数位于底数的右上角,幂运算表示指数个底数相乘。当 n 是一个正整数时,a^n 表示 n 个 a 连乘;当 $n=0$

时，$a^n = 1$。

2. 指数运算性质。

(1) 两个指数相乘，底不变，指数相加：$a^r \cdot a^s = a^{r+s}(r,s \in \mathbf{Q})$。

(2) 一个指数做乘方运算，底不变，指数相乘：$(a^r)^s = a^{rs}(r,s \in \mathbf{Q})$。

(3) 指数乘法的乘方运算，符合分配率原则：$(ab)^s = a^s b^s(s \in \mathbf{Q})$。

3. 指数函数定义：一般地，函数 $y = a^x(a > 0$，且 $a \neq 1)$ 叫作指数函数，其中 x 是自变量，函数的定义域是 $\mathbf{R}$。a 叫作指数函数的底数，x 叫作指数。

4. 指数函数的四个特点。

(1) 定义域必须是实数集 $\mathbf{R}$。

(2) 自变量是 x，x 位于指数位置上，且指数位置上只有 x 这一项。

(3) 指数式只有一项，并且指数式的系数为 1。

(4) 底数 a 的取值范围必须是 $a > 0$，且 $a \neq 1$。

5. 指数函数 $y = a^x(a > 0$，且 $a \neq 1)$ 的图像和性质(表 3 - 6)。

表 3 - 6

	$a > 1$	$0 < a < 1$
图像	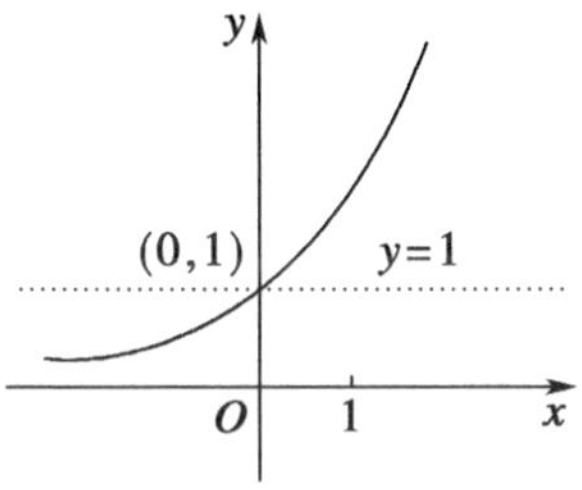	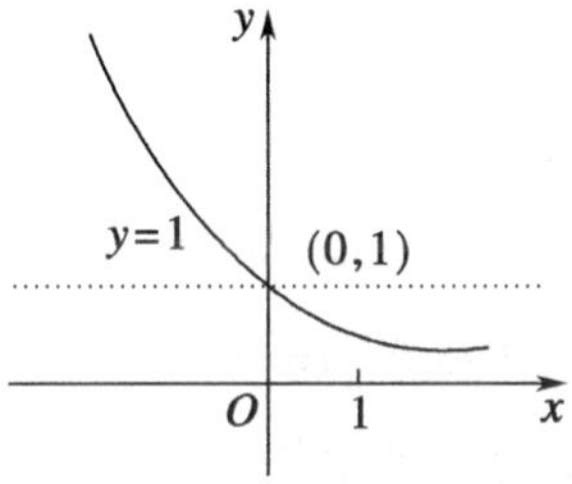
定义域	$\mathbf{R}$	
值域	$(0, +\infty)$	
性质	过点 $(0,1)$，即 $x = 0$ 时，$y = 1$	
	当 $x > 0$ 时，$y > 1$； 当 $x < 0$ 时，$0 < y < 1$	当 $x > 0$ 时，$0 < y < 1$； 当 $x < 0$ 时，$y > 1$
	在 $(-\infty, +\infty)$ 上是增函数	在 $(-\infty, +\infty)$ 上是减函数

(1) $a > 1$ 时，a 值越大，图像向上越靠近 y 轴，递增速度越快。

(2) $0 < a < 1$ 时，a 值越小，图像向上越靠近 y 轴，递减速度越快。

(3) 在 y 轴右侧，图像从上到下相应的底数由大变小；在 y 轴左侧，图像从下到上相应的底数由大变小。

可以利用这个性质进行指数函数值的大小比较。

6. 比较指数函数幂的大小的常用方法。

(1) 对于底数相同,指数不同的两个幂的大小比较可以利用指数函数的单调性来判断。

(2) 对于底数不同,且指数也不同的幂的大小比较,先变同底,若不能变为同底,则应通过中间值(通常为 0 或 1) 来比较。

(3) 对于指数相同,底数不同的幂的大小比较,可以用图像法或者比商法(图 3 - 25)。

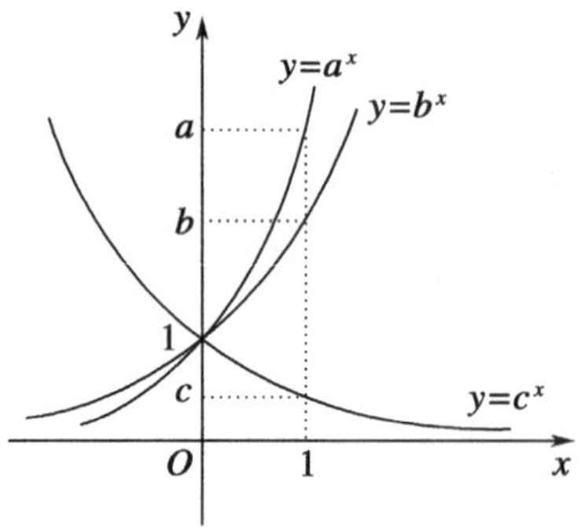

图 3 - 25

三、典型习题

例 1 判断下列函数是否为指数函数。

(1)$y = 2^x + 1$;(2)$y = 3 \times 4^x$;(3)$y = 3^x$;(4)$y = (-2)^x$;(5)$y = 10^x$;(6)$y = 2^{x+1}$。

解 (1) 不是,指数式不仅有一项。

(2) 不是,指数式的系数不为 1。

(3) 是,满足指数函数的特点。

(4) 不是,底数为 -2,取值范围不满足 $a > 0$,且 $a \neq 1$。

(5) 是,满足指数函数的特点。

(6) 不是,指数位置上不只有 x 这一项。

例 2 若函数 $y = (a^2 - 3a + 3)a^x$ 是指数函数,求 a 的值。

分析 根据指数函数的定义和性质来求含参变量。

解 因为 $y = (a^2 - 3a + 3)a^x$ 是指数函数,所以满足 $\begin{cases} a^2 - 3a + 3 = 1 \\ a > 0, 且\ a \neq 1 \end{cases}$,解得 $a = 2$。

例 3 求下列函数的定义域和值域。

(1)$y = \sqrt{3^x - 1}$。

(2)$y = 2^{\frac{1}{x-4}}$。

解　(1) 要使函数有意义，需满足 $3^x - 1 \geqslant 0$，解得 $x \geqslant 0$。

因此函数 $y = \sqrt{3^x - 1}$ 的定义域为 $[0, +\infty)$，值域为 $y \geqslant 0$。

(2) 要使函数有意义，需满足 $x - 4 \neq 0$，所以 $x \neq 4$。

因此函数 $y = 2^{\frac{1}{x-4}}$ 的定义域为 $(-\infty, 4) \cup (4, +\infty)$。

又因为 $\frac{1}{x-4} \neq 0 \Rightarrow 2^{\frac{1}{x-4}} \neq 1$，所以 $y = 2^{\frac{1}{x-4}}$ 的值域为 $\{y \mid y > 0, 且 y \neq 1\}$。

例 4　函数 $y = a^x (a > 0, 且 a \neq 1)$ 的图像关于(　　)对称。

A. x 轴　　B. y 轴　　C. 直线 $y = x$　　D. 原点

解　选 B。

根据指数函数图像的特点，当自变量取值互为相反数时，函数值相等。所以两个指数函数的图像关于 y 轴对称。

例 5　比较下列各组数的大小。

(1) $1.7^{2.5}$ 与 1.7^3。

(2) $0.8^{-0.1}$ 与 $0.8^{-0.2}$。

(3) $\left(\frac{1}{4}\right)^{0.8}$ 与 $\left(\frac{1}{2}\right)^{1.8}$。

(4) $1.7^{0.3}$ 与 $0.9^{3.1}$。

解　(1) 选取指数函数 $y = 1.7^x$，由于底数 $1.7 > 1$，所以指数函数 $y = 1.7^x$ 在 $\mathbf{R}$ 上是增函数。因为 $2.5 < 3$，所以 $1.7^{2.5} < 1.7^3$。

(2) 选取指数函数 $y = 0.8^x$，由于底数 $0.8 < 1$，所以指数函数 $y = 0.8^x$ 在 $\mathbf{R}$ 上是减函数。因为 $-0.1 > -0.2$，所以 $0.8^{-0.1} < 0.8^{-0.2}$。

(3) 原指数函数可转化成 $2^{-1.6}$ 与 $2^{-1.8}$，变成同底数指数函数，即可用上述方法进行比较，可知：$\left(\frac{1}{4}\right)^{0.8} > \left(\frac{1}{2}\right)^{1.8}$。

(4) 在 $1.7^{0.3}$ 与 $0.9^{3.1}$ 之间插入函数值 $1 = 1.7^0 = 0.9^0$，先选择指数函数 $y = 1.7^x$，可知 $1.7^{0.3} > 1.7^0 = 1$；然后选择指数函数 $y = 0.9^x$，得到 $0.9^{3.1} < 0.9^0 = 1$。

所以 $1.7^{0.3} > 0.9^{3.1}$。

四、习题训练

1. (★) 在同一坐标系中分别画出指数函数 $y = 2^x$，$y = \left(\frac{1}{2}\right)^x$ 的图像。

2. (★★) 指数函数 $y=a^x, y=b^x, y=c^x, y=d^x$ 的图像如图 3－26 所示，则 a, b, c, d, 1 之间的大小关系是(　　)。

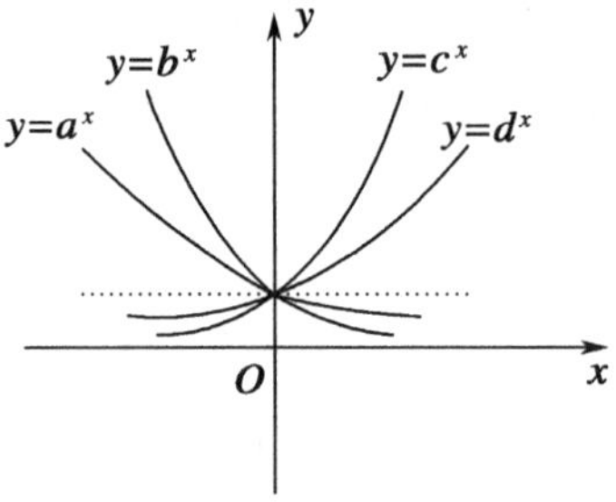

图 3－26

A. $a<b<1<c<d$　　　　B. $a<b<1<d<c$

C. $b<a<1<d<c$　　　　D. $c<d<1<a<b$

3. (★★) 求函数 $f(x)=3^{\frac{1}{\sqrt{x-1}}}$ 的定义域。

4. (★★★) 已知函数 $f(x)$ 是指数函数，且 $f\left(-\frac{3}{2}\right)=\frac{\sqrt{5}}{25}$，求 $f(3)$。

5. (★★) 函数 $y=a^2(2-a)^x$ 是指数函数，求 a 的值。

3.7　对数函数

一、教学基本要求

1. 理解对数的概念及运算性质，会使用换底公式将一般对数转化为自然对数或者常用对数。

2. 理解对数函数的定义、图像及性质。

3. 会利用对数函数的图像及性质求定义域、值域、单调性及奇偶性等。

4. 会根据对数函数图像及单调性比较两个对数函数大小。

5. 能够求出对数函数的反函数。

二、内容总结

（一）对数及其性质

1. 对数定义：一般地，如果 $a^x = N(a > 0, 且 a \neq 1)$，那么数 x 叫作以 a 为底 N 的对数。其中 a 叫作对数的底数，N 叫作真数。

记作：$x = \log_a N(a > 0, 且 a \neq 1)$。

2. 指数与对数的关系（图 3－27）。

当 $a > 0$，且 $a \neq 1$ 时，$a^x = N \Leftrightarrow \log_a N = x$。

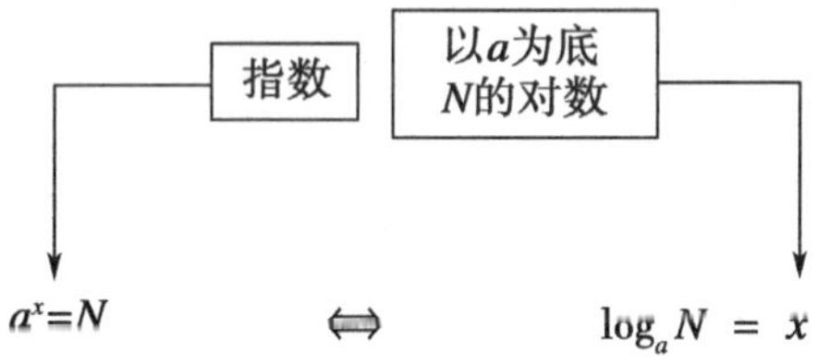

图 3－27

3. 指数式与对数式的互化（图 3－28）。

图 3－28

(1) 指数式化为对数式:将指数式的幂作为真数,指数作为对数,底数不变,写出对数式。

(2) 对数式化为指数式:将对数式的真数作为幂,对数作为指数,底数不变,写出指数式。

4. 常见对数(图 3 - 29)。

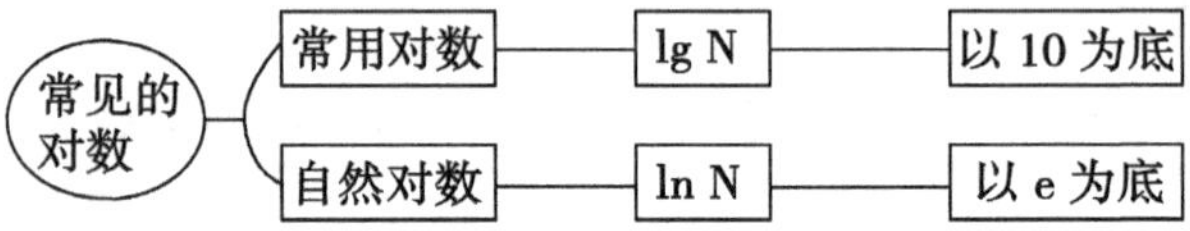

图 3 - 29

5. 对数的基本性质:

(1) 负数与零没有对数,即 $N > 0$。

(2) $\log_a 1 = 0, \log_a a = 1$。

(3) 对数恒等式 $a^{\log_a N} = N$。

(4) $\log_{10} N = \lg N$。

(5) $\log_e N = \ln N$。

(6) 底数 a 的取值范围 $(0,1) \cup (1, +\infty)$;真数 N 的取值范围 $(0, +\infty)$。

(7) $\log_a a^b = b, a^{\log_a N} = N$。

6. 对数的运算性质($a > 0$,且 $a \neq 1, M > 0, N > 0$):

(1) $\log_a(M \cdot N) = \log_a M + \log_a N$。

(2) $\log_a \dfrac{M}{N} = \log_a M - \log_a N$。

(3) $\log_a M^n = n\log_a M$。

(4) $\log_a b \cdot \log_b a = 1$。

(5) $\log_{a^m} b^n = \dfrac{n}{m}\log_a b$($a, b > 0$,且均不为 1)。

(6) $\log_x y \cdot \log_y z = \log_x z$($x > 0$,且 $x \neq 1$;$y > 0$,且 $y \neq 1$;$z > 0$)。

7. 换底公式

$$\log_a b = \frac{\log_c b}{\log_c a}, a > 0,\text{且 } a \neq 1; c > 0,\text{且 } c \neq 1; b > 0$$

(二) 对数函数的图像和性质

1. 对数函数定义:一般地,把函数 $y = \log_a x$($a > 0$,且 $a \neq 1$) 叫作对数函数,其中 x 是自变量,函数的定义域是 $(0, +\infty)$。

2. 对数函数的图像和性质(表 3 - 7)。

表 3 - 7

		$a>1$	$0<a<1$
图像		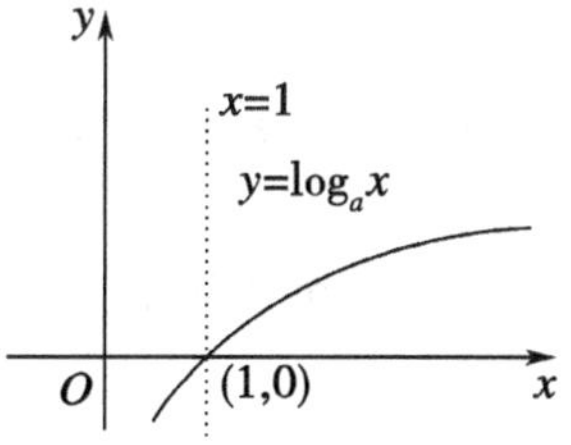	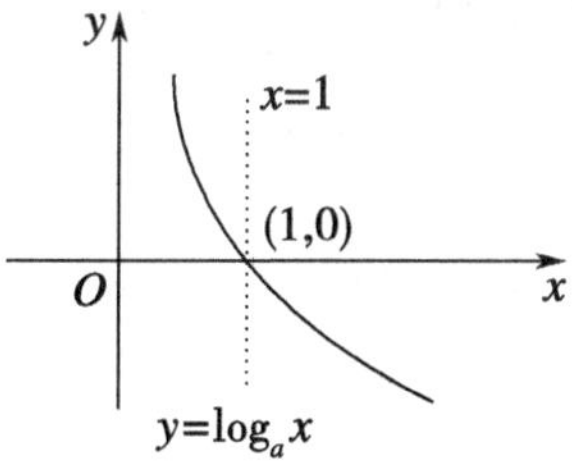
性质	定义域	$(0,+\infty)$	
	值域	$\mathbf{R}$	
	过定点	过定点 $(1,0)$，即 $x=1$ 时，$y=0$	
	函数值的变化	当 $0<x<1$ 时，$y<0$ 当 $x>1$ 时，$y>0$	当 $0<x<1$ 时，$y>0$ 当 $x>1$ 时，$y<0$
	单调性	在 $(0,+\infty)$ 上是增函数	在 $(0,+\infty)$ 上是减函数

3. 对数函数与指数函数的关系：

对数函数 $y=\log_a x(a>0$，且 $a\neq1)$ 与指数函数 $y=a^x(a>0$，且 $a\neq1)$ 互为反函数。

4. 判定一个函数是对数函数的方法（图 3 - 30）。

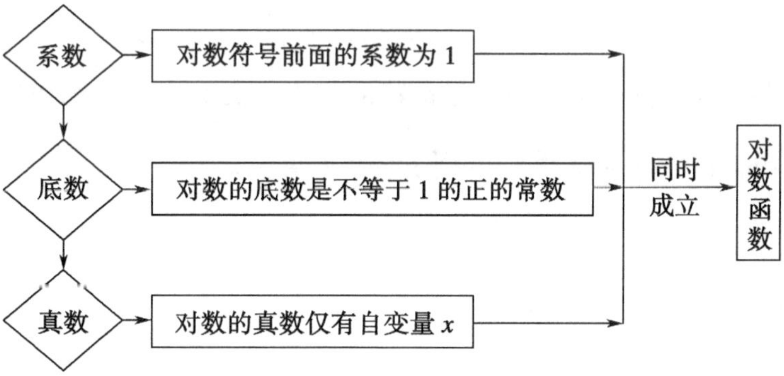

图 3 - 30

5. 求对数函数或相关的函数的定义域：

（1）分母不能为 0。

（2）根指数为偶数时，被开方数非负。

（3）对数的真数大于 0，底数大于 0 且不为 1。

三、典型例题

(一) 对数及性质

例 1　将下列指数式化为对数式,对数式化为指数式。

(1)$4^3=64$;(2)$\ln a=b$;(3)$\left(\frac{1}{2}\right)^m=n$;(4)$\lg 1\,000=3$。

解　(1) 根据指数式转化为对数式的方法,可将幂64 作为真数,指数3 作为对数,底数4 不变,写成对数式为 $\log_4 64=3$。

(2) 同上,转化后得指数式为 $e^b=a$。

(3) 转化后的对数式为 $\log_{\frac{1}{2}} n=m$。

(4) 转化后的指数式为 $10^3=1\,000$。

例 2　利用对数的运算性质判断对错。

(1)$\log_a(xy)=\log_a x\cdot\log_a y$。

(2)$\log_a(-2)^3=3\log_a(-2)$。

解　(1) 错。根据对数的运算性质可知, 积的对数可以转化为对数的和, 所以 $\log_a(xy)=\log_a x+\log_a y$。

(2) 错。使用此性质的前提是真数必须大于 0。

例 3　求下列对数式的值:

(1)$\log_3 5\times\log_5 6\times\log_6 9$;(2)$(\log_4 3+\log_8 3)(\log_3 2+\log_9 2)$。

解　利用换底公式,将不同底的对数都转化成以 10 为底的对数来计算。

(1)$\log_3 5\times\log_5 6\times\log_6 9=\frac{\lg 5}{\lg 3}\times\frac{\lg 6}{\lg 5}\times\frac{\lg 9}{\lg 6}=\frac{\lg 9}{\lg 3}=\frac{2\lg 3}{\lg 3}=2$。

(2)

$$\begin{aligned}&(\log_4 3+\log_8 3)(\log_3 2+\log_9 2)\\&=\left(\frac{\lg 3}{\lg 4}+\frac{\lg 3}{\lg 8}\right)\left(\frac{\lg 2}{\lg 3}+\frac{\lg 2}{\lg 9}\right)=\left(\frac{\lg 3}{2\lg 2}+\frac{\lg 3}{3\lg 2}\right)\left(\frac{\lg 2}{\lg 3}+\frac{\lg 2}{2\lg 3}\right)=\frac{5\lg 3}{6\lg 2}\times\frac{3\lg 2}{2\lg 3}=\frac{5}{4}\end{aligned}$$

例 4　已知 $\log_{12}27=a$,求 $\log_6 16$ 的值。

解　由 $\log_{12}27=a$,换底并利用积化和差的性质化简后得到$\frac{3\lg 3}{2\lg 2+\lg 3}=a$,所以 $\lg 2=\frac{3-a}{2a}\lg 3$。

又因为$\log_6 16=\frac{\lg 16}{\lg 6}=\frac{4\lg 2}{\lg 2+\lg 3}$,将上面得到的式子代入,可得$\log_6 16=\frac{4\cdot(3-a)}{3+a}$。

（二）对数函数的图像和性质。

例5　判断下列函数是否为对数函数：

(1) $y=\log_x\frac{1}{2}$；(2) $y=2\log_3 x$；(3) $y=\log_3(x+1)(x>0)$。

解　(1) 错。对数函数中自变量应该在真数的位置上。

(2) 错。在对数函数 $y=\log_a x$ 中，整个项的系数必须为1。

(3) 错。对数函数的真数应仅有自变量 x。

例6　若函数 $f(x)=\log_{(a+1)}x+(a^2-2a-8)$ 是对数函数，求 a 的值。

解　根据对数函数定义及特点可知

$$\begin{cases}a^2-2a-8=0\\a+1>0\\a+1\neq 1\end{cases}\Rightarrow a=4$$

例7　求下列函数的定义域：

(1) $f(x)=\frac{1}{\sqrt{2-x}}+\ln(x+1)$。

(2) $f(x)=\frac{1}{\log_{\frac{1}{2}}(2x+1)}$。

解　(1) 若使函数有意义，需满足条件 $\begin{cases}x+1>0\\2-x>0\end{cases}$，所以解出 $\begin{cases}x>-1\\x<2\end{cases}$，故函数的定义域为 $(-1,2)$。

(2) 由题意得到 $\begin{cases}2x+1>0\\2x+1\neq 1\end{cases}$，解得 $x>-\frac{1}{2}$，且 $x\neq 0$，所以函数的定义域为 $\left(-\frac{1}{2},0\right)\cup(0,+\infty)$。

例8　(1) 若 $a=\log_2 3$，$b=\log_3 2$，$c=\log_4 6$，则下列结论正确的是（　　）。

A. $b<a<c$　　　　B. $a<b<c$

C. $c<b<a$　　　　D. $b<c<a$

(2) 下列不等式成立的是（其中 $a>0$ 且 $a\neq 1$）（　　）。

A. $\log_a 5.1<\log_a 5.9$

B. $\log_{\frac{1}{2}}2.1>\log_{\frac{1}{2}}2.2$

C. $\log_{1.1}(a+1)<\log_{1.1}a$

D. $\log_3 2.9<\log_{0.5}2.2$

答案 (1)D;(2)B。

解 (1)因为函数 $y=\log_4 x$ 在 $(0,+\infty)$ 上是增函数,所以 $a=\log_2 3=\log_4 9>\log_4 6>1$,而 $\log_3 2<1$,故 $b<c<a$。

(2)A 中 a 与 1 的关系不确定,无法确定对数函数的单调性。

B 中以 $\frac{1}{2}$ 为底的对数函数是减函数,成立。

C 中以 1.1 为底的对数函数是增函数,所以不成立。

D 中 $\log_3 2.9>0$, $\log_{0.5} 2.2<0$,所以不成立。

四、习题训练

(一)对数定义及运算性质

1.(★)求下列对数式的值。

(1) $\lg\frac{25}{16}-2\lg\frac{5}{9}+\lg\frac{32}{81}$。

(2) $2^{\log_2 3}+2\log_3 1-3\log_7 7+3\ln 1$。

2.(★★)将下列指数式化为对数式,对数式化为指数式。

(1) $2^{-3}=\frac{1}{8}$。

(2) $\left(\frac{1}{7}\right)^a=b$。

(3) $\lg\frac{1}{1\,000}=-3$。

(4) $\ln 10=x$。

3.(★★)化简并计算下列各式的值。

(1) $\lg 25+\frac{2}{3}\lg 8+\lg 5\times\lg 20+(\lg 2)^2$。

(2) $\frac{2\lg 2+\lg 3}{2+\lg 0.36+2\lg 2}$。

（二）对数函数的图像和性质

4.（★）下列函数是对数函数的是(　　)。

A. $y=\log_a(2x)$　　B. $y=\log_2 2^x$

C. $y=\log_2 x+1$　　D. $y=\lg x$

5.（★★）求下列函数的定义域：

(1) $f(x)=\lg(x-2)+\dfrac{1}{x-3}$。

(2) $f(x)=\log_{(x+1)}(16-4x)$。

6.（★★）如图3-31，曲线 C_1,C_2,C_3,C_4 分别对应函数 $y=\log_{a_1}x$，$y=\log_{a_2}x$，$y=\log_{a_3}x$，$y=\log_{a_4}x$ 的图像，试比较 a_1,a_2,a_3,a_4 的大小。

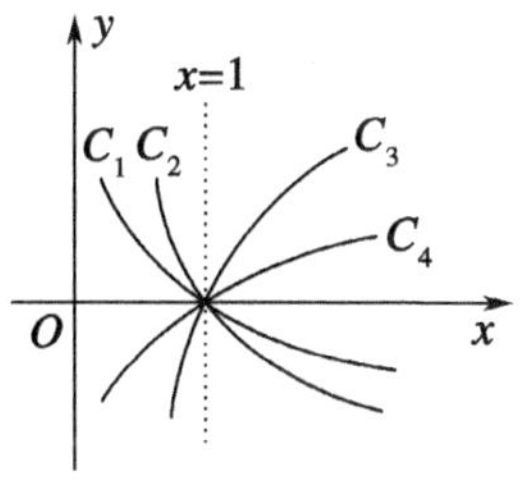

图3-31

7.（★★★）比较下列各组中两个值的大小。

(1) $\log_3 1.9$，$\log_3 2$。

(2) $\log_2 3$，$\log_{0.3}2$。

8.（★★★）判断函数 $f(x)=\log_2(\sqrt{x^2+1}+x)$ 的奇偶性。

单元测试

一、单项选择题(20 题,每题 3 分,共 60 分)

1. 下列映射是 A 到 B 的映射的是(　　)。

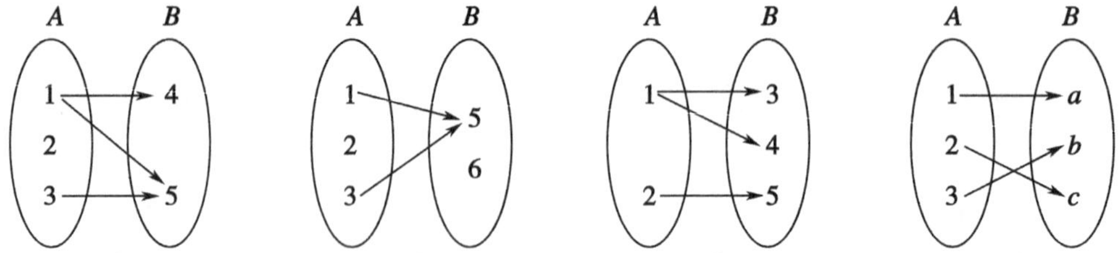

A.　　B.　　C.　　D.

2. 与函数 $y=x+1$ 相等的函数是(　　)。

A. $y=\dfrac{x^2-1}{x-1}$　　B. $y=t+1$

C. $y=\sqrt{x^2+2x+1}$　　D. $y=(\sqrt{x+1})^2$

3. 设 $f(x)=\begin{cases}x+1(x\geqslant 0)\\1(x<0)\end{cases}$,则 $f(f(-1))=$(　　)。

A. 3　　B. 1　　C. 0　　D. -1

4. 函数 $f(x)=\sqrt{3+x^4}$ 是(　　)。

A. 奇函数　　B. 偶函数

C. 非奇非偶函数　　D. 既是奇函数又是偶函数

5. 函数 $y=\sqrt{1+x}$ 的定义域是(　　)。

A. $\{x\mid x>0\}$　　B. $\{x\mid x>-1\}$　　C. $\{x\mid x\geqslant -1\}$　　D. $\mathbf{R}$

6. 函数 $y=\left(x-\dfrac{3}{2}\right)^2$ 的单调递减区间为(　　)。

A. $[0,+\infty)$　　B. $[1,+\infty)$　　C. $[1,2]$　　D. $\left(-\infty,\dfrac{3}{2}\right]$

7. 函数 $f(x)=\dfrac{1}{x}$ 在 $(0,+\infty)$ 上是(　　)。

A. 增函数　　　　B. 减函数

C. 不是单调函数　　　　D. 单调性无法判断

8. 函数 $y = |x| + 1$ 的单调递减区间是(　　)。

A. $(-\infty, 0]$　　B. $[0, +\infty)$　　C. $(1, +\infty)$　　D. $(1, +\infty)$

9. 函数 $f(x) = 2 - |x|$ 是(　　)。

A. 奇函数　　　　B. 偶函数

C. 既是奇函数,又是偶函数　　　　D. 非奇非偶函数

10. 若 $a = \log_2 3$, $b = \log_3 2$, $c = \log_4 6$,则下列结论正确的是(　　)。

A. $b < a < c$　　B. $a < b < c$　　C. $c < b < a$　　D. $b < c < a$

11. 下列不等式成立的是(其中 $a > 0$ 且 $a \neq 1$)(　　)。

A. $\log_a 5.1 < \log_a 5.9$　　　　B. $\log_{\frac{1}{2}} 2.1 > \log_{\frac{1}{2}} 2.2$

C. $\log_{1.1}(a+1) < \log_{1.1} a$　　　　D. $\log_3 2.9 < \log_{0.5} 2.2$

12. 已知函数 $y = \frac{3}{x}$,则下列区间不是减函数的是(　　)。

A. $(0, +\infty)$　　　　B. $(-\infty, 0)$

C. $(-\infty, 0) \cup (0, +\infty)$　　　　D. $(1, +\infty)$

13. 当 $a > 1$ 时,函数 $y = a^x$ 和 $y = (a-1)x^2$ 的图像只可能是(　　)。

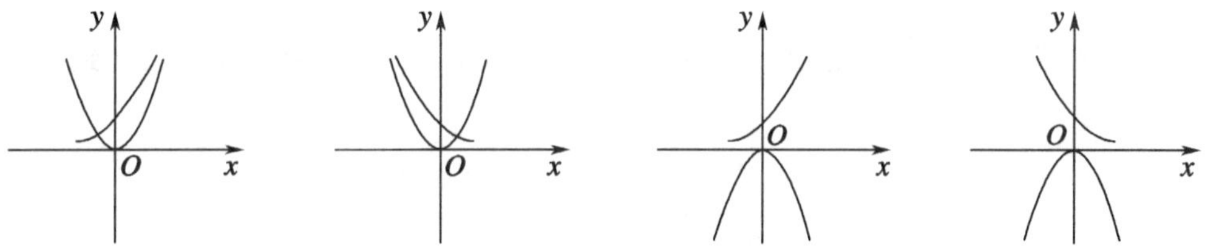

A.　　B.　　C.　　D.

14. 函数 $y = 3^x$ 与 $y = 3^{-x}$ 的图像关于(　　)对称。

A. x 轴　　B. y 轴　　C. 直线 $y = x$　　D. 原点

15. 当 $x > 0$ 时,指数函数 $f(x) = (a-1)^x < 1$ 恒成立,则实数 a 的取值范围是(　　)。

A. $a > 2$　　B. $1 < a < 2$　　C. $a > 1$　　D. $a \in \mathbf{R}$

16. 若集合 $A = \{x \mid y = \sqrt{x-1}\}$, $B = \{y \mid y = x^2 + 2\}$,则 $A \cap B =$ (　　)。

A. $[1, +\infty)$　　B. $(1, +\infty)$　　C. $[2, +\infty)$　　D. $(0, +\infty)$

17. 已知 $y = f(x)$ 是反比例函数,当 $x = 2$ 时, $y = 1$,则 $y = f(x)$ 的函数关系式为(　　)。

A. $f(x) = \frac{1}{x}$　　B. $f(x) = -\frac{1}{x}$　　C. $f(x) = \frac{2}{x}$　　D. $f(x) = -\frac{2}{x}$

18. 下列各组函数图像完全重合的一组是(　　)。

A. $y=\frac{x}{x}$ 与 $y=1$

B. $f(x)=x^2$ 与 $g(x)=x\sqrt{x^2}$

C. $f(x)=|x|+1$ 与 $g(n)=|n|+1$

D. $y=\frac{\sqrt{x}}{x}$ 与 $y=\frac{x}{\sqrt{x}}$

19. 已知函数 $f(x)=-x^2+x+1, x\in\left[0,\frac{3}{2}\right]$ 的最值情况为(　　)。

A. 有最小值$\frac{1}{4}$,有最大值 1　　B. 有最小值$\frac{1}{4}$,有最大值$\frac{5}{4}$

C. 有最小值 1,有最大值$\frac{5}{4}$　　D. 有最小值,无最大值

20. 下列函数中,既是偶函数,又在 $(0,+\infty)$ 上单调递增的函数是(　　)。

A. $y=x^3$　　B. $y=|x|+1$　　C. $y=-x^2+1$　　D. $y=\sqrt{x}$

二、填空题(10 题,每题 2 分,共 20 分)

1. 函数 $y=2x+1$ 的反函数是________。

2. 设 A,B 是________,如果按照某个确定的________,使得对于数集 A 中的任意一个数,在数集 B 中都有________的数 $f(x)$ 和它对应,那么就称 $f:A\to B$ 是从数集 A 到数集 B 的________,记作 $y=f(x)(x\in A)$。

3. 函数 $y=\sqrt{x+2}-\frac{2}{x^2-x-6}$ 的定义域是________。

4. $f(x)=-2x-1$ 在 $(-\infty,+\infty)$ 上是________(填“增函数”或“减函数”)。

5. 已知 $f(x)=(3a+1)x+b$ 在 $\mathbf{R}$ 上是减函数,则 a 的取值范围是________。

6. 若函数 $f(x)=ax^2+bx+3a+b$ 是偶函数,定义域为 $[a-1,2a]$,则 $a=$ ________,$b=$ ________。

7. 若 $y=(m-1)x^2+2mx+3$ 是偶函数,则 $m=$ ________。

8. 一般地,我们称函数 $y=x^a$ 叫作________,其中 x 是自变量,a 是常数。

9. 函数 $f(x)=a^{x-1}(a>0,a\neq 1)$ 的图像恒过定点________。

10. $\log_3 5\times\log_5 6\times\log_6 9=$ ________。

三、计算题(2 题,每题 10 分,共 20 分。要求写出计算过程,给出计算结果)

1. 计算下列各式的值。

(1) 已知 $2^m = 5^n = 10$,求$\frac{1}{m}+\frac{1}{n}$。

(2) 若函数 $f(x) = \log_{a+1}x + (a^2 - 2a - 8)$ 是对数函数,求 a 的值。

2. 已知函数 $f(x) = \log_a \frac{x+1}{x-1}(a > 0$,且 $a \neq 1)$。

(1) 求 $f(x)$ 的定义域。

(2) 判断函数 $f(x)$ 的奇偶性,并求函数的单调区间。

第4章　三角函数

4.1　角的概念

一、教学基本要求

1. 理解任意角的概念和弧度的概念。

2. 能进行弧度与角度的互化。

3. 会判断已知角所在象限。

二、内容总结

（一）角度

1. 角的初等定义：从一个点出发引出的两条射线构成的几何图形。

范围：$0° \sim 360°$。

2. 任意角定义：一条射线绕着它的端点在平面内旋转形成的图形；其中，按逆时针方向旋转形成的角叫作正角，按顺时针方向旋转的角叫作负角。如果一条射线没有作任何旋转，我们称它形成了一个零角，也就是始边和终边重合，此时 $\alpha = 0°$。

3. 直角坐标系里的角（象限角与轴线角）：在直角坐标系中讨论角，为了方便，我们使角的顶点与原点重合，角的始边与 x 轴的非负半轴重合，那么角的终边在第几象限，我们就说这个角是第几象限角。

4. 角的四“要素”：顶点、始边、终边和旋转方向。

5. 终边相同的角：一般地，所有与角 α 终边相同的角，连同角 α 在内，可构成一个集合：$S = \{\beta \mid \beta = \alpha + k \cdot 360°, k \in \mathbf{Z}\}$，即任一与角 α 终边相同的角，都可以表示成角 α 与整数个周角的和。

（二）弧度

1. 弧度：圆心角所对的弧长与半径之比称为这个角的弧度数，即 $\alpha = \frac{l}{r}$。

2. 1 弧度的规定：我们把长度等于半径长的圆弧所对的圆心角叫作 1 弧度的角（图 4－1）。

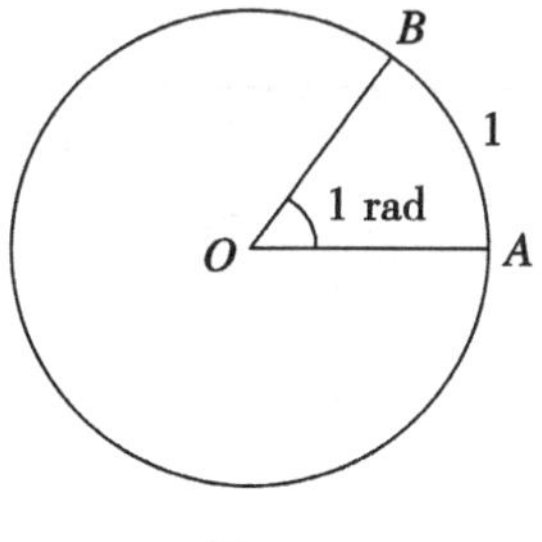

图4－1

3. 弧度制：这种以弧度作为单位来度量角的单位制叫作弧度制，它的单位是弧度，单位符号是 rad，读作弧度。圆的半径为1，弧 AB 的长等于1，$\angle AOB$ 就是1弧度的角。

4. 弧度的计算：一般地，正角的弧度数是一个正数，负角的弧度数是一个负数，零角的弧度数是0。如果半径为 r 的圆心角 α 所对弧的长为 l，那么角 α 的弧度数的绝对值是 $|\alpha|=\frac{l}{r}$。

5. 弧度制与实数集的关系（图4－2）。

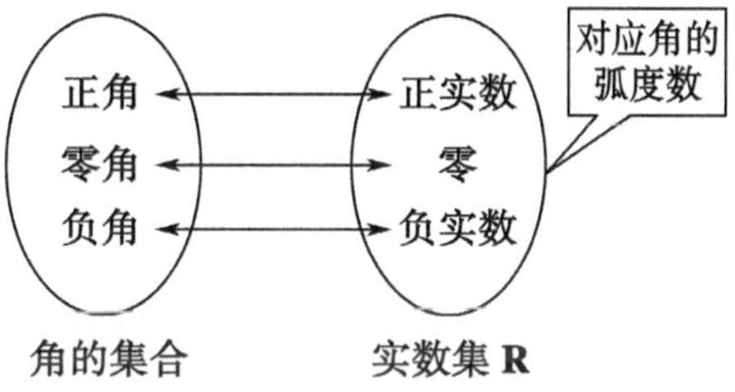

图4－2

6. 角度制与弧度制的换算

$$\text{角度换成弧度：}\begin{cases}360^\circ=2\pi\ \text{rad}\\180^\circ=\pi\ \text{rad}\\1^\circ=\frac{\pi}{180}\text{rad}\approx0.017\ 45\ \text{rad}\end{cases}$$

$$\text{弧度换成角度：}\begin{cases}2\pi\ \text{rad}=360^\circ\\\pi\ \text{rad}=180^\circ\\1\ \text{rad}=\left(\frac{180^\circ}{\pi}\right)\approx57.30^\circ=57^\circ18'\end{cases}$$

7. 特殊角弧度数与角度数对应表（表4－1）。

表 4－1

角度	0°	30°	45°	60°	90°	120°	135°	150°	180°	270°	360°
弧度	0	$\frac{\pi}{6}$	$\frac{\pi}{4}$	$\frac{\pi}{3}$	$\frac{\pi}{2}$	$\frac{2\pi}{3}$	$\frac{3\pi}{4}$	$\frac{5\pi}{6}$	π	$\frac{3\pi}{2}$	2π

三、典型例题

例 1　画出 $\alpha=210°$，$\beta=-150°$，$\gamma=-660°$。

解　先画一条射线作为角的始边（在直角坐标系中，以 x 轴正半轴为始边），再由角的正负确定角的旋转方向，再由角的绝对值大小确定角的旋转量，最后画出角的终边，并用带箭头的螺旋线加以标注（图 4－3）。画角"四要素"：顶点、始边、终边和旋转方向。

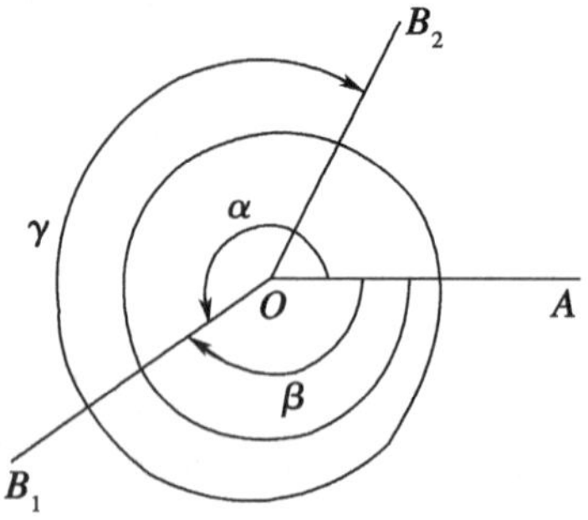

图 4－3

例 2　把下列各角化成 $2k\pi+\alpha(0\leqslant\alpha<2\pi,k\in\mathbf{Z})$ 的形式：

（1）$\frac{16}{3}\pi$；（2）$-315°$；（3）$-\frac{11}{7}\pi$；（4）-8。

解　（1）$\frac{16}{3}\pi=4\pi+\frac{4}{3}\pi$。

（2）$-315°=-\frac{7}{4}\pi=-2\pi+\frac{\pi}{4}$。

（3）$-\frac{11}{7}\pi=-2\pi+\frac{3}{7}\pi$。

（4）$-8=-4\pi+(4\pi-8)$。

例 3　若 φ 是第二象限角，那么 $\frac{\varphi}{2}$ 和 $90°-\varphi$ 都不是（　　）。

A. 第一象限角　　B. 第二象限角　　C. 第三象限角　　D. 第四象限角

答案　B。

解　因为 φ 是第二象限角，所以 $k\cdot360°+90°<\varphi<k\cdot360°+180°$，$k\in\mathbf{Z}$。因此，

$k \cdot 180° + 45° < \frac{\varphi}{2} < k \cdot 180° + 90°, k \in \mathbf{Z}$。于是$\frac{\varphi}{2}$是第一或第三象限角，而 $-\varphi$ 是第三象限角，故 $90° - \varphi$ 是第四象限角。

例 4　将下列各角的度数化为弧度：

(1)$67°30'$；(2) $-260°$。

解　(1)$67°30' = 67.5° = \frac{\pi}{180} \text{ rad} \times 67.5 = \frac{3}{8}\pi \text{ rad}$。

(2) $-260° = -360° + 100° = -2\pi + \frac{\pi}{180} \times 100 = -\frac{13}{9}\pi \text{ rad}$。

例 5　将下列各角的弧度化为角度：

(1) $\frac{5}{12}\pi$；(2) $\frac{\pi}{4}$。

解　(1) $\frac{5}{12}\pi \text{ rad} = \frac{180°}{\pi} \text{ rad} \times \frac{5}{12}\pi = 75°$。

(2) $\frac{\pi}{4} = \frac{180°}{\pi} \text{ rad} \times \frac{\pi}{4} = 45°$。

四、习题训练

1. (★) $-50°, 405°, 210°, -200°, -450°$ 分别是第几象限的角？

2. (★) 判断下列各角所在象限：

(1) $\frac{\pi}{5}$；(2) $\frac{11\pi}{5}$；(3) $-\frac{2\,000}{3}\pi$；(4)1；(5)4；(6) -8。

3. (★★) 写出与下列各角终边相同的角的集合 S,并把 S 中在 $-360°\sim720°$ 的角写出来。
(1)$60°$;(2) $-21°$;(3)$363°14'$。

4. (★★) 将分针拨快 15 分钟,则分针转过的弧度数是(　　)。

A. $-\frac{\pi}{3}$　　B. $\frac{\pi}{3}$　　C. $-\frac{\pi}{2}$　　D. $\frac{\pi}{2}$

5. (★★★) 已知扇形的周长为 8 cm,圆心角为 2 rad,求扇形面积。

4.2　任意角的三角函数

一、教学基本要求

1. 掌握任意角的正弦、余弦、正切、余切的定义与公式。
2. 根据给出的角的终边上一点的坐标,会求它的六个三角函数值。
3. 熟记 $0°\sim180°$ 之间特殊角的三角函数值。
4. 会判断给出角的三角函数的符号(大于 0 或小于 0)。

二、内容总结

1. 任意角的三角函数。

对应关系 $\sin\alpha=y,\cos\alpha=x,\tan\alpha=\frac{y}{x}(x\neq0)$ 都是以角为自变量,以单位圆上的点的坐标或坐标的比值为函数值的函数,分别称为正弦函数、余弦函数和正切函数,并统称为三角函数。

任意角的三角函数值只与角的大小有关,而与点的位置无关(图 4－4)。

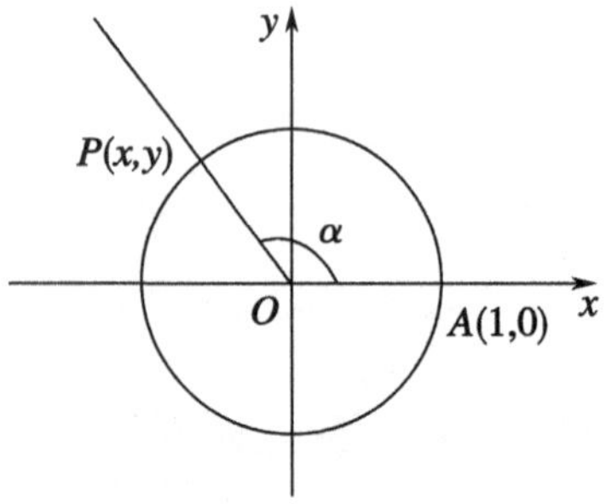

$\sin\alpha=y$

$\cos\alpha=x$

$\tan\alpha=\frac{y}{x}(x\neq0)$

图 4－4

2. 三角函数的定义域和值域(表4－2)。

表4－2

三角函数	定义域	值域
$\sin\alpha$	$\mathbf{R}$	$(-1,1)$
$\cos\alpha$	$\mathbf{R}$	$(-1,1)$
$\tan\alpha$	$\{a \mid a \neq k\pi+\frac{\pi}{2},k\in\mathbf{Z}\}$	$\mathbf{R}$

3. 特殊角的三角函数值表(表4－3及图4－5)。

表4－3

函数	角度										
	0°	30°	45°	60°	90°	120°	135°	150°	180°	270°	360°
角 α 的弧度	0	$\frac{\pi}{6}$	$\frac{\pi}{4}$	$\frac{\pi}{3}$	$\frac{\pi}{2}$	$\frac{2\pi}{3}$	$\frac{3\pi}{4}$	$\frac{5\pi}{6}$	π	$\frac{3\pi}{2}$	2π
$\sin\alpha$	0	$\frac{1}{2}$	$\frac{\sqrt{2}}{2}$	$\frac{\sqrt{3}}{2}$	1	$\frac{\sqrt{3}}{2}$	$\frac{\sqrt{2}}{2}$	$\frac{1}{2}$	0	-1	0
$\cos\alpha$	1	$\frac{\sqrt{3}}{2}$	$\frac{\sqrt{2}}{2}$	$\frac{1}{2}$	0	$-\frac{1}{2}$	$-\frac{\sqrt{2}}{2}$	$-\frac{\sqrt{3}}{2}$	-1	0	1
$\tan\alpha$	0	$\frac{\sqrt{3}}{3}$	1	$\sqrt{3}$	—	$-\sqrt{3}$	-1	$-\frac{\sqrt{3}}{3}$	0	—	0

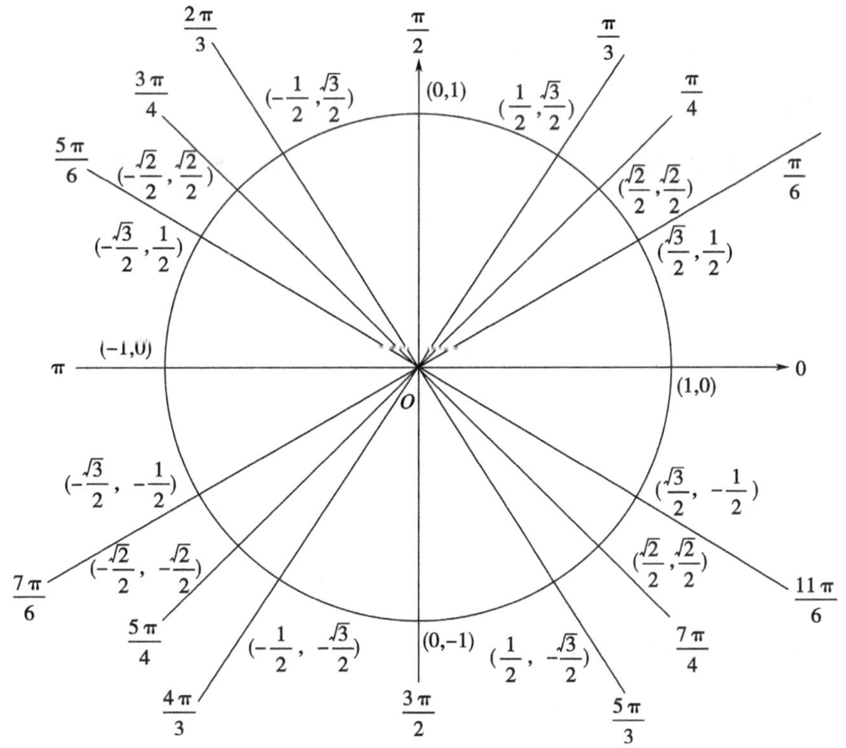

图4－5

4. 三角函数值在四个象限内的符号(图 4 - 6)。

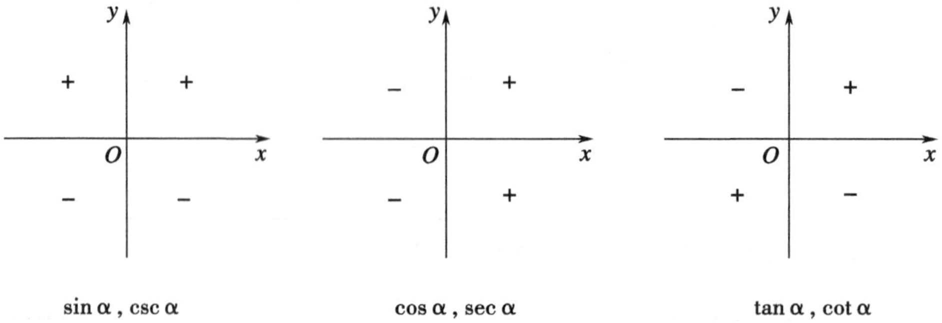

图 4 - 6

由 4 - 6 图可知,三角函数值为正的象限:第一象限均为正;第二象限正弦函数、余割函数为正;第三象限正切函数、余切函数为正;第四象限余弦函数、正割函数为正。

5. 终边相同的角的同一三角函数值相等(诱导公式一)。

$\sin(2k\pi+\alpha)=\sin\alpha(k\in\mathbf{Z})$ 或 $\sin(\alpha+k\cdot 360^\circ)=\sin\alpha(k\in\mathbf{Z})$。

$\cos(2k\pi+\alpha)=\cos\alpha(k\in\mathbf{Z})$ 或 $\cos(\alpha+k\cdot 360^\circ)=\cos\alpha(k\in\mathbf{Z})$。

$\tan(2k\pi+\alpha)=\tan\alpha(k\in\mathbf{Z})$ 或 $\tan(\alpha+k\cdot 360^\circ)=\tan\alpha(k\in\mathbf{Z})$。

$\cot(2k\pi+\alpha)=\cot\alpha(k\in\mathbf{Z})$ 或 $\cot(\alpha+k\cdot 360^\circ)=\cot\alpha(k\in\mathbf{Z})$。

三、典型例题

例 1 已知角 α 的终边经过点 $P_0(-3,-4)$,求角 α 的正弦、余弦和正切值(图 4 - 7)。

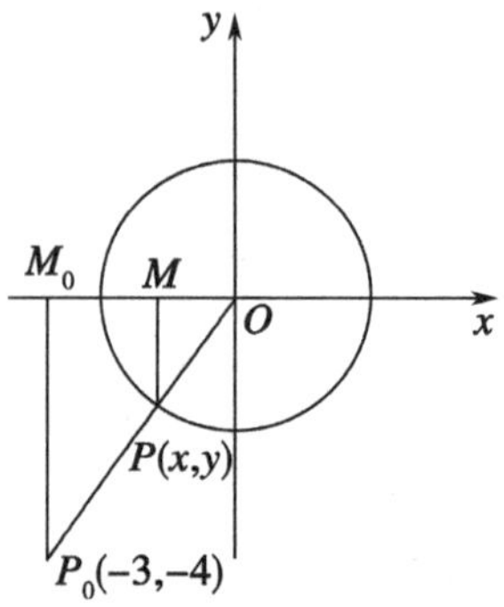

图 4 - 7

解 注意三角函数值的符号。

因为 $x=-3, y=-4$,所以点 P 在第三象限。

于是 $r=\sqrt{(-3)^2+(-4)^2}=5$,所以 $\sin\alpha=\frac{y}{r}=-\frac{4}{5}$,$\cos\alpha=\frac{x}{r}=-\frac{3}{5}$,$\tan\alpha=$

$\frac{y}{x}=\frac{\sin\alpha}{\cos\alpha}=\frac{4}{3}$。

例 2　已知角 α 的终边上的一点 $P(-15a,8a)(a\in\mathbf{R}$ 且 $a\neq 0)$，求角 α 的正弦、余弦、正切值。

解　由于 $x=-15a,y=8a$，所以 $r=\sqrt{(-15a)^2+(8a)^2}=17|a|\ (a\neq 0)$。

(1) 若 $a>0$，则 $r=17a$，于是

$$\sin\alpha=\frac{8a}{17a}=\frac{8}{17},\cos\alpha=\frac{-15a}{17a}=-\frac{15}{17},\tan\alpha=\frac{8a}{-15a}=-\frac{8}{15}$$

(2) 若 $a<0$，则 $r=-17a$，于是

$$\sin\alpha=\frac{8a}{-17a}=-\frac{8}{17},\cos\alpha=\frac{-15a}{-17a}=\frac{15}{17},\tan\alpha=\frac{8a}{-15a}=-\frac{8}{15}$$

例 3　若 $\tan\alpha>0,\sin\alpha<0$，求 α 所在的象限。

解　因为 $\tan\alpha>0$，可以判断 α 所在的象限为第一、第三象限。

又因为 $\sin\alpha<0$，可以判断 α 所在的象限为第三、第四象限。

取两者交集，可知 α 在第三象限。

例 4　确定下列三角函数值的符号：

(1) $\cos\frac{7}{12}\pi$；(2) $\sin(-465°)$；(3) $\tan\frac{11}{3}\pi$。

解　(1) 因为 $\frac{7}{12}\pi$ 是第二象限角，所以 $\cos\frac{7}{12}\pi<0$。

(2) 因为 $-465°=-2\times 360°+255°$，是第三象限角，所以 $\sin(-465°)<0$。

(3) 因为 $\frac{11}{3}\pi=2\pi+\frac{5}{3}\pi$，是第四象限角，所以 $\tan\frac{11}{3}\pi<0$。

例 5　求下列三角函数值：

(1) $\sin 780°$；(2) $\cos\frac{9}{4}\pi$；(3) $\tan\left(-\frac{11}{6}\pi\right)$。

解　(1) $\sin 780°=\sin(-2\times 360°+60°)=\sin 60°=\frac{\sqrt{3}}{2}$。

(2) $\cos\frac{9}{4}\pi=\cos(2\pi+\frac{\pi}{4})=\cos\frac{\pi}{4}=\frac{\sqrt{2}}{2}$。

(3) $\tan\left(-\frac{11}{6}\pi\right)=\tan\left(-2\pi+\frac{\pi}{6}\right)=\tan\frac{\pi}{6}=\frac{\sqrt{3}}{3}$。

四、习题训练

1.(★)确定下列三角函数值的符号:

(1) $\cos 250°$。

(2) $\tan(-672°)$。

(3) $\sin\left(-\frac{\pi}{4}\right)$。

2.(★)若 $\tan\theta\cdot\sin\theta<0$ 且 $\tan\theta\cdot\cos\theta>0$,则 θ 是(　　)。

A. 第一象限角　　B. 第二象限角

C. 第三象限角　　D. 第四象限角

3.(★)已知角 θ 的终边过点 $P(-12,5)$,求 θ 的三个三角函数值。

4.（★★）若角 θ 的终边在直线 $y = 2x$ 上，求 $\sin\theta$。

5.（★★★）设角 α 属于第二象限角，且 $\left|\sin\frac{\alpha}{2}\right| = -\sin\frac{\alpha}{2}$，则角 $\frac{\alpha}{2}$ 属于第几象限？

6（★★★）函数 $y = \frac{|\sin x|}{\sin x} + \frac{\cos x}{|\cos x|}$ 的值域是（　　）。

A. $\{-2,4\}$　　B. $\{-2,0,2\}$　　C. $\{-2,0,2,4\}$　　D. $\{-4,-2,0,2,4\}$

4.3　同角三角函数的基本关系式

一、教学基本要求

1. 掌握同角三角函数的基本关系式。

2. 会利用同角三角函数的基本关系式进行求值、化简等计算。

二、内容总结

同角三角函数基本关系式：

根据正弦、余弦和正切定义得到同一个角有下面的关系

$$\sin^2\alpha + \cos^2\alpha = 1$$

$$\frac{\sin\alpha}{\cos\alpha} = \tan\alpha$$

$$\tan\alpha \cdot \cot\alpha = 1$$

根据这三个基本关系式，我们可以推出以下的关系式

$$\tan^2\alpha = \frac{\sin^2\alpha}{\cos^2\alpha} = \frac{1-\cos^2\alpha}{\cos^2\alpha} = \frac{1}{\cos^2\alpha} = 1$$

于是

$$\cos^2\alpha = \frac{1}{1+\tan^2\alpha}$$

三、典型例题

例 1 已知 $\sin\alpha = -\frac{3}{5}$,求 $\cos\alpha$ 和 $\tan\alpha$ 的值。

解 因为 $\sin\alpha < 0$ 且 $\neq 1$,所以 α 是第三或第四象限角。

由 $\sin^2\alpha + \cos^2\alpha = 1$,得

$$\cos^2\alpha = 1 - \sin^2\alpha = 1 - \left(-\frac{3}{5}\right)^2 = \frac{16}{25}$$

如果 α 是第三象限角,那么

$$\cos\alpha < 0$$

$$\cos\alpha = -\frac{4}{5}, \tan\alpha = \frac{3}{4}$$

如果 α 是第四象限角,那么

$$\cos\alpha = \frac{4}{5}, \tan\alpha = -\frac{3}{4}$$

例 2 求证 $\frac{\cos x}{1 - \sin x} = \frac{1 + \sin x}{\cos x}$。

证明 由 $\cos x \neq 0, \sin x \neq 1$,故

$$\text{原式左} = \frac{\cos x(1 + \sin x)}{(1 - \sin x)(1 + \sin x)}$$

$$= \frac{\cos x(1 + \sin x)}{1 - \sin^2 x} = \frac{\cos x(1 + \sin x)}{\cos^2 x}$$

$$= \frac{1 + \sin x}{\cos x} = \text{原式右}$$

所以原式成立。

四、习题训练

1. (★) 已知 α 是第二象限角,$\sin\alpha = \frac{5}{13}$,则 $\cos\alpha$ 等于(　　)。

A. $-\frac{5}{13}$　　B. $-\frac{12}{13}$　　C. $\frac{5}{13}$　　B. $\frac{12}{13}$

2. (★) 若 $\cos\alpha = \frac{1}{3}$,$\alpha \in \left(-\frac{\pi}{2}, 0\right)$ 是第四象限角,则 $\tan\alpha$ 等于(　　)。

A. $-\frac{\sqrt{2}}{4}$　　B. $\frac{\sqrt{2}}{4}$　　C. $-2\sqrt{2}$　　B. $2\sqrt{2}$

3.（★★）已知 $\sin\left(\frac{\pi}{2}+\alpha\right)=\frac{3}{5}$，$\alpha\in\left(0,\frac{\pi}{2}\right)$，则 $\sin(\pi+\alpha)$ 等于（　　）。

A. $\frac{3}{5}$　　B. $-\frac{3}{5}$　　C. $\frac{4}{5}$　　D. $-\frac{4}{5}$

4.（★★★）已知 $\tan\alpha=\frac{1}{m}$，$\alpha\in(\pi,2\pi)$，求 $\cos\alpha$ 的值。

5.（★★）已知 $2\tan\alpha\cdot\sin\alpha=3$，$\alpha\in\left(-\frac{\pi}{2},0\right)$，求 $\sin\alpha$ 的值。

6.（★★）化简 $\frac{\sin^2(\alpha+\pi)\cdot\cos(\alpha+\pi)\cdot\cos(-\alpha-2\pi)}{\tan(\alpha+\pi)\cdot\sin^3\left(\alpha+\frac{\pi}{2}\right)\cdot\sin(-\alpha-2\pi)}$。

7.（★★★）已知角 θ 的顶点在坐标原点，始边与 x 轴正半轴重合，终边在直线 $2x-y=0$ 上，求 $\frac{\sin\left(\frac{3\pi}{2}+\theta\right)+\cos(\pi-\theta)}{\sin\left(\frac{\pi}{2}-\theta\right)-\sin(\pi-\theta)}$ 的值。

4.4 诱导公式

一、教学基本要求

1. 熟练掌握诱导公式。

2. 会利用诱导公式进行求值、化简等计算。

二、内容总结

（一）同名三角函数转化的诱导公式

1. 诱导公式(一)

$$\sin(\alpha + k \cdot 360^\circ) = \sin\alpha \Leftrightarrow \sin(\alpha + 2k\pi) = \sin\alpha$$

$$\cos(\alpha + k \cdot 360^\circ) = \cos\alpha \Leftrightarrow \cos(\alpha + 2k\pi) = \cos\alpha$$

$$\tan(\alpha + k \cdot 360^\circ) = \tan\alpha \Leftrightarrow \tan(\alpha + 2k\pi) = \tan\alpha$$

$$k \in \mathbf{Z}$$

用途:“大”角化“小”角;终边相同的角的三角函数值相等。

2. 诱导公式(二)

$$\sin(\pi + \alpha) = -\sin\alpha$$

$$\cos(\pi + \alpha) = -\cos\alpha$$

$$\tan(\pi + \alpha) = \tan\alpha$$

用途:“$\pi \sim 2\pi$”的角化成“$0 \sim \pi$”的角。

3. 诱导公式(三)

$$\sin(-\alpha) = -\sin\alpha$$

$$\cos(-\alpha) = \cos\alpha$$

$$\tan(-\alpha) = -\tan\alpha$$

用途:负角化成正角。

4. 诱导公式(四)

$$\sin(\pi - \alpha) = \sin\alpha$$

$$\cos(\pi - \alpha) = -\cos\alpha$$

$$\tan(\pi - \alpha) = -\tan\alpha$$

用途:$\pi - \alpha$ 与 α 互补。

同名三角函数之间转化,角 α 的同名“函数值不变,符号看象限”,即转化为角 α 的同名函数值，前面加上一个把 α 看成锐角时原函数值的符号。

（二）异名三角函数转化的诱导公式

1. 诱导公式（五）及变形

$$\sin\left(\frac{\pi}{2}-\alpha\right)=\cos\alpha,\ \sin\left(\frac{3\pi}{2}-\alpha\right)=-\cos\alpha$$

$$\cos\left(\frac{\pi}{2}-\alpha\right)=\sin\alpha,\ \cos\left(\frac{3\pi}{2}-\alpha\right)=-\sin\alpha$$

2. 诱导公式（六）及变形

$$\sin\left(\frac{\pi}{2}+\alpha\right)=\cos\alpha,\ \sin\left(\frac{3\pi}{2}+\alpha\right)=-\cos\alpha$$

$$\cos\left(\frac{\pi}{2}+\alpha\right)=-\sin\alpha,\ \cos\left(\frac{3\pi}{2}+\alpha\right)=\sin\alpha$$

异名三角函数之间转化，“函数名改变，符号看象限”。

总结　三角函数的诱导公式可以统一概括为 $k\cdot\frac{\pi}{2}\pm\alpha(k\in\mathbf{Z})$，当 k 为偶数时，得 α 的同名三角函数值；当 k 为奇数时，得 α 的异名三角函数值。同时前面加上一个把 α 看成锐角时原函数值的符号。（奇变偶不变，符号看象限。）

三、典型例题

例 1　将下列各三角函数化成锐角三角函数。

(1) $\sin(-699°)$。

(2) $\cos(-1\,525°)$。

(3) $\tan(-872°)$。

(4) $\cos(92°)$。

解　负角先要化成正角，然后大角化成小角。

(1) $\sin(-699°)=-\sin 699°=-\sin(720°-21°)=-\sin(-21°)=\sin 21°$。

(2) $\cos(-1\,525°)=\cos(-360°\times4-85°)=\cos(-85°)=\cos 85°$。

(3) $\tan(-872°)=-\tan 152°=-\tan(180°-28°)=\tan 28°$。

(4) $\cos(92°)=\cos(90°+2°)=-\sin 2°$。

例 2　求下列三角函数值。

(1) $\sin 225°$；(2) $\cos(-1\,290°)$。

解　(1) $\sin 225°=\sin(180°+45°)=-\sin 45°=-\frac{\sqrt{2}}{2}$。

(2) $\cos(-1\,290^\circ) = \cos 1\,290^\circ = \cos(210^\circ + 3\times 360^\circ) = \cos 210^\circ = \cos(180^\circ + 30^\circ) = -\cos 30^\circ = -\frac{\sqrt{3}}{2}$。

例 3 求 $\cos\frac{\pi}{5} + \cos\frac{2\pi}{5} + \cos\frac{3\pi}{5} + \cos\frac{4\pi}{5} + \cos\pi$ 的值。

解

$$\cos\frac{\pi}{5} + \cos\frac{2\pi}{5} + \cos\frac{3\pi}{5} + \cos\frac{4\pi}{5} + \cos\pi$$

$$= \cos\frac{\pi}{5} + \cos\frac{2\pi}{5} + \cos\left(\pi - \frac{2\pi}{5}\right) + \cos\left(\pi - \frac{\pi}{5}\right) + \cos\pi$$

$$= \cos\pi = -1$$

例 4 已知 $\cos\left(\alpha + \frac{\pi}{6}\right) = \frac{3}{5}$，$\frac{\pi}{2} \leqslant \alpha \leqslant \frac{2\pi}{3}$，求 $\sin\left(\alpha + \frac{2\pi}{3}\right)$ 的值。

解 因为 $\alpha + \frac{2\pi}{3} = \left(\alpha + \frac{\pi}{6}\right) + \frac{\pi}{2}$，所以

$$\sin\left(\alpha + \frac{2\pi}{3}\right) = \sin\left[\left(\alpha + \frac{\pi}{6}\right) + \frac{\pi}{2}\right] = \cos\left(\alpha + \frac{\pi}{6}\right) = \frac{3}{5}$$

例 5 化简 $\sin^2(A + 45^\circ) + \sin^2(A - 45^\circ)$。

解

$$\sin^2(A + 45^\circ) + \sin^2(A - 45^\circ)$$

$$= \sin^2(A + 45^\circ) + \sin^2(45^\circ - A)$$

$$= \sin^2(A + 45^\circ) + \sin^2[90^\circ - (45^\circ + A)]$$

$$= \sin^2(A + 45^\circ) + \cos^2(45^\circ + A) = 1$$

例 6 求证 $\dfrac{2\sin\left(\alpha - \frac{3\pi}{2}\right)\cos\left(\alpha + \frac{\pi}{2}\right) - 1}{1 - 2\cos^2\left(\alpha + \frac{3\pi}{2}\right)} = \dfrac{\tan(9\pi + \alpha) + 1}{\tan(\pi + \alpha) - 1}$。

证明 本题属于三角恒等式的证明问题，一般都是通过诱导公式化简的过程，可以化简一边，也可以两边都化简。

因为

$$左边 = \frac{-2\sin\left(\frac{3\pi}{2} - \alpha\right)(-\sin\alpha) - 1}{1 - 2\sin^2\alpha} = \frac{-2\sin\left[\pi + \left(\frac{\pi}{2} - \alpha\right)\right](-\sin\alpha) - 1}{1 - 2\sin^2\alpha}$$

$$= \frac{-2\sin\alpha\cos\alpha - 1}{\sin^2\alpha + \cos^2\alpha - 2\sin^2\alpha} = \frac{(\sin\alpha + \cos\alpha)^2}{\sin^2\alpha - \cos^2\alpha} = \frac{\sin\alpha + \cos\alpha}{\sin\alpha - \cos\alpha}$$

$$右边 = \frac{\tan\alpha + 1}{\tan\alpha - 1} = \frac{\sin\alpha + \cos\alpha}{\sin\alpha - \cos\alpha}$$

所以左边 = 右边，原式成立。

四、习题训练

1.（★）求下列三角函数的值：

(1) $\tan\frac{3}{4}\pi$；(2) $\cos(-150°15')$；(3) $\sin\frac{11}{6}\pi$。

2.（★★）已知 $\cos(\pi+\alpha)=-\frac{1}{2}$，求 $\tan(\alpha-9\pi)$ 的值。

3.（★★★）已知 $\sin\left(\frac{\pi}{6}+\alpha\right)=\frac{\sqrt{3}}{3}$，求 $\cos\left(\alpha-\frac{\pi}{3}\right)$ 的值。

4.（★★）已知 $\cos\alpha=-\frac{1}{3}$，求 $\frac{\cos(2\pi-\alpha)\sin(\pi+\alpha)}{\sin\left(\frac{\pi}{2}+\alpha\right)\tan(3\pi-\alpha)}$ 的值。

5.（★★）化简 $\frac{\sin(3\pi+\alpha)\cdot\cos(\pi-\alpha)\cdot\tan\left(\frac{3\pi}{2}+\alpha\right)}{\cos\frac{\pi}{3}\cdot\sin\left(\frac{\pi}{2}-\alpha\right)\cdot\cos(-\alpha)}$。

4.5 正弦函数、余弦函数的图像及性质

一、教学基本要求

1. 了解用单位圆作正弦函数和余弦函数图像的原理。

2. 了解周期函数的概念。

3. 掌握正弦函数、余弦函数的定义域、值域,奇偶性、周期性和单调性。

4. 会画正弦函数、余弦函数的简图。

5. 会求正弦函数、余弦函数的最大、最小值。

二、内容总结

(一) 正弦函数图像及性质

1. 正弦函数图像。

(1) 用单位圆作正弦函数 $y = \sin x, x \in [0, 2\pi]$ 图像的步骤。

① 做出单位圆:做直角坐标系,并在坐标系中 y 轴左侧 x 轴上取一点 O_1,做出以 O_1 为圆心的单位圆。

② 等分单位圆为 12 等份,并过每一个分点作 x 轴的垂线,得到对应 $0, \frac{\pi}{6}, \frac{\pi}{3}, \frac{\pi}{2}, \cdots, 2\pi$ 等角的正弦线。

③ 找横坐标:把 x 轴上从 $0 \sim 2\pi$ 这一段分成 12 等份。

④ 找纵坐标:把各角的正弦线向右平移,使它的起点与 x 轴上对应的点重合,从而得到 12 条正弦线的 12 个终点。

⑤ 连线:用光滑的曲线将 12 个终点依次从左到右联结起来,即得函数 $y = \sin x, x \in [0, 2\pi]$ 的图像,如图 4 - 8 所示。

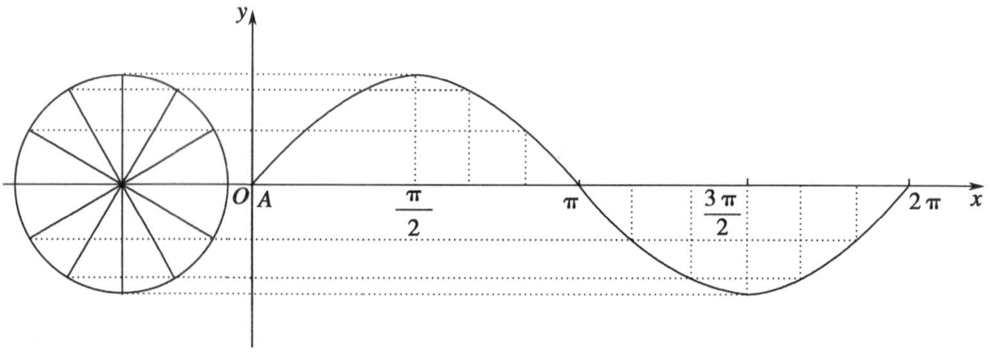

图 4 - 8

(2) 用描点法作正弦函数 $y = \sin x, x \in [0, 2\pi]$ 图像的步骤。

① 列表(表 4 - 4)。

表 4 - 4

x	0	$\frac{\pi}{6}$	$\frac{\pi}{3}$	$\frac{\pi}{2}$	$\frac{2\pi}{3}$	$\frac{5\pi}{6}$	π	$\frac{7\pi}{6}$	$\frac{4\pi}{3}$	$\frac{3\pi}{2}$	$\frac{5\pi}{3}$	$\frac{11\pi}{6}$	2π
$\sin x$	0	0.5	0.87	1	0.87	0.5	0	-0.5	-0.87	-1	-0.87	-0.5	0

② 描点、连线(图 4 - 9)。

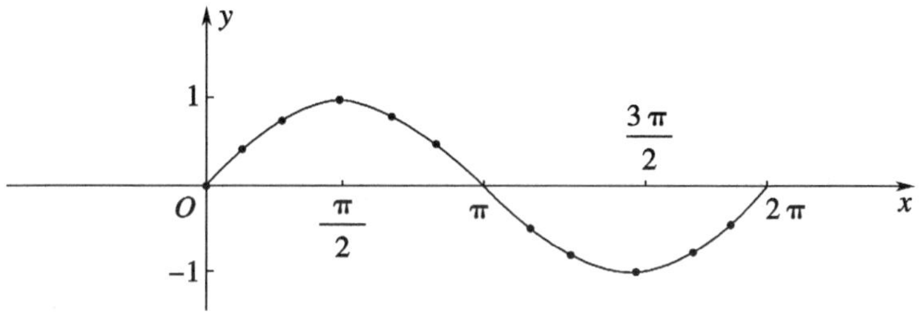

图 4 - 9

(3) 五点法作正弦函数图像(简图作法)。

① 列表(列出对图像形状起关键作用的五点坐标(表 4 - 5))。

五个关键点:图像最高点$\left(\frac{\pi}{2}, 1\right)$;与 x 轴的交点$(0,0)$, $(\pi,0)$, $(2\pi,0)$;图像最低点$\left(\frac{3\pi}{2}, -1\right)$。

表 4 - 5

x	0	$\frac{\pi}{2}$	π	$\frac{3\pi}{2}$	2π
$\sin x$	0	1	0	-1	0

② 描点(定出五个关键点)。

③ 连线(用光滑的曲线顺次联结五个点)。

2. 正弦函数的性质

(1) 周期性。

定义:一般地,对于函数 $f(x)$,如果存在一个非零常数 T,使得当 x 取定义域内的每一个值时,都有 $f(x+T) = f(x)$,那么函数 $f(x)$ 叫作周期函数,非零常数 T 叫作这个函数的周期。

最小正周期:周期 T 并不唯一,若周期函数 $f(x)$ 的所有周期中存在一个最小的正数,我们便称这个数为最小正周期。(如果以后不特别说明,周期一般指的是最小正周期。)

由正弦曲线可知,函数 $y = \sin x$ 是周期函数,$2k\pi(k \in \mathbf{Z}$,且 $k \neq 0)$ 是它的周期,最小正周期是 2π,即 $y = \sin x$ 的周期为 $T = 2\pi$。另外 $y = A\sin(\omega x + \phi)$ 的周期为 $T = \dfrac{2\pi}{|\omega|}$。

(2) 奇偶性。

正弦函数曲线关于原点对称,并且

$$f(x) = \sin x, x \in \mathbf{R}$$

对任意 $x \in \mathbf{R}, f(-x) = \sin(-x) = -\sin x = -f(x)$,所以 $f(x) = \sin x, x \in \mathbf{R}$ 为奇函数。

(3) 单调性。

正弦函数在一个周期的区间(如 $\left[-\dfrac{\pi}{2}, \dfrac{3\pi}{2}\right]$)的单调性:

正弦函数 $y = \sin x$ 在区间 $\left[-\dfrac{\pi}{2}, \dfrac{\pi}{2}\right]$ 是增函数;在区间 $\left[\dfrac{\pi}{2}, \dfrac{3\pi}{2}\right]$ 是减函数。

由正弦函数周期性扩展:

正弦函数在每一个闭区间 $\left[-\dfrac{\pi}{2} + 2k\pi, \dfrac{\pi}{2} + 2k\pi\right](k \in \mathbf{Z})$ 上都是增函数,其值从 -1 增大到 1;在每一个闭区间 $\left[\dfrac{\pi}{2} + 2k\pi, \dfrac{3\pi}{2} + 2k\pi\right](k \in \mathbf{Z})$ 上都是减函数,其值从 1 减小到 -1(图 4 - 10)。

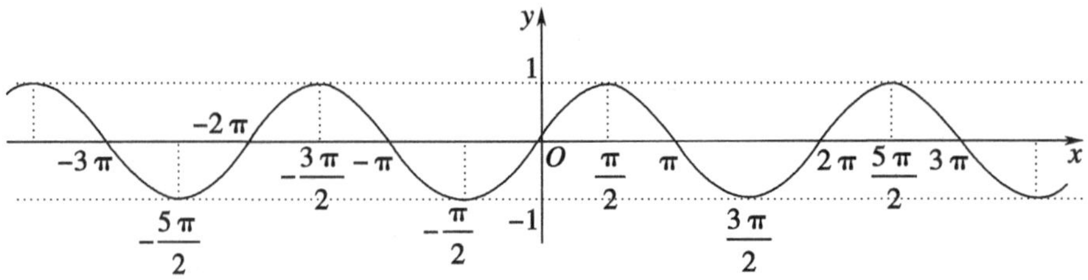

图 4 - 10

最大值:当 $x = \dfrac{\pi}{2} + 2k\pi$ 时,有最大值 $y = 1$。

最小值:当 $x = -\dfrac{\pi}{2} + 2k\pi$ 时,有最小值 $y = -1$。

(4) 定义域与值域。

正弦函数 $y = \sin x$ 的定义域为 $\mathbf{R}$,值域为 $[-1,1]$(图 4 - 11)。

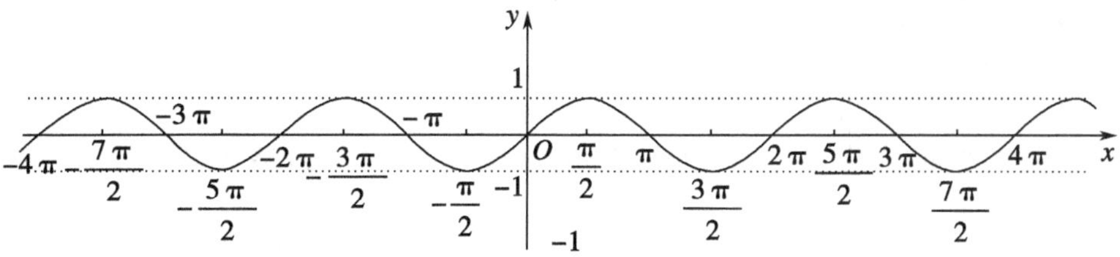

图 4 - 11

（二）余弦函数图像及性质

1. 余弦函数图像。

（1）图像变换法 $y = \cos x = \sin\left(x + \frac{\pi}{2}\right)$（图 4 - 12）。

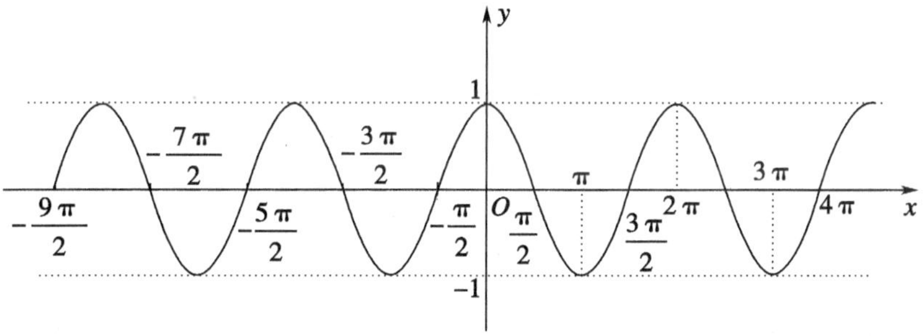

图 4 - 12

（2）五点法作余弦函数图像（简图作法）。

① 列表（列出对图像形状起关键作用的五点坐标（表 4 - 6））。

五个关键点：图像最高点(0,1)，(2π,1)；与 x 轴交点$\left(\frac{\pi}{2},0\right)$，$\left(\frac{3\pi}{2},0\right)$；图像最低点(π，-1)。

表 4 - 6

x	0	$\frac{\pi}{2}$	π	$\frac{3\pi}{2}$	2π
$\cos x$	1	0	-1	0	1

② 描点（定出五个关键点）。

③ 连线（用光滑的曲线顺次联结五个点（图 4 - 13））。

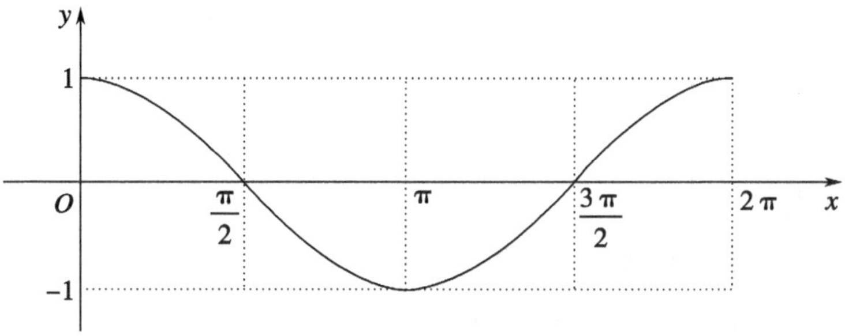

图 4 - 13

2. 余弦函数的性质

(1) 周期性。

由余弦曲线可知,函数 $y = \cos x$ 是周期函数,$2k\pi(k \in \mathbf{Z}$,且 $k \neq 0)$ 都是它的周期,最小正周期都是 2π,即 $y = \cos x$ 的周期为 $T = 2\pi$,另外 $y = A\cos(\omega x + \phi)$ 的周期为 $T = \frac{2\pi}{|\omega|}$。

总结规律:

$y = A\sin(\omega x + \varphi), x \in \mathbf{R}$ 及 $y = A\cos(\omega x + \varphi), x \in \mathbf{R}$(其中,$A,\omega,\varphi$ 为常数,且 $A \neq 0$,$\omega > 0$)的周期仅与自变量的系数有关,周期为 $T = \frac{2\pi}{|\omega|}$。

(2) 奇偶性。

余弦函数的定义域为 $\mathbf{R}$,关于原点对称,并且

$$f(x) = \cos x, x \in \mathbf{R}$$

对任意 $x \in \mathbf{R}$,$f(-x) = \cos(-x) = \cos x = f(x)$,所以 $f(x) = \cos x, x \in \mathbf{R}$ 为偶函数。

(3) 单调性。

余弦函数在一个周期的区间 $[-\pi, \pi]$ 的单调性:余弦函数 $y = \cos x$ 在区间 $[-\pi, 0]$ 是增函数;在区间 $[0, \pi]$ 是减函数。

由余弦函数周期性扩展:

当 $x = 0 + 2k\pi$ 时,有最大值 $y = 1$。

当 $x = \pi + 2k\pi$ 时,有最小值 $y = -1$。

余弦函数在每一个闭区间 $[2k\pi - \pi, 2k\pi]$ 上都是增函数,其值从 -1 增大到 1;在每一个闭区间 $[2k\pi, \pi + 2k\pi]$ 上都是减函数,其值从 1 减小到 -1。(图 4 - 14)

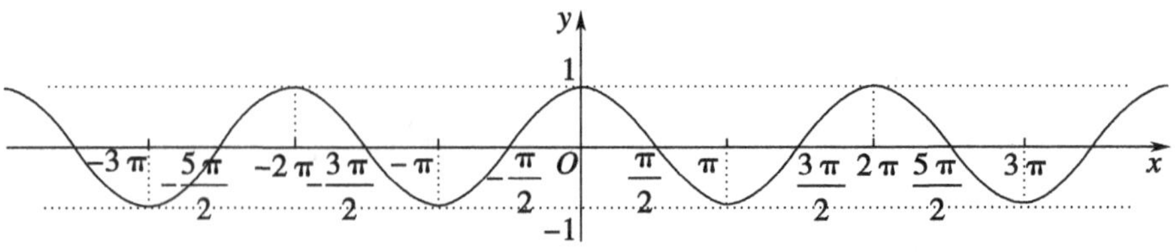

图 4 - 14

(4) 定义域与值域。

余弦函数 $y = \cos x$ 的定义域为 $\mathbf{R}$,值域为 $[-1, 1]$。

总结正弦函数、余弦函数的图像及性质(表 4 - 7)。

表 4 - 7

函数	$y = \sin x$	$y = \cos x$
图像	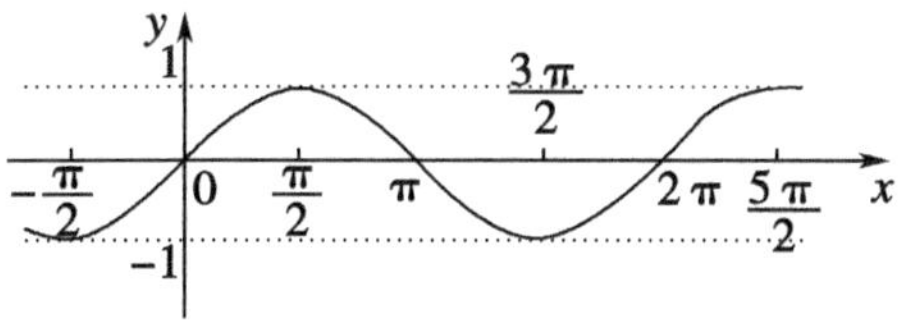	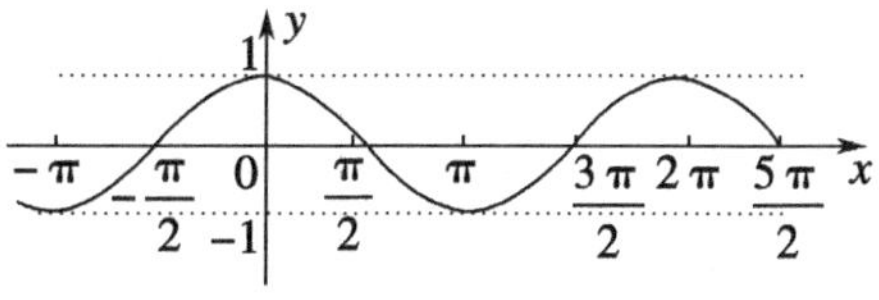
定义域	$x \in \mathbf{R}$	$x \in \mathbf{R}$
值域	$y \in [-1,1]$	$y \in [-1,1]$
最值	$x = \frac{\pi}{2} + 2k\pi$ 时，$y_{max} = 1$ $x = -\frac{\pi}{2} + 2k\pi$ 时，$y_{min} = -1$	$x = 2k\pi$ 时，$y_{max} = 1$ $x = \pi + 2k\pi$ 时，$y_{min} = -1$
单调性	$x \in \left[-\frac{\pi}{2} + 2k\pi, \frac{\pi}{2} + 2k\pi\right]$增函数 $x \in \left[\frac{\pi}{2} + 2k\pi, \frac{3\pi}{2} + 2k\pi\right]$减函数	$x \in [-\pi + 2k\pi, 2k\pi]$ 增函数 $x \in [2k\pi, \pi + 2k\pi]$ 减函数
奇偶性	奇函数	偶函数
对称性	对称轴：$x = \frac{\pi}{2} + k\pi, k \in \mathbf{Z}$ 对称中心：$(k\pi, 0), k \in \mathbf{Z}$	对称轴：$x = k\pi, k \in \mathbf{Z}$ 对称中心：$\left(\frac{\pi}{2} + k\pi, 0\right), k \in \mathbf{Z}$

三、典型例题

例 1　画出正弦函数 $y = 4\sin x (x \in [-\pi, \pi])$ 的图像。

解　可以利用五点法（表 4 - 8）来做简图，如图 4 - 15。

表 4 - 8

x	$-\pi$	$-\frac{\pi}{2}$	0	$\frac{\pi}{2}$	π
$4\sin x$	0	-4	0	4	0

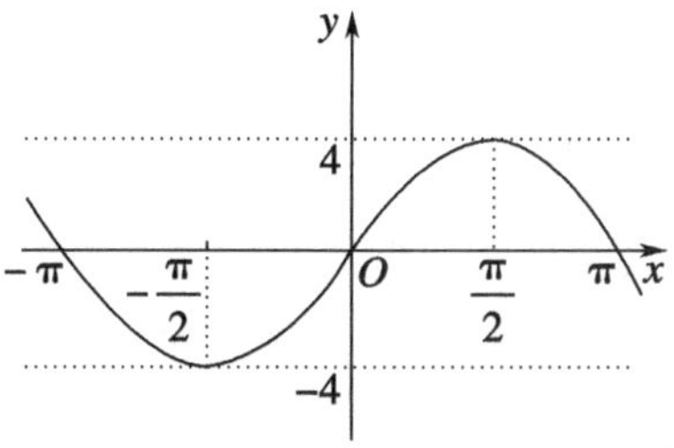

图 4 - 15

例 2　作函数 $y=1-\cos x, x\in[0,2\pi]$ 的简图。

解　用五点法(表 4－9)作图(图 4－16)。

表 4－9

x	0	$\frac{\pi}{2}$	π	$\frac{3\pi}{2}$	2π
$1-\cos x$	0	1	2	1	0

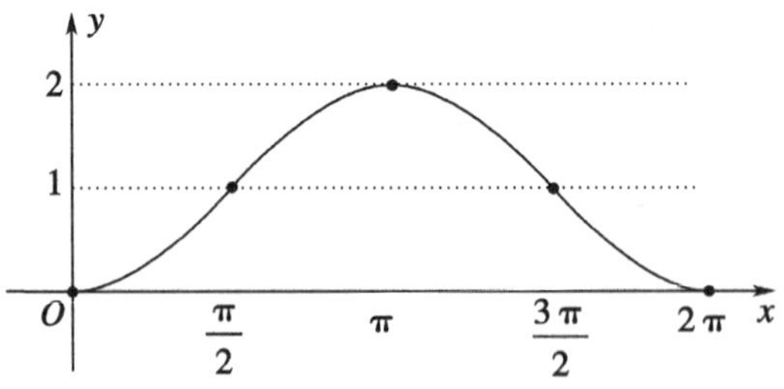

图 4－16

例 3　求函数 $y=\sqrt{\log_2\frac{1}{\sin x}-1}$ 的定义域。

解　为使函数有意义,需满足$\begin{cases}\log_2\frac{1}{\sin x}-1\geqslant 0\\ \sin x>0\end{cases}$,即$\begin{cases}\frac{1}{\sin x}>2\\ \sin x>0\end{cases}$,所以可得 $0<\sin x\leqslant\frac{1}{2}$,根据 $y=\sin x, x\in[0,2\pi]$ 上的图像,得 $x\in\left(0,\frac{\pi}{6}\right]\cup\left[\frac{5\pi}{6},\pi\right)$,所以函数的定义域为 $\left(2k\pi,2k\pi+\frac{\pi}{6}\right]\cup\left[2k\pi+\frac{5\pi}{6},2k\pi+\pi\right), k\in\mathbf{Z}$。

例 4　求下列函数的周期:

(1) $y=\sin\left(2x+\frac{\pi}{3}\right), x\in\mathbf{R}$。

(2) $y=|\sin 2x|, x\in\mathbf{R}$。

解　(1) $y=\sin\left(2x+\frac{\pi}{3}\right)$ 的周期 $T=\frac{2\pi}{\omega}=\frac{2\pi}{2}=\pi$。

(2) 对于形如函数 $y=A\sin(\omega x+\varphi), \omega\neq 0$ 时的周期求法常直接利用 $T=\frac{2\pi}{|\omega|}$ 来求解,对于 $y=|A\sin\omega x|, \omega\neq 0$ 的周期情况常结合图像法(图 4－17)来求解。

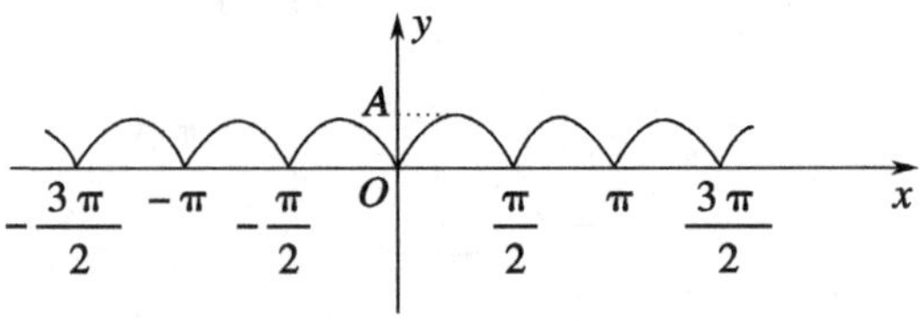

图 4－17

由图 4 - 17 知，$y = |\sin 2x|$ 的周期 $T = \frac{2\pi}{\omega} \times \frac{1}{2} = \frac{2\pi}{2} \times \frac{1}{2} = \frac{\pi}{2}$。

例 5　判断下列函数的奇偶性：

(1) $f(x) = \sqrt{2}\sin 2x$。

(2) $f(x) = \sqrt{\sin x - 1}$。

解　(1) $f(x) = \sqrt{2}\sin 2x$ 的定义域为 $\mathbf{R}$，关于原点对称。

因为 $f(-x) = \sqrt{2}\sin(-2x) = -\sqrt{2}\sin 2x = -f(x)$，所以 $f(x) = \sqrt{2}\sin 2x$ 是奇函数。

(2) $f(x) = \sqrt{\sin x - 1}$ 的定义域为 $\{x \mid x = 2k\pi + \frac{\pi}{2}, k \in \mathbf{Z}\}$，不关于原点对称，而且

$$f(-x) = \sqrt{\sin(-x) - 1} = \sqrt{-\sin x - 1} \neq -f(x) \neq f(x)$$

所以 $f(x) = \sqrt{\sin x - 1}$ 是非奇非偶函数。

例 6　求函数 $y = \frac{1}{2}\sin(\frac{1}{2}x + \frac{\pi}{3}), x \in \mathbf{R}$ 的最大值和最小值。

解　求正弦函数、余弦函数的最值，可以根据图像或者函数性质来求。

设 $z = \frac{1}{2}x + \frac{\pi}{3}$，要使 $y = \frac{1}{2}\sin z$ 有最大值 $\frac{1}{2}$，必须有 $z = \frac{\pi}{2} + 2k\pi, k \in \mathbf{Z}$，所以 $\frac{1}{2}x + \frac{\pi}{3} = \frac{\pi}{2} + 2k\pi$，因此 $x = \frac{\pi}{3} + 4k\pi$。

于是使原函数取得最大值的集合是 $\{x \mid x = \frac{\pi}{3} + 4k\pi, k \in \mathbf{Z}\}$。

同理，要使 $y = \frac{1}{2}\sin z$ 有最小值 $-\frac{1}{2}$，必须有 $z = -\frac{\pi}{2} + 2k\pi, k \in \mathbf{Z}$，所以 $\frac{1}{2}x + \frac{\pi}{3} = -\frac{\pi}{2} + 2k\pi$，即 $x = -\frac{5\pi}{3} + 4k\pi$。

于是使原函数取得最小值的集合是 $\{x \mid x = -\frac{5\pi}{3} + 4k\pi, k \in \mathbf{Z}\}$。

例 7　利用三角函数的单调性，比较 $\cos\left(-\frac{23\pi}{5}\right)$ 与 $\cos\left(-\frac{17\pi}{4}\right)$ 的大小。

解　先根据诱导公式将三角函数化成 $0 \sim 2\pi$ 的角，再利用单调性比较大小。

化简得

$$\cos\left(-\frac{23\pi}{5}\right) = \cos\frac{23\pi}{5} = \cos\left(4\pi + \frac{3\pi}{5}\right) = \cos\frac{3\pi}{5}$$

$$\cos\left(-\frac{17\pi}{4}\right) = \cos\frac{17\pi}{4} = \cos\left(4\pi + \frac{\pi}{4}\right) = \cos\frac{\pi}{4}$$

因为 $0 < \frac{\pi}{4} < \frac{3\pi}{5} < \pi$，且 $y = \cos x$ 在 $[0,\pi]$ 是减函数，所以

$$\cos\frac{3\pi}{5} < \cos\frac{\pi}{4}, \cos\left(-\frac{23\pi}{5}\right) < \cos\left(-\frac{17\pi}{4}\right)$$

四、习题训练

1.（★★）利用五点法画出 $y = -1 + \sin x, x \in [0,2\pi]$ 的简图。

2.（★★★）方程 $x = \pi\sin x$ 的解的个数为（　　）。

A. 1　　B. 2　　C. 3　　D. 无穷多

3.（★★）求函数 $y = \sqrt{\sin x - 1}$ 的定义域。

4.（★★）求下列函数的周期。

(1) $y = \cos\left(\frac{3}{2}\pi - \frac{2}{3}x\right)$；(2) $y = \left|\sin\left(-\frac{1}{2}x + \frac{\pi}{3}\right)\right|$。

5.（★★）若 $f(x)$ 是 $\frac{\pi}{2}$ 为周期的奇函数，且 $f\left(\frac{\pi}{3}\right) = 1$，求 $f\left(-\frac{5\pi}{6}\right)$ 的值。

6. (★★★) 满足条件 $f(x+a)=-f(x)$ (a 为常数,且 $a\neq 0$) 的函数 $y=f(x)$ 是周期函数吗?如果是给出一个周期,如果不是说明理由。

7. (★★) 判断下列函数的奇偶性:

(1) $f(x)=\sin\left(-\frac{1}{2}x+\frac{\pi}{2}\right)$。

(2) $f(x)=\lg(1-\sin x)-\lg(1+\sin x)$。

(3) $f(x)=\frac{1+\sin x-\cos^2 x}{1+\sin x}$。

8. (★★) 函数 $f(x)=\sin\left(x+\frac{\pi}{6}\right)$ 的一个递减区间是(　　)。

A. $\left[-\frac{\pi}{2},\frac{\pi}{2}\right]$　　B. $[-\pi,0]$　　C. $\left[-\frac{2}{3}\pi,\frac{2}{3}\pi\right]$　　D. $\left[\frac{\pi}{3},\frac{4}{3}\pi\right]$

9. (★★) 下列不等式成立的是(　　)。

A. $\sin\left(-\frac{\pi}{8}\right)>\sin\left(-\frac{\pi}{10}\right)$　　B. $\sin 3>\sin 2$

C. $\sin\frac{7\pi}{5}>\sin\left(-\frac{2\pi}{5}\right)$　　D. $\sin 2>\cos 1$

10. (★★★) 求函数 $y=\cos^2 x+4\sin x$ 的最值。

4.6　正切函数、余切函数的图像及性质

一、教学基本要求

1. 了解用单位圆作正切函数、余切函数图像的原理。
2. 会画出正切函数、余切函数的简图。
3. 掌握正切函数、余切函数的定义域、值域、奇偶性、周期性和单调性。
4. 会求 $y=a+b\tan(\omega x+\varphi)$ 或 $y=a+b\cot(\omega x+\varphi)$ 的定义域、值域和最小正周期等。

二、内容总结

（一）正切函数的定义、图像及性质

1. 正切函数的定义（图 4－18）：$\tan\alpha=\frac{y}{x},\alpha\neq k\pi+\frac{\pi}{2}(k\in\mathbf{Z})$。

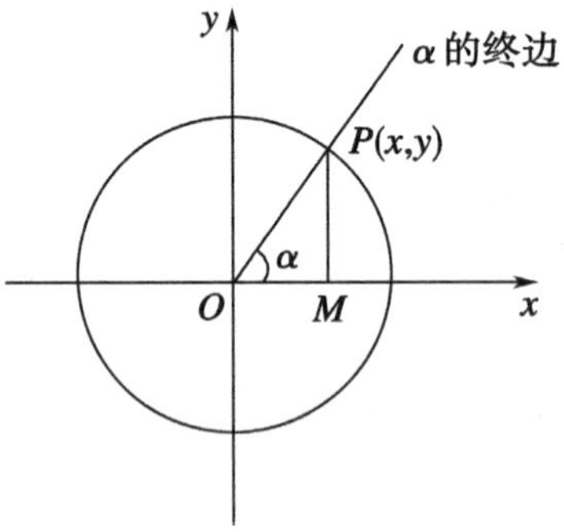

图 4－18

2. 正切函数的图像

用单位圆作正切函数 $y=\tan x,x\in\left[-\frac{\pi}{2},\frac{\pi}{2}\right]$图像（图 4－19）的步骤。

① 作单位圆。

② 等分一半单位圆为 8 等份，分点为 $-\frac{3\pi}{8},-\frac{\pi}{4},-\frac{\pi}{8},\frac{\pi}{8},\frac{\pi}{4},\frac{3\pi}{8}$，并过每一个分点作圆的正切线。

③ 平移正切线。

④ 用光滑曲线联结正切线的交点。

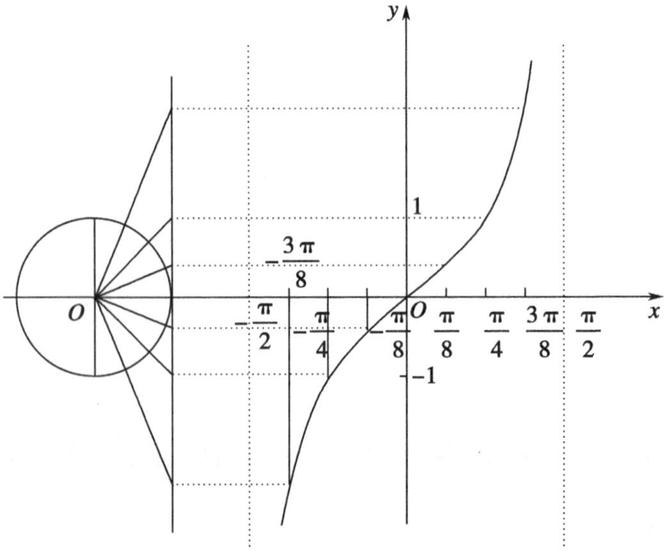

图 4－19

3. 正切函数 $y=\tan x$ 的性质（图 4－20）。

（1）定义域：$\left\{x\mid x\neq k\pi+\frac{\pi}{2}(k\in\mathbf{Z})\right\}$。

（2）值域：$\mathbf{R}$。

(3) 周期性:周期为 π。$y=\tan(\omega x+\varphi)$,$\omega\neq 0$ 的最小正周期为 $T=\frac{\pi}{|\omega|}$。

(4) 奇偶性:奇函数。

(5) 单调性:$\left(-\frac{\pi}{2}+k\pi,\frac{\pi}{2}+k\pi\right)$,$k\in\mathbf{Z}$,单调递增。

(6) 对称性:对称中心$\left(\frac{k\pi}{2},0\right)$,$k\in\mathbf{Z}$。

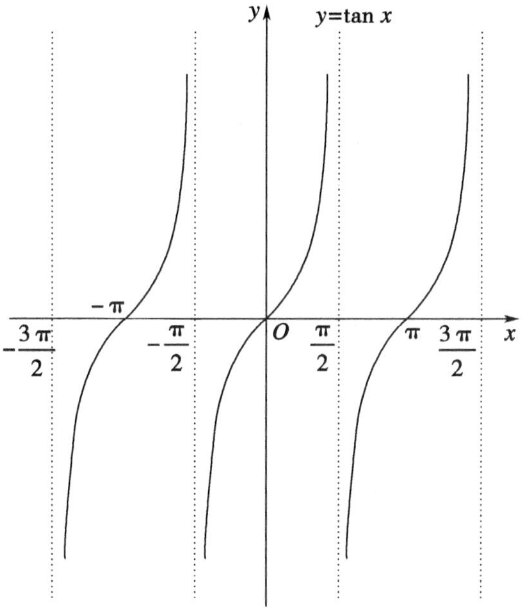

图 4 － 20

(二) 余切函数的定义、图像及性质

1. 余切函数定义(图 4 － 21):$\cot\alpha=\frac{x}{y}$,$\alpha\neq k\pi(k\in\mathbf{Z})$。

2. 余切函数的图像(图 4 － 22)。

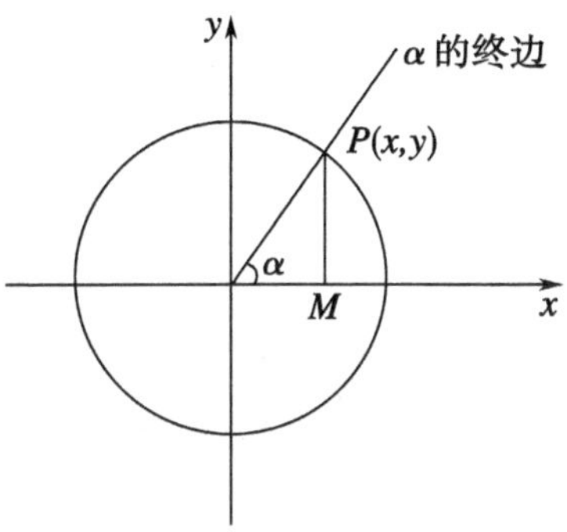

图 4 － 21

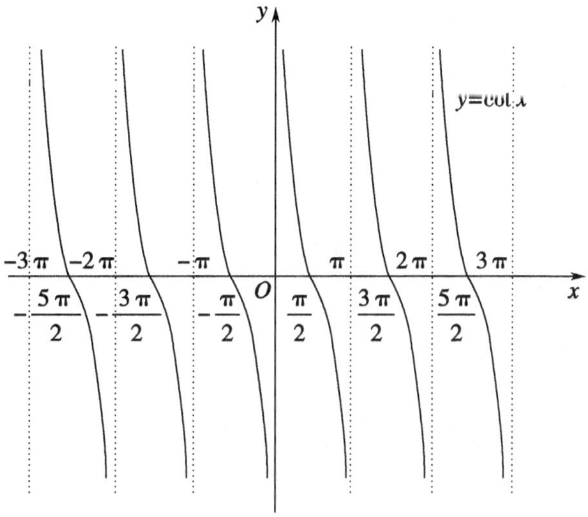

图 4 － 22

3. 余切函数 $y=\cot x$ 的性质。

(1) 定义域：$\{x \mid x \neq k\pi(k \in \mathbf{Z})\}$。

(2) 值域：$\mathbf{R}$。

(3) 周期性：周期为 π。$y=\cot(\omega x+\varphi)$，$\omega \neq 0$ 的最小正周期为 $T=\dfrac{\pi}{|\omega|}$。

(4) 奇偶性：奇函数。

(5) 单调性：$(k\pi, k\pi+\pi)$，$k \in \mathbf{Z}$，单调递减。

(6) 对称性：对称中心为 $\left(\dfrac{k\pi}{2}, 0\right)$，$k \in \mathbf{Z}$。

总结，如表 4－10 所示。

表 4－10

<table>
<tr><th>函数</th><th>解析式</th><th>定义域</th><th>值域</th><th>图像</th><th>单增区间</th><th>单减区间</th><th>奇偶性</th><th>周期性</th><th>对称中心</th></tr>
<tr><td>正切函数</td><td>$y=\tan x$</td><td>$\{x \mid x \neq k\pi+\dfrac{\pi}{2}, k \in \mathbf{Z}\}$</td><td>$\mathbf{R}$</td><td>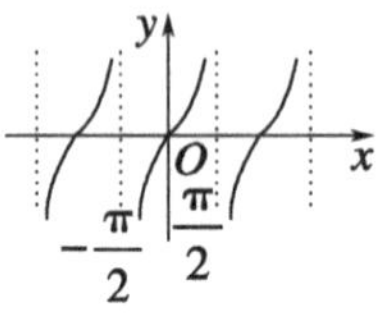</td><td>$\left(k\pi-\dfrac{\pi}{2}, k\pi+\dfrac{\pi}{2}\right)$，$k \in \mathbf{Z}$</td><td>无</td><td rowspan="2">奇函数</td><td rowspan="2">$T=\pi$</td><td rowspan="2">$\left(\dfrac{k\pi}{2}, 0\right)$，$k \in \mathbf{Z}$</td></tr>
<tr><td>余切函数</td><td>$y=\cot x$</td><td>$\{x \mid x \neq k\pi, k \in \mathbf{Z}\}$</td><td>$\mathbf{R}$</td><td>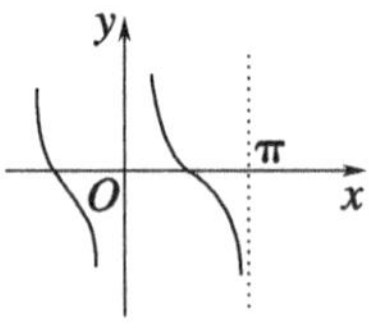</td><td>无</td><td>$(k\pi, k\pi+\pi)$，$k \in \mathbf{Z}$</td></tr>
</table>

三、典型例题

例 1　求正切函数 $y=\tan\left(\dfrac{\pi}{2}x+\dfrac{\pi}{3}\right)$ 的定义域、周期和单调区间。

解　原函数要有意义，自变量 x 应满足 $\dfrac{\pi}{2}x+\dfrac{\pi}{3} \neq \dfrac{\pi}{2}+k\pi$，$k \in \mathbf{Z}$，即 $x \neq \dfrac{1}{3}+2k$，$k \in \mathbf{Z}$，所以原函数的定义域为 $\left\{x \mid x \neq \dfrac{1}{3}+2k, k \in \mathbf{Z}\right\}$。

周期 $T=\dfrac{\pi}{\omega}=2$。

由 $-\dfrac{\pi}{2}+k\pi<\dfrac{\pi}{2}x+\dfrac{\pi}{3}<\dfrac{\pi}{2}+k\pi$，$k \in \mathbf{Z}$，解得 $-\dfrac{5}{3}+2k<x<\dfrac{1}{3}+2k$，$k \in \mathbf{Z}$，所以原函数的单调递增区间为 $\left(-\dfrac{5}{3}+2k, \dfrac{1}{3}+2k\right)$，$k \in \mathbf{Z}$。

例 2　不求值比较下列各组正切值的大小。

(1) $\tan\left(-\frac{\pi}{3}\right)$ 与 $\tan\left(-\frac{\pi}{4}\right)$；(2) $\tan\left(-\frac{\pi}{6}\right)$ 与 $\tan\frac{3\pi}{4}$。

解　比较两个正切值的大小，一般要在同一个单调区间内，利用单调递增的性质来比较。

(1) 因为 $-\frac{\pi}{2}<-\frac{\pi}{3}<-\frac{\pi}{4}<0$，而在 $\left(-\frac{\pi}{2},\frac{\pi}{2}\right)$ 上 $y=\tan\alpha$ 单调递增，所以 $\tan\left(-\frac{\pi}{3}\right)<\tan\left(-\frac{\pi}{4}\right)$（图 4－23）。

(2) 先将 $\tan\left(-\frac{\pi}{6}\right)$ 与 $\tan\frac{3\pi}{4}$ 化在同一个单调区间内

$$\tan\frac{3\pi}{4}=\tan\left(-\frac{\pi}{4}+\pi\right)=\tan\left(-\frac{\pi}{4}\right)$$

因为 $-\frac{\pi}{2}<-\frac{\pi}{4}<-\frac{\pi}{6}<0$，而在 $\left(-\frac{\pi}{2},\frac{\pi}{2}\right)$ 上 $y=\tan\alpha$ 单调递增，所以 $\tan-\frac{\pi}{6}>-\frac{\pi}{4}$，即 $\tan\left(-\frac{\pi}{6}\right)>\tan\frac{3\pi}{4}$。

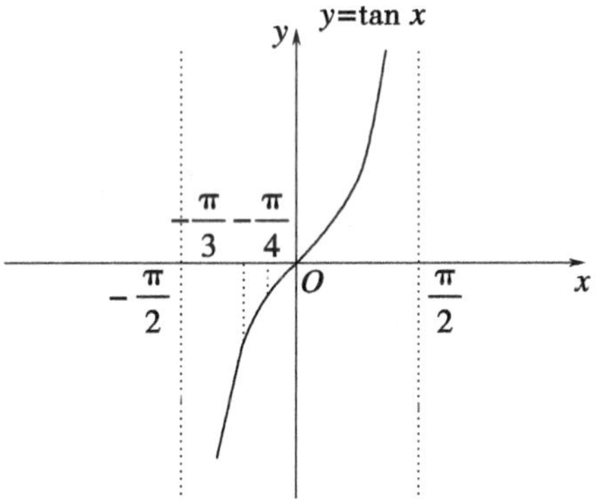

图 4－23

例 3　求下列函数的定义域。

(1) $y=\tan x\cdot\cot x$；(2) $y=\frac{2}{\tan 2x+1}$。

解　(1) 为使函数有意义，定义域需满足的条件为 $x\neq\frac{k\pi}{2},k\in\mathbf{Z}$，即定义域为 $\left\{x\mid x\neq\frac{k\pi}{2},k\in\mathbf{Z}\right\}$。

(2) 为使函数有意义，定义域需满足

$$\begin{cases}\tan 2x+1\neq 0\\ 2x\neq k\pi+\dfrac{\pi}{2},k\in\mathbf{Z}\end{cases}\Rightarrow\begin{cases}2x\neq k\pi-\dfrac{\pi}{4}\\ 2x\neq k\pi+\dfrac{\pi}{2}\end{cases},k\in\mathbf{Z}$$

$$\Rightarrow x\neq\frac{k\pi}{2}-\frac{\pi}{8}\text{ 且 }x\neq\frac{k\pi}{2}+\frac{\pi}{4},k\in\mathbf{Z}$$

所以函数的定义域为$\left\{x\mid x\neq\dfrac{k\pi}{2}-\dfrac{\pi}{8}\text{ 且 }x\neq\dfrac{k\pi}{2}+\dfrac{\pi}{4},k\in\mathbf{Z}\right\}$。

例 4　解不等式 $\tan x\geqslant\sqrt{3}$。

解　本题可以利用函数图像求解三角函数的不等式。

根据题意，画出 $y=\tan x$ 在$\left(-\dfrac{\pi}{2},\dfrac{\pi}{2}\right)$的图像(图 4 - 24)。结合不等式条件，得到结果，并扩展到整个函数区间。由图可知，不等式的解集为

$$x\in\left[k\pi+\frac{\pi}{3},k\pi+\frac{\pi}{2}\right),k\in\mathbf{Z}$$

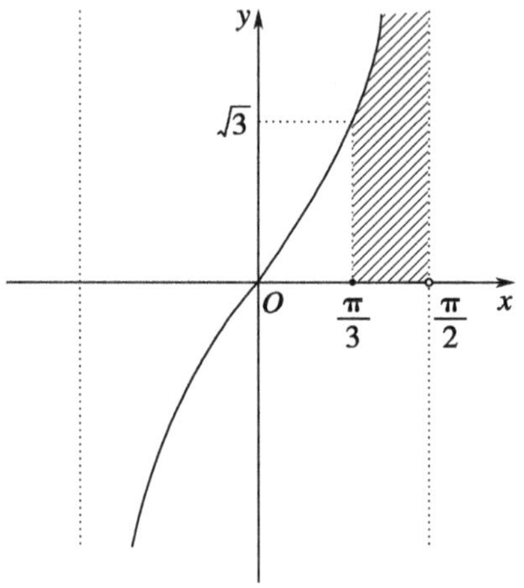

图 4 - 24

四、习题训练

1. (★★) 已知函数 $y=\tan\left(2x+\dfrac{\pi}{4}\right)$，求其定义域、周期和单调区间。

2.（★★★）不求值比较下列各组函数值的大小。

(1) $\tan 138°$ 与 $\tan 143°$。

(2) $\tan\left(-\frac{13}{4}\pi\right)$ 与 $\tan\left(-\frac{17}{5}\pi\right)$。

3.（★★）观察图像，求满足下列条件的 x 值的范围。

(1) $\tan x>0$；(2) $\tan x=0$；(3) $\tan x<0$。

4.（★★★）求下列函数的定义域。

(1) $y=\frac{\lg(\tan x-1)}{\sqrt{1-2\sin x}}$；(2) $y=\frac{1}{\lg\tan x}$。

5.（★★）解下列不等式。

(1) $\tan\left(2x-\frac{\pi}{6}\right)\geqslant\sqrt{3}$；(2) $\tan\left(\frac{x}{2}+\frac{\pi}{4}\right)<1$

6.（★★）写出下列函数的单调区间。

(1) $y=\tan\left(\frac{1}{2}x-\frac{\pi}{6}\right)$；(2) $y=\cot\left(\frac{\pi}{4}-2x\right)$。

单元测试

一、单项选择题(20 题,每题 3 分,共 60 分)

1. 下列函数中,周期为 π 的奇函数为(　　)。

A. $y = \sin x\cos x$　　B. $y = \sin^2 x$

C. $y = \tan 2x$　　D. $y = \sin 2x + \cos 2x$

2. 已知 $x_0 = \frac{\pi}{3}$ 是函数 $f(x) = \sin(2x + \varphi)$ 的一个极大值点,则 $f(x)$ 的一个单调递减区间是(　　)。

A. $\left(\frac{\pi}{6},\frac{2\pi}{3}\right)$　　B. $\left(\frac{\pi}{3},\frac{5\pi}{6}\right)$

C. $\left(\frac{\pi}{2},\pi\right)$　　D. $\left(\frac{2\pi}{3},\pi\right)$

3. $y = |\cos x|$ 的一个单调增区间是(　　)。

A. $\left[-\frac{\pi}{2},\frac{\pi}{2}\right]$　　B. $[0,\pi]$

C. $\left[\pi,\frac{3\pi}{2}\right]$　　D. $\left[\frac{3\pi}{2},2\pi\right]$

4. 设偶函数 $f(x) = A\sin(\omega x + \varphi)(A > 0,\omega > 0,0 < \varphi < \pi)$ 的部分图像如图 4 - 25 所示,$\triangle KLM$ 为等腰直角三角形,$\angle KML = 90°$,$KL = 1$,则 $f\left(\frac{1}{6}\right)$ 的值为(　　)。

A. $-\frac{\sqrt{3}}{4}$

B. $-\frac{1}{4}$

C. $-\frac{1}{2}$

D. $\frac{\sqrt{3}}{4}$

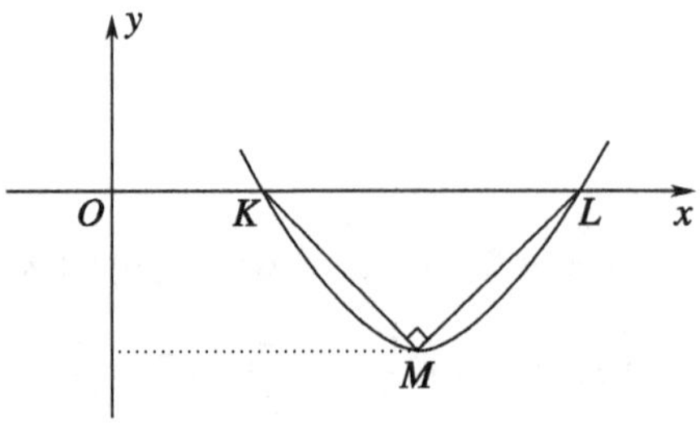

图 4 - 25

5. 函数 $y = \sin\left(\omega x + \frac{\pi}{6}\right)$在 $x = 2$ 处取得最大值,则正数 ω 的最小值为( )。

A. $\frac{\pi}{2}$　　B. $\frac{\pi}{3}$　　C. $\frac{\pi}{4}$　　D. $\frac{\pi}{6}$

6. 函数$f(x) = 2\sin(\omega x + \varphi)(\omega > 0)$对任意 x 都有$f\left(\frac{\pi}{6} + x\right) = f\left(\frac{\pi}{6} - x\right)$,则$f\left(\frac{\pi}{6}\right)$的值为( )。

A. 2 或 0　　B. -2 或 2　　C. 0　　D. -2 或 0

7. 下列各点中,能作为函数 $y = \tan\left(x + \frac{\pi}{5}\right)$的一个对称中心的点是( )。

A. $(0,0)$　　B. $\left(\frac{\pi}{5},0\right)$　　C. $(\pi,0)$　　D. $\left(\frac{3\pi}{10},0\right)$

8. 如果函数$y = 3\cos(2x + \varphi)$的图像关于点$\left(\frac{4\pi}{3},0\right)$对称,那么$|\varphi|$的最小值为( )。

A. $\frac{\pi}{6}$　　B. $\frac{\pi}{4}$　　C. $\frac{\pi}{3}$　　D. $\frac{\pi}{2}$

9. 已知 $\omega > 0$, 函数 $f(x) = \sin\left(\omega x + \frac{\pi}{4}\right)$在$\left(\frac{\pi}{2},\pi\right)$单调递减, 则 ω 的取值范围是( )。

A. $\left[\frac{1}{2},\frac{5}{4}\right]$　　B. $\left[\frac{1}{2},\frac{3}{4}\right]$　　C. $\left(0,\frac{1}{2}\right]$　　D. $(0,2]$

10. 若函数$f(x) = \sin\frac{x + \varphi}{3}(\varphi \in [0,2\pi])$是偶函数,则 $\varphi =$( )。

A. $\frac{\pi}{2}$　　B. $\frac{2\pi}{3}$　　C. $\frac{3\pi}{2}$　　D. $\frac{5\pi}{3}$

11. 函数 $y = \tan x\left(-\frac{\pi}{4} \leq x \leq \frac{\pi}{4}, 且\ x \neq 0\right)$的值域是( )。

A. $[-1,1]$　　B. $(-\infty, -1] \cup [1, +\infty)$

C. $(-\infty, -1]$　　D. $[-1, +\infty)$

12. 已知函数 $y = \tan(x + \varphi)$的图像经过点$(-\infty, -1]$,则 φ 可以是( )。

A. $-\frac{\pi}{6}$　　B. $\frac{\pi}{6}$　　C. $-\frac{\pi}{12}$　　D. $\frac{\pi}{12}$

13. 设 $\sin 123° = a$,则 $\tan 123° =$( )。

A. $\frac{\sqrt{1 - a^2}}{a}$　　B. $\frac{a}{\sqrt{1 - a^2}}$　　C. $\frac{\sqrt{1 - a^2}}{1 - a^2}$　　D. $\frac{a\sqrt{1 - a^2}}{a^2 - 1}$

14. 函数 $f(x)=\sin x-|\sin x|$ 的值域为(　　)。

A. $\{0\}$　　B. $[-1,1]$　　C. $[0,1]$　　D. $[-2,0]$

15. 若 $a=\sin 46°$,$b=\cos 46°$,$c=\cos 36°$,则 a,b,c 的大小关系是(　　)。

A. $c>a>b$　　B. $a>b>c$　　C. $a>c>b$　　D. $b>c>a$

16. 已知 $\sin\left(\alpha+\frac{\pi}{12}\right)=\frac{1}{3}$,则 $\cos\left(\alpha+\frac{7\pi}{12}\right)=$(　　)。

A. -3　　B. $-\frac{1}{3}$　　C. 3　　D. $\sqrt{3}$

17. 已知 $\alpha\in\left(0,\frac{\pi}{2}\right)$,$\cos\alpha=\frac{4}{5}$,则 $\sin(\pi-\alpha)=$(　　)。

A. $\frac{3}{5}$　　B. $-\frac{3}{5}$　　C. $-\frac{1}{3}$　　D. 3

18. $\cos\left(-\frac{17\pi}{4}\right)-\sin\left(-\frac{17\pi}{4}\right)$的值为(　　)。

A. 1　　B. $\frac{1}{2}$　　C. 2　　D. $\sqrt{2}$

19. 记 $\cos(-70°)=k$,那么 $\tan 110°=$(　　)。

A. $-\frac{\sqrt{1-k^2}}{k}$　　B. $-\frac{1}{k}$　　C. $-\sqrt{1-k^2}$　　D. $-k$

20. 在 $\triangle ABC$ 中,若 $\sin\frac{A}{2}=\cos\frac{B+C}{2}$,则 $\triangle ABC$ 的形状是(　　)。

A. 等腰三角形　　B. 直角三角形　　C. 等边三角形　　D. 等腰直角三角形

二、填空题(10 题,每题 2 分,共 20 分)

1. 函数 $y=3\sin x+\sqrt{3}\cos x$,$x\in\left[0,\frac{\pi}{2}\right)$的单调递增区间是________。

2. 函数 $y=3-2\cos\left(x+\frac{\pi}{4}\right)$的最大值为________,此时 $x=$ ________。

3. 若函数 $f(x)=2\tan\left(kx+\frac{\pi}{3}\right)$的最小正周期 T 满足 $1<T<2$,则自然数 k 的值为________。

4. 函数 $y=\tan\left(2x+\frac{\pi}{4}\right)$的图像与 x 轴交点的坐标是________,$k\in\mathbf{Z}$。

5. 化简$\frac{\cos(\pi+\alpha)\cdot\cos\left(\frac{\pi}{2}-\alpha\right)}{\cos(2\pi-\alpha)\cdot\sin\left(\frac{\pi}{2}+\alpha\right)}=$ ________。

6. 函数值 $\sin 1,\sin 2,\sin 3,\sin 4$ 的大小顺序是________________。

7. 函数 $f(x)=\lg(2\sin x+1)+\sqrt{2\cos x-1}$ 的定义域是________。

8. 关于 x 的方程 $\cos 2x+\sin x-a=0$ 有实数解,则实数 a 的最小值是________。

9. 已知 $\sin\theta-\cos\theta=\dfrac{1}{2}$,则 $\sin^3\theta-\cos^3\theta=$________。

10. 函数 $y=\sin\left(\dfrac{\pi}{4}-2x\right)$ 的单调递增区间是________。

三、计算题(2 题,每题 10 分,共 20 分。要求写出计算过程,给出计算结果)

1. 已知函数 $f(x)=(\sin x+\cos x)^2+2\cos^2 x-2$。

(1) 求 $f(x)$ 的单调递增区间。

(2) 当 $x\in\left[\dfrac{\pi}{4},\dfrac{3\pi}{4}\right]$时,求函数 $f(x)$ 的最大值,最小值。

2. 化简并求值。

(1) $\sin\left(\dfrac{25}{6}\pi\right)+\cos\dfrac{10}{3}\pi+\tan\left(-\dfrac{25}{4}\pi\right)+\sin\left(-\dfrac{7\pi}{3}\right)\cos\left(-\dfrac{13}{6}\pi\right)$。

(2) 若 $\cos\alpha=-\dfrac{2}{3}$,求 $\dfrac{\cos(4\pi-\alpha)\cdot\sin(-\alpha)}{\sin\left(\dfrac{\pi}{2}+\alpha\right)\cdot\tan(\pi-\alpha)}$ 的值。

第 5 章　两角和与差的三角函数

5.1　两角和与差的三角函数公式

一、教学基本要求

1. 熟记两角和与差的正弦公式、余弦公式、正切公式。

2. 会用两角和与差的正弦公式、余弦公式、正切公式进行计算。

二、内容总结

(一) 两角和与差的正弦公式(表 5 - 1)

表 5 - 1

名称	公式	简记符号	使用条件
两角和的正弦公式	$\sin(\alpha+\beta)=\sin\alpha\cos\beta+\cos\alpha\sin\beta$	$S_{(\alpha+\beta)}$	$\alpha,\beta\in\mathbf{R}$
两角差的正弦公式	$\sin(\alpha-\beta)=\sin\alpha\cos\beta-\cos\alpha\sin\beta$	$S_{(\alpha-\beta)}$	$\alpha,\beta\in\mathbf{R}$

(二) 两角和与差的余弦公式(表 5 - 2)

表 5 - 2

名称	公式	简记符号	使用条件
两角和的余弦公式	$\cos(\alpha+\beta)=\cos\alpha\cos\beta-\sin\alpha\sin\beta$	$C_{(\alpha+\beta)}$	$\alpha,\beta\in\mathbf{R}$
两角差的余弦公式	$\cos(\alpha-\beta)=\cos\alpha\cos\beta+\sin\alpha\sin\beta$	$C_{(\alpha-\beta)}$	$\alpha,\beta\in\mathbf{R}$

(三) 两角和与差的正切公式(表 5 - 3)

表 5 - 3

名称	公式	简记符号	使用条件
两角和的正切公式	$\tan(\alpha+\beta)=\dfrac{\tan\alpha+\tan\beta}{1-\tan\alpha\tan\beta}$	$T_{(\alpha+\beta)}$	$\alpha,\beta,\alpha+\beta\in\mathbf{R},\alpha,\beta,$ $\alpha+\beta\neq k\pi+\dfrac{\pi}{2},k\in\mathbf{Z}$
两角差的正切公式	$\tan(\alpha-\beta)=\dfrac{\tan\alpha-\tan\beta}{1+\tan\alpha\tan\beta}$	$T_{(\alpha-\beta)}$	$\alpha,\beta,\alpha-\beta\in\mathbf{R},\alpha,\beta,$ $\alpha-\beta\neq k\pi+\dfrac{\pi}{2},k\in\mathbf{Z}$

（四）两角和与差的计算法则

1. 两角和与差的正弦、余弦和正切公式的推导关系可以按图 5 - 1 排列。

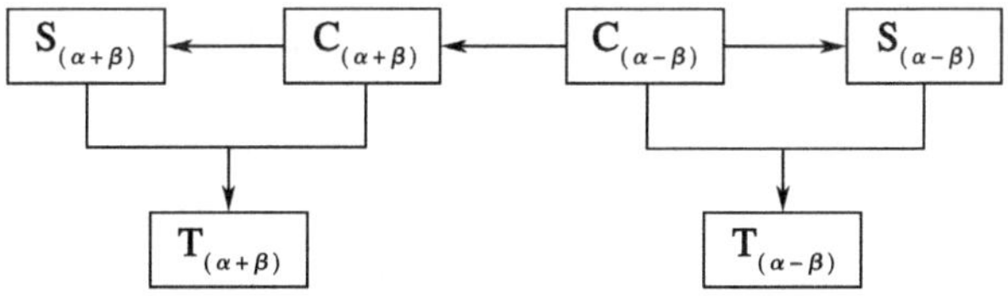

图 5 - 1

2. 两角和与差的正弦、余弦公式中的角 α,β 均为任意角，可采用如下方法记忆：

和角余弦同名积之差，差角余弦同名积之和；

和角正弦异名积之和，差角正弦异名积之差。

3. 在使用公式 $\tan(\alpha\pm\beta)=\dfrac{\tan\alpha\pm\tan\beta}{1\pm\tan\alpha\tan\beta}$ 时，要特别注意角的条件限制，即

$$\alpha,\beta,\alpha\pm\beta\in\mathbf{R}\text{ 且 }\alpha,\beta,\alpha\pm\beta\neq k\pi+\frac{\pi}{2},k\in\mathbf{Z}$$

4. 公式的运用要活，即顺用、逆用、变用。而变用又涉及两个方面：一是公式本身的变用，如 $\cos(\alpha+\beta)+\sin\alpha\sin\beta=\cos\alpha\cos\beta$；二是角的变用，也称为角的变换，如 $\alpha=(\alpha+\beta)-\beta$，$2\alpha=(\alpha+\beta)+(\alpha-\beta)$ 等。

三、典型例题

（一）给角求值

例 1　求下列各式的值。

(1) $\cos 44^\circ\sin 14^\circ-\sin 44^\circ\cos 14^\circ$。

(2) $\sin(54^\circ-x)\cos(36^\circ+x)+\cos(54^\circ-x)\sin(36^\circ+x)$。

(3) $\dfrac{1}{2}\sin 15^\circ-\dfrac{\sqrt{3}}{2}\cos 15^\circ$。

分析　(1)(2) 可反用两角和与差的正余弦公式求解。(3) 将 $\dfrac{1}{2}$ 和 $\dfrac{\sqrt{3}}{2}$ 用特殊角的三角函数表示后，反用和角或差角的正余弦公式来解。

解　(1)

$$\begin{aligned}\cos 44^\circ\sin 14^\circ-\sin 44^\circ\cos 14^\circ&=\sin 14^\circ\cos 44^\circ-\cos 14^\circ\sin 44^\circ\\&=\sin(14^\circ-44^\circ)\\&=\sin(-30^\circ)\\&=-\frac{1}{2}\end{aligned}$$

(2)

$$\sin(54°-x)\cos(36°+x)+\cos(54°-x)\sin(36°+x)$$

$$=\sin[(54°-x)+(36°+x)]=\sin 90°=1$$

(3)

$$\frac{1}{2}\sin 15°-\frac{\sqrt{3}}{2}\cos 15°=\sin 15°\cos 60°-\cos 15°\sin 60°$$

$$=\sin(15°-60°)=\sin(-45°)=-\frac{\sqrt{2}}{2}$$

例 2　求下列各三角函数值。

(1) $\cos 105°$；(2) $\tan 15°$。

解 (1) $\cos 105°=\cos(60°+45°)=\cos 60°\cos 45°-\sin 60°\sin 45°=\frac{1}{2}\times\frac{\sqrt{2}}{2}-\frac{\sqrt{3}}{2}\times\frac{\sqrt{2}}{2}=\frac{\sqrt{2}-\sqrt{6}}{4}$。

(2) $\tan 15°=\tan(45°-30°)=\dfrac{\tan 45°-\tan 30°}{1+\tan 45°\tan 30°}=\dfrac{1-\frac{\sqrt{3}}{3}}{1+1\times\frac{\sqrt{3}}{3}}=2-\sqrt{3}$。

例 3　已知 $\cos(\alpha+\beta)=\frac{4}{5}$，$\cos(\alpha-\beta)=-\frac{4}{5}$，$\frac{3\pi}{2}<\alpha+\beta<2\pi$，$\frac{\pi}{2}<\alpha-\beta<\pi$，求 $\cos 2\alpha$ 的值。

分析　把"所求角"用"已知角"表示出来. 利用 $2\alpha=(\alpha+\beta)+(\alpha-\beta)$，再用两角和的余弦公式求解即可。

解　因为 $\cos(\alpha+\beta)=\frac{4}{5}$，$\frac{3\pi}{2}<\alpha+\beta<2\pi$，所以

$$\sin(\alpha+\beta)=-\sqrt{1-\left(\frac{4}{5}\right)^2}=-\frac{3}{5}$$

又因为 $\cos(\alpha-\beta)=-\frac{4}{5}$，$\frac{\pi}{2}<\alpha-\beta<\pi$，所以

$$\sin(\alpha-\beta)=\sqrt{1-\left(-\frac{4}{5}\right)^2}=\frac{3}{5}$$

$\cos 2\alpha=\cos[(\alpha+\beta)+(\alpha-\beta)]=\cos(\alpha+\beta)\cos(\alpha-\beta)-\sin(\alpha+\beta)\sin(\alpha-\beta)$

$$= \frac{4}{5} \times \left(-\frac{4}{5}\right) - \left(-\frac{3}{5}\right) \times \frac{3}{5} = -\frac{7}{25}$$

（二）三角恒等式的证明与化简

例 4　证明恒等式$\frac{\sin(2\alpha+\beta)}{\sin\alpha} - 2\cos(\alpha+\beta) = \frac{\sin\beta}{\sin\alpha}$成立。

分析　遵循由繁到简的原则,可以从左边入手,利用两角和与差公式化简至右边。

证明　因为

$$\text{等式左边} = \frac{\sin(2\alpha+\beta) - 2\sin\alpha\cos(\alpha+\beta)}{\sin\alpha}$$

$$= \frac{\sin\alpha\cos(\alpha+\beta) + \cos\alpha\sin(\alpha+\beta) - 2\sin\alpha\cos(\alpha+\beta)}{\sin\alpha}$$

$$= \frac{\sin(\alpha+\beta)\cos\alpha - \cos(\alpha+\beta)\sin\alpha}{\sin\alpha}$$

$$= \frac{\sin(\alpha+\beta-\alpha)}{\sin\alpha}$$

$$= \frac{\sin\beta}{\sin\alpha}$$

$$= \text{等式右边}$$

所以原式得证。

例 5　已知 $\sin(2\alpha+\beta) = 5\sin\beta$,求证:$2\tan(\alpha+\beta) = 3\tan\alpha$。

证明　因为 $2\alpha+\beta = (\alpha+\beta)+\alpha$,$\beta = (\alpha+\beta)-\alpha$,所以

$$\sin(2\alpha+\beta) = 5\sin\beta$$

即

$$\sin[(\alpha+\beta)+\alpha] = 5\sin[(\alpha+\beta)-\alpha]$$

$$\sin(\alpha+\beta)\cos\alpha + \cos(\alpha+\beta)\sin\alpha = 5\sin(\alpha+\beta)\cos\alpha - 5\cos(\alpha+\beta)\sin\alpha$$

$$2\sin(\alpha+\beta)\cos\alpha = 3\cos(\alpha+\beta)\sin\alpha$$

$$2\tan(\alpha+\beta) = 3\tan\alpha$$

所以原式得证。

四、习题训练

1.（★★）求下列各式的值。

(1) $\cos(x+27°)\cos(x-18°) + \sin(x+27°)\sin(x-18°)$。

(2) $\sin(x+\frac{\pi}{3})+2\sin(x-\frac{\pi}{3})-\sqrt{3}\cos(\frac{2\pi}{3}-x)$。

2. (★★) 计算下列各式的值。

(1) $\cos\frac{\pi}{12}+\sqrt{3}\sin\frac{\pi}{12}$。

(2) $\sin 20°\cos 10°-\cos 160°\sin 10°$。

3. (★) 已知 $\cos(\alpha+\beta)=\frac{4}{5}$, $\cos(\alpha-\beta)=-\frac{4}{5}$, 求 $\cos\alpha\cos\beta$ 的值。

4. (★★) 已知 $\alpha,\beta\in\left(\frac{3\pi}{4},\pi\right)$, $\sin(\alpha+\beta)=-\frac{3}{5}$, $\sin\left(\beta-\frac{\pi}{4}\right)=\frac{12}{13}$, 求 $\cos\left(\alpha+\frac{\pi}{4}\right)$的值。

5. (★★) 证明恒等式$\frac{\sin(\alpha-\beta)+2\cos\alpha\sin\beta}{\cos(\alpha-\beta)-2\sin\alpha\sin\beta}=\tan(\alpha+\beta)$ 成立。

6.（★★）证明恒等式$\dfrac{\sin(2\alpha+\beta)-2\sin 2\alpha\cos\beta}{2\sin 2\alpha\sin\beta+\cos(2\alpha+\beta)}=\tan(\beta-2\alpha)$成立。

7.（★★★）已知$\cos(\alpha-\beta)=-\dfrac{12}{13}$,$\cos(\alpha+\beta)=\dfrac{12}{13}$,且$\alpha-\beta\in\left(\dfrac{\pi}{2},\pi\right)$,$\alpha+\beta\in\left(\dfrac{3\pi}{2},2\pi\right)$,则$\beta=$________。

8.（★★★）化简$\dfrac{2\cos 10°-\sin 20°}{\cos 20°}=$________。

9.（★★）(1)$\cos(\alpha-35°)\cos(25°+\alpha)+\sin(\alpha-35°)\sin(25°+\alpha)=$__________;(2)$\sin 7°\cos 23°+\sin 83°\cos 67°=$________。

10.（★★）若$\sin\alpha-\sin\beta=\dfrac{\sqrt{3}}{2}$,$\cos\alpha-\cos\beta=\dfrac{1}{2}$,则$\cos(\alpha-\beta)$的值为(　　)。

A. $\dfrac{1}{2}$　　B. $\dfrac{\sqrt{3}}{2}$　　C. $\dfrac{\sqrt{3}}{4}$　　D. 1

5.2　二倍角公式

一、教学基本要求

1. 熟记二倍角的正弦公式、余弦公式、正切公式。

2. 会用二倍角的正弦公式、余弦公式、正切公式进行计算。

二、内容总结

1. 二倍角公式(表 5 - 4)。

表 5 - 4

名称	公式	简记符号	使用条件
二倍角的正弦公式	$\sin 2\alpha=2\sin\alpha\cos\alpha$	$S_{2\alpha}$	α为任意角
二倍角的余弦公式	$\cos 2\alpha=\cos^2\alpha-\sin^2\alpha$ $=2\cos^2\alpha-1$ $=1-2\sin^2\alpha$	$C_{2\alpha}$	α为任意角
二倍角的正切公式	$\tan 2\alpha=\dfrac{2\tan\alpha}{1-\tan^2\alpha}$	$T_{2\alpha}$	$\alpha\neq\dfrac{k\pi}{2}+\dfrac{\pi}{4}$, $\alpha\neq k\pi+\dfrac{\pi}{2}$

2. 公式的逆用及变形。

$2\sin\alpha\cos\alpha=\sin 2\alpha$。

$\sin\alpha\cos\alpha=\frac{1}{2}\sin 2\alpha$。

$\cos\alpha=\frac{\sin 2\alpha}{2\sin\alpha}$。

$\cos^2\alpha-\sin^2\alpha=2\cos^2\alpha-1=1-2\sin^2\alpha=\cos 2\alpha$。

$\frac{2\tan\alpha}{1-\tan^2\alpha}=\tan 2\alpha$。

3. 二倍角计算法则。

(1) 在解题的过程中要注意观察式子的结构特点及角之间是否存在特殊的倍数关系，灵活地运用公式及其变形。

(2) 二倍角公式给出了倍角 2α 与角 α 之间的关系. 对于“二倍角”应该有广义的理解，不仅限于 2α 是 α 的二倍形式，其他如 4α 是 2α 的二倍角，α 是 $\frac{\alpha}{2}$ 的二倍角，$2\alpha+\frac{\alpha}{2}$ 是 $\alpha+\frac{\alpha}{4}$ 的二倍角……

(3) 当被化简的式子中有切函数和弦函数时，先切化弦；有角的互余或互补关系时，应用诱导公式转化，再利用两角和与差及二倍角公式进行化简。

三、典型例题

(一) 化简求值

例 1 求下列各式的值。

(1) $\sin\frac{\pi}{12}\cos\frac{\pi}{12}$。

(2) $1-2\sin^2 750°$。

(3) $\frac{2\tan 150°}{1-\tan^2 150°}$。

(4) $\frac{1}{\sin 10°}-\frac{\sqrt{3}}{\cos 10°}$。

解 (1) $\sin\frac{\pi}{12}\cos\frac{\pi}{12}=\frac{2\sin\frac{\pi}{12}\cos\frac{\pi}{12}}{2}=\frac{\sin\frac{\pi}{6}}{2}=\frac{1}{4}$。

(2) $1-2\sin^2 750°=\cos(2\times 750°)=\cos 1\,500°=\cos(4\times 360°+60°)=\cos 60°=\frac{1}{2}$。

(3) $\frac{2\tan 150°}{1-\tan^2 150°}=\tan(2\times 150°)=\tan(300°)=\tan(360°-60°)=-\tan 60°=-\sqrt{3}$。

(4) $\frac{1}{\sin 10^\circ}-\frac{\sqrt{3}}{\cos 10^\circ}=\frac{\cos 10^\circ-\sqrt{3}\sin 10^\circ}{\sin 10^\circ\cos 10^\circ}=\frac{2\left(\frac{1}{2}\cos 10^\circ-\frac{\sqrt{3}}{2}\sin 10^\circ\right)}{\sin 10^\circ\cos 10^\circ}=$ $\frac{2(\sin 30^\circ\cos 10^\circ-\cos 30^\circ\sin 10^\circ)}{\sin 10^\circ\cos 10^\circ}=\frac{2\sin 20^\circ}{\sin 10^\circ\cos 10^\circ}=\frac{4\sin 20^\circ}{\sin 20^\circ}=4$。

例 2　求 $\cos 20^\circ\cos 40^\circ\cos 80^\circ$ 的值。

解　$\cos 20^\circ\cos 40^\circ\cos 80^\circ=\frac{2\sin 20^\circ\cos 20^\circ\cos 40^\circ\cos 80^\circ}{2\sin 20^\circ}=\frac{2\sin 40^\circ\cos 40^\circ\cos 80^\circ}{4\sin 20^\circ}=$ $\frac{2\sin 80^\circ\cos 80^\circ}{8\sin 20^\circ}=\frac{\sin 160^\circ}{8\sin 20^\circ}=\frac{1}{8}$。

例 3　已知 $\sin\left(\frac{\pi}{4}-x\right)=\frac{5}{13}$，$0<x<\frac{\pi}{4}$，求 $\frac{\cos 2x}{\cos\left(\frac{\pi}{4}+x\right)}$ 的值。

分析　注意角的关系及诱导公式的应用，利用倍角公式解题。

解　原式 $=\frac{\sin\left(\frac{\pi}{2}+2x\right)}{\cos\left(\frac{\pi}{4}+x\right)}=\frac{2\sin\left(\frac{\pi}{4}+x\right)\cos\left(\frac{\pi}{4}+x\right)}{\cos\left(\frac{\pi}{4}+x\right)}=2\sin\left(\frac{\pi}{4}+x\right)$。

因为 $\sin\left(\frac{\pi}{4}-x\right)=\cos\left(\frac{\pi}{4}+x\right)=\frac{5}{13}$，$0<x<\frac{\pi}{4}$，所以

$$\frac{\pi}{4}+x\in\left(\frac{\pi}{4},\frac{\pi}{2}\right)$$

$$\sin\left(\frac{\pi}{4}+x\right)=\sqrt{1-\cos^2\left(\frac{\pi}{4}+x\right)}=\frac{12}{13}$$

$$原式=2\times\frac{12}{13}=\frac{24}{13}$$

例 4　已知 $\sin\alpha=\frac{\sqrt{5}}{5}$，则 $\sin^4\alpha-\cos^4\alpha$ 的值为(　　)。

A. $-\frac{3}{5}$　　B. $-\frac{1}{5}$　　C. $\frac{1}{5}$　　D. $\frac{3}{5}$

答案　A。

解　$\sin^4\alpha-\cos^4\alpha=(\sin^2\alpha+\cos^2\alpha)(\sin^2\alpha-\cos^2\alpha)=-\cos 2\alpha=2\sin^2\alpha-1=2\times\left(\frac{\sqrt{5}}{5}\right)^2-1=-\frac{3}{5}$。

例 5　若 $\sin\left(\frac{\pi}{4}+\theta\right)=\frac{3}{5}$，$0<\theta<\frac{\pi}{4}$，则 $\cos 2\theta=$ ________。

答案 $\frac{24}{25}$。

解 $\cos 2\theta = \sin\left(\frac{\pi}{2}+2\theta\right) = 2\sin\left(\frac{\pi}{4}+\theta\right)\cos\left(\frac{\pi}{4}+\theta\right)$。

因为$0<\theta<\frac{\pi}{4}$,所以$\frac{\pi}{4}<\frac{\pi}{4}+\theta<\frac{\pi}{2}$,故

$$\cos\left(\frac{\pi}{4}+\theta\right)=\sqrt{1-\sin^2\left(\frac{\pi}{4}+\theta\right)}=\frac{4}{5}$$

$$\cos 2\theta = 2\times\frac{3}{5}\times\frac{4}{5}=\frac{24}{25}$$

(二)证明与化简

例6 化简。

(1) $\frac{\cos 10°(1+\sqrt{3}\tan 10°)}{\cos 70°\sqrt{1+\cos 40°}}$。

(2) $\frac{2\cos^2\alpha-1}{2\tan\left(\frac{\pi}{4}-\alpha\right)\sin^2\left(\frac{\pi}{4}+\alpha\right)}$。

分析 先把正切化成正、余弦,再用和差、二倍角公式求即可。

解 (1)

$$原式=\frac{\cos 10°\left(1+\frac{\sqrt{3}\sin 10°}{\cos 10°}\right)}{\sin 20°\sqrt{2}\cos 20°}$$

$$=\frac{\cos 10°+\sqrt{3}\sin 10°}{\frac{\sqrt{2}}{2}\sin 40°}=\frac{2\left(\frac{1}{2}\cos 10°+\frac{\sqrt{3}}{2}\sin 10°\right)}{\frac{\sqrt{2}}{2}\sin 40°}$$

$$=\frac{2\sqrt{2}\sin 40°}{\sin 40°}$$

$$=2\sqrt{2}$$

(2)

$$原式=\frac{2\cos^2\alpha-1}{\frac{2\sin\left(\frac{\pi}{4}-\alpha\right)}{\cos\left(\frac{\pi}{4}-\alpha\right)}\cdot\cos^2\left(\frac{\pi}{4}-\alpha\right)}=\frac{2\cos^2\alpha-1}{2\sin\left(\frac{\pi}{4}-\alpha\right)\cdot\cos\left(\frac{\pi}{4}-\alpha\right)}$$

$$=\frac{2\cos^2\alpha-1}{\cos 2\alpha}=\frac{\cos 2\alpha}{\cos 2\alpha}=1$$

例7 求证:$\frac{3-4\cos 2A+\cos 4A}{3+4\cos 2A+\cos 4A}=\tan^4 A$。

证明　左边 $=\dfrac{3-4\cos 2A+2\cos^2 2A-1}{3+4\cos 2A+2\cos^2 2A-1}=\dfrac{\cos^2 2A-2\cos 2A+1}{\cos^2 2A+2\cos 2A+1}=\left(\dfrac{\cos 2A-1}{\cos 2A+1}\right)^2=$

$\left(\dfrac{1-2\sin^2 A-1}{2\cos^2 A-1+1}\right)^2=\dfrac{\sin^4 A}{\cos^4 A}=\tan^4 A=$ 右边。

四、习题训练

1.（★）已知 $\sin\alpha=\dfrac{5}{13}$，$\alpha\in\left(\dfrac{\pi}{2},\pi\right)$，求 $\sin 2\alpha$，$\cos 2\alpha$，$\tan 2\alpha$ 的值。

2.（★）求下列各式的值。

（1）$\sin 67°30'\cos 67°30'$。

（2）$2\cos^2\dfrac{\pi}{12}-1$。

3.（★★）已知 α 为第二象限角，并且 $\cos\dfrac{\alpha}{2}+\sin\dfrac{\alpha}{2}=-\dfrac{\sqrt{5}}{2}$，求下列各式的值。

（1）$\sin\dfrac{\alpha}{2}-\cos\dfrac{\alpha}{2}$。

（2）$\sin 2\alpha+\cos 2\alpha$。

4.（★★）求下列各式的值。

（1）$2\sin 37.5°\times\cos 37.5°=$ ________。

（2）$\sin^2 67.5°-\cos^2 67.5°=$ ________。

（3）$\dfrac{\tan 7.5°}{1-\tan^2 7.5°}=$ ________。

5.（★★★）求下列各式的值。

（1）$\sin\frac{\pi}{24}\cos\frac{\pi}{24}\cos\frac{\pi}{12}$。

（2）$\cos\frac{\pi}{5}\cos\frac{2\pi}{5}$。

（3）$\frac{1}{\sin 50^\circ}+\frac{\sqrt{3}}{\cos 50^\circ}$。

6.（★★）已知 $\sin\alpha=\frac{\sqrt{5}}{5}$，则 $\sin^4\alpha-\cos^4\alpha$ 的值为（　　）。

A. $-\frac{3}{5}$　　B. $-\frac{1}{5}$　　C. $\frac{1}{5}$　　D. $\frac{3}{5}$

7.（★★★）已知 $\tan\left(\frac{\pi}{4}+\alpha\right)=\frac{1}{2}$。

（1）求 $\tan\alpha$ 的值。

（2）求$\frac{\sin 2\alpha-\cos^2\alpha}{1+\cos 2\alpha}$的值。

8.（★★★）化简下列各式。

（1）$\sqrt{2\cos 8+2}-\sqrt{2\sin 8+1}$。

（2）$\frac{2\cos^2\alpha-1}{2\tan\left(\frac{\pi}{4}-\alpha\right)\sin^2\left(\frac{\pi}{4}+\alpha\right)}$。

5.3　半角公式

一、教学基本要求

1. 熟记半角的正弦公式、余弦公式、正切公式。

2. 会用半角的正弦公式、余弦公式、正切公式进行计算。

二、内容总结

1. 半角公式(图5－2)。

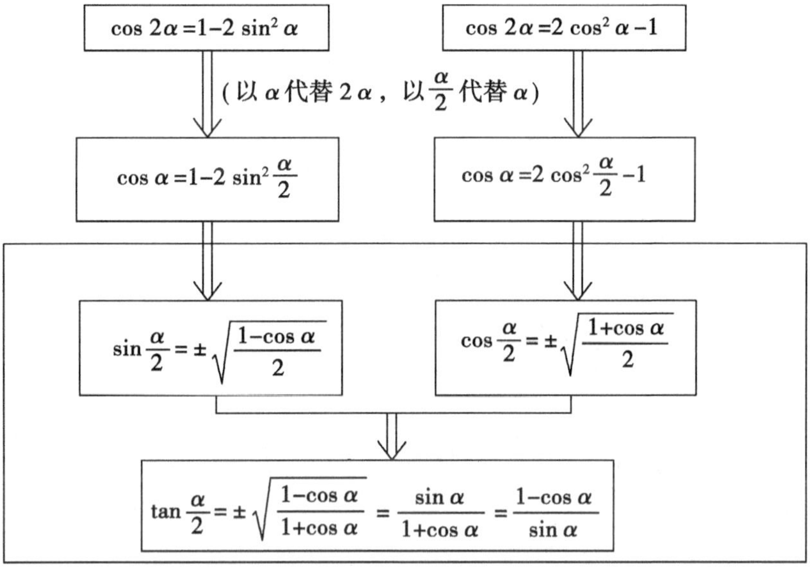

图5－2

2. 公式的变形推导。

$$\tan\frac{\alpha}{2}=\frac{\sin\frac{\alpha}{2}}{\cos\frac{\alpha}{2}}=\frac{2\sin\frac{\alpha}{2}\cos\frac{\alpha}{2}}{2\cos^2\frac{\alpha}{2}}=\frac{\sin\alpha}{1+\cos\alpha};$$

$$\tan\frac{\alpha}{2}=\frac{\sin\frac{\alpha}{2}}{\cos\frac{\alpha}{2}}=\frac{2\sin^2\frac{\alpha}{2}}{2\sin\frac{\alpha}{2}\cos\frac{\alpha}{2}}=\frac{1-\cos\alpha}{\sin\alpha}。$$

3. 三角函数式的化简原则、要求及方法。

(1) 化简原则:① 统一角;② 统一函数名;③ 能求值的要求值。

(2) 化简结果的要求:

①尽量使三角函类种类最少;②尽量使项最少;③尽量使分母不含三角函数;④尽量使被开方数不含三角函数。

(3)化简方法:主要是弦切互化,异名化同名,异角化同角。

三、典型例题

例1 已知 $\cos\alpha=\dfrac{1}{5}$,$\alpha\in(\pi,2\pi)$,求 $\sin\dfrac{\alpha}{2}$ 的值。

解 因为 $\alpha\in(\pi,2\pi)$,所以$\dfrac{\alpha}{2}\in\left(\dfrac{\pi}{2},\pi\right)$,故

$$\sin^2\frac{\alpha}{2}=\frac{1-\cos\alpha}{2}=\frac{2}{5}$$

$$\sin\frac{\alpha}{2}=\frac{\sqrt{10}}{5}$$

例2 已知 $\tan\alpha=\dfrac{1}{2}$,求$\dfrac{\cos 2\alpha+\sin 2\alpha+1}{\cos^2\alpha}$的值。

解 $\dfrac{\cos 2\alpha+\sin 2\alpha+1}{\cos^2\alpha}=\dfrac{2\cos^2\alpha+2\sin\alpha\cos\alpha}{\cos^2\alpha}=2+2\tan\alpha=3$。

例3 计算$\dfrac{\cos 10°+\sqrt{3}\sin 10°}{\sqrt{1-\cos 80°}}$的值。

解 $\dfrac{\cos 10°+\sqrt{3}\sin 10°}{\sqrt{1-\cos 80°}}=\dfrac{2\left(\dfrac{1}{2}\cos 10°+\dfrac{\sqrt{3}}{2}\sin 10°\right)}{\sqrt{2\sin^2 40°}}=\dfrac{2\sin 40°}{\sqrt{2}\sin 40°}=\sqrt{2}$。

例4 化简$\dfrac{(1+\sin\alpha+\cos\alpha)\left(\sin\dfrac{\alpha}{2}-\cos\dfrac{\alpha}{2}\right)}{\sqrt{2+2\cos\alpha}}(\pi<\alpha<2\pi)$。

解

$$\text{原式}=\frac{\left(2\cos^2\frac{\alpha}{2}+2\sin\frac{\alpha}{2}\cos\frac{\alpha}{2}\right)\left(\sin\frac{\alpha}{2}-\cos\frac{\alpha}{2}\right)}{\sqrt{2\cdot 2\cos^2\frac{\alpha}{2}}}$$

$$=\frac{2\cos\frac{\alpha}{2}\left(\cos\frac{\alpha}{2}+\sin\frac{\alpha}{2}\right)\left(\sin\frac{\alpha}{2}-\cos\frac{\alpha}{2}\right)}{2\left|\cos\frac{\alpha}{2}\right|}$$

$$=\frac{\cos\frac{\alpha}{2}(-\cos\alpha)}{\left|\cos\frac{\alpha}{2}\right|}$$

又因为 $\pi < \alpha < 2\pi$,所以$\frac{\pi}{2} < \frac{\alpha}{2} < \pi$,于是 $\cos\frac{\alpha}{2} < 0$。

因此原式 $= \dfrac{\cos\frac{\alpha}{2}(-\cos\alpha)}{-\cos\frac{\alpha}{2}} = \cos\alpha$。

例 5　化简$\sqrt{2+\cos 2-\sin^2 1}$。

解　$\sqrt{2+\cos 2-\sin^2 1} = \sqrt{2\cos^2 1+1-\sin^2 1} = \sqrt{3\cos^2 1} = \sqrt{3}\cos 1$。

例 6　求下列三角函数的值。

(1) 已知 $\sin\left(\frac{\pi}{4}-x\right) = \frac{3}{5}$,则 $\sin 2x$ 的值为________。

(2) 若$\frac{1+\tan\alpha}{1-\tan\alpha} = 2\,019$,则 $\tan 2\alpha + \frac{1}{\cos 2\alpha} =$ ________。

解　(1) 因为 $\sin\left(\frac{\pi}{4}-x\right) = \frac{\sqrt{2}}{2}(\cos x - \sin x) = \frac{3}{5}$,所以

$$\cos x - \sin x = \frac{3\sqrt{2}}{5}$$

两边平方得

$$1-2\sin x\cos x = 1-\sin 2x = \frac{18}{25}$$

所以 $\sin 2x = \frac{7}{25}$。

(2) 由

$$\begin{aligned}\tan 2\alpha + \frac{1}{\cos 2\alpha} &= \frac{\sin 2\alpha}{\cos 2\alpha} + \frac{1}{\cos 2\alpha}\\ &= \frac{\sin 2\alpha + 1}{\cos 2\alpha}\\ &= \frac{2\sin\alpha\cos\alpha + \sin^2\alpha + \cos^2\alpha}{\cos^2\alpha - \sin^2\alpha}\\ &= \frac{(\sin\alpha+\cos\alpha)^2}{\cos^2\alpha - \sin^2\alpha}\\ &= \frac{\cos\alpha + \sin\alpha}{\cos\alpha - \sin\alpha}\\ &= \frac{1+\tan\alpha}{1-\tan\alpha}\end{aligned}$$

因为$\dfrac{1+\tan\alpha}{1-\tan\alpha}=2\,019$,所以原式 $=2\,019$。

四、习题训练

1.(★)判断下面结论是否正确(请在括号中打"√"或"×")。

(1)当α是第一象限角时,$\sin\dfrac{\alpha}{2}=\sqrt{\dfrac{1-\cos\alpha}{2}}$。 ( )

(2)对任意角α,$\tan^2\dfrac{\alpha}{2}=\dfrac{1-\cos\alpha}{1+\cos\alpha}$都成立。 ( )

(3)半角的正、余弦公式实质就是将倍角的余弦公式逆求而得来的。 ( )

(4)用$\sin\alpha$,$\cos\alpha$可将$\tan\dfrac{\alpha}{2}$表示为$\tan\dfrac{\alpha}{2}=\dfrac{\sin\alpha}{1+\cos\alpha}$。 ( )

(5)当$\alpha\in\left(\dfrac{3\pi}{2},2\pi\right)$时,$\sqrt{\dfrac{1}{2}+\dfrac{1}{2}\cos2\alpha}=\cos\alpha$。 ( )

2.(★★)证明下列各式。

(1)$\dfrac{\tan(45°-\alpha)}{1-\tan^2(45°-\alpha)}\cdot\dfrac{\sin\alpha\cos\alpha}{\cos^2\alpha-\sin^2\alpha}=\dfrac{1}{4}$。

(2)$\dfrac{2\cos^4x-2\cos^2x+\dfrac{1}{2}}{2\tan\left(\dfrac{\pi}{4}-x\right)}\sin^2\left(\dfrac{\pi}{4}+x\right)=\cos^2x-\dfrac{1}{2}$。

3.(★★★)化简$2\sqrt{1+\sin\alpha}+\sqrt{2(1+\cos\alpha)}$,$\alpha\in\left(\pi,\dfrac{3\pi}{2}\right)$。

4.（★★）已知 $\sin\alpha=\frac{1}{2}+\cos\alpha$，且 $\alpha\in\left(0,\frac{\pi}{2}\right)$，求 $\frac{\cos 2\alpha}{\sin\left(\alpha-\frac{\pi}{4}\right)}$ 的值。

5.（★★）已知 $\sin\alpha=\frac{2}{3}$，则 $\cos(\pi-2\alpha)$ 的值为（　　）。

A. $-\frac{4}{9}$　　B. $\frac{4}{9}$　　C. $-\frac{1}{9}$　　D. $\frac{1}{9}$

单元测试

一、单项选择题(20 题,每题 3 分,共 60 分)

1. 已知 $\sin\left(\frac{\pi}{2}+\alpha\right)=\frac{3}{5}$,$\alpha\in\left(0,\frac{\pi}{2}\right)$,则 $\sin(\pi+\alpha)$ 等于(　　)。

A. $\frac{3}{5}$　　B. $-\frac{3}{5}$　　C. $\frac{4}{5}$　　D. $-\frac{4}{5}$

2. 已知 $\frac{1+\sin x}{\cos x}=-\frac{1}{2}$,那么 $\frac{\cos x}{\sin x-1}$ 的值是(　　)。

A. $\frac{1}{2}$　　B. $-\frac{1}{2}$　　C. 2　　D. -2

3. 方程 $x=\pi\sin x$ 的解的个数为(　　)。

A. 1　　B. 2　　C. 3　　D. 无穷多

4. 已知 $\sin\alpha\sin\beta=\frac{1}{3}$,$\cos\alpha\cos\beta=-\frac{1}{6}$,则 $\cos(\alpha+\beta)$,$\cos(\alpha-\beta)$ 的值分别为(　　)。

A. $-\frac{1}{2},\frac{1}{6}$　　B. $\frac{1}{2},\frac{1}{6}$　　C. $\frac{1}{2},-\frac{1}{6}$　　D. $-\frac{1}{2},-\frac{1}{6}$

5. 已知 $\tan 110^\circ=\alpha$,则 $\tan 50^\circ$ 等于(　　)。

A. $\frac{\sqrt{3}-\alpha}{1+\sqrt{3}}$　　B. $\frac{\alpha-\sqrt{3}}{1+\sqrt{3}\alpha}$　　C. $\frac{\alpha+\sqrt{3}}{1-\sqrt{3}}$　　D. $\frac{\alpha+\sqrt{3}}{1+\sqrt{3}}$

6. 若 $\frac{\sin\alpha+\cos\alpha}{\sin\alpha-\cos\alpha}=\frac{1}{2}$,则 $\tan 2\alpha$ 的值为(　　)。

A. $-\frac{3}{4}$　　B. $\frac{3}{4}$　　C. $-\frac{4}{3}$　　D. $\frac{4}{3}$

7. 已知 $\sin(\alpha-180^\circ)-\sin(270^\circ-\alpha)=m$,则 $\sin(180^\circ+\alpha)\cdot\sin(270^\circ+\alpha)$ 可用 m 表示为(　　)。

A. $\frac{m^2-1}{2}$　　B. $\frac{m^2+1}{2}$　　C. $\frac{1-m^2}{2}$　　D. $-\frac{m^2+1}{2}$

8. 函数 $y=\sin\left(\pi x+\frac{2}{3}\pi\right)$ 的周期是(　　)。

A. 2π　　B. π　　C. 2　　D. 1

9. 下列函数中,周期为 π 的偶函数是(　　)。

A. $y=\sin x$　　B. $y=\sin 2x$　　C. $y=|\sin 2x|$　　D. $y=\sqrt{1-\cos^2 x}$

10. 下列不等式中成立的是(　　)。

A. $\sin\left(-\frac{\pi}{8}\right)>\sin\left(-\frac{\pi}{10}\right)$　　B. $\sin 3>\sin 2$

C. $\sin\frac{7}{5}\pi>\sin\left(-\frac{2}{5}\pi\right)$　　D. $\sin 2>\cos 1$

11. 已知 $\cos(\alpha+\beta)=\frac{4}{5}$,$\cos(\alpha-\beta)=-\frac{4}{5}$,则 $\cos\alpha\cos\beta$ 的值为(　　)。

A. 0　　B. $\frac{4}{5}$　　C. 0 或 $\frac{4}{5}$　　D. 0 或 $\pm\frac{4}{5}$

12. 函数 $f(x)=\sin\left(x+\frac{\pi}{6}\right)$ 的一个递减区间是(　　)。

A. $\left[-\frac{\pi}{2},\frac{\pi}{2}\right]$　　B. $[-\pi,0]$　　C. $\left[-\frac{2}{3}\pi,\frac{2}{3}\pi\right]$　　D. $\left[\frac{\pi}{2},\frac{2}{3}\pi\right]$

13. $\sin 15°\sin 75°$ 的值为(　　)。

A. $\frac{1}{2}$　　B. $\frac{\sqrt{3}}{2}$　　C. $\frac{1}{4}$　　D. $\frac{\sqrt{3}}{4}$

14. 已知 $\frac{\sqrt{3}+\tan\theta}{1-\tan\theta}=1+2\sqrt{3}$,那么 $\sin^2\theta+\sin 2\theta$ 的值为(　　)。

A. 1　　B. $\frac{4}{5}$　　C. $\frac{3}{5}$　　D. $\frac{2}{5}$

15. 已知 $\tan\alpha=\frac{1}{2}$,则 $\frac{\cos 2\alpha+\sin 2\alpha+1}{\cos^2\alpha}$ 等于(　　)。

A. 3　　B. 6　　C. 12　　D. $\frac{3}{2}$

16. 下列各式的值为 $\frac{1}{4}$ 的是(　　)。

A. $2\cos^2\frac{\pi}{12}-1$　　B. $1-\sin^2 75°$

C. $\frac{2\tan 22.5°}{1-\tan^2 22.5°}$　　D. $\sin 15°\cos 15°$

17. 化简 $\sqrt{2+\cos 2-\sin^2 1}$ 的结果是(　　)。

A. $-\cos 1$　　B. $\cos 1$　　C. $\sqrt{3}\cos 1$　　D. $-\sqrt{3}\cos 1$

18. 已知 $\sin\alpha = \dfrac{2}{3}$,则 $\cos(\pi - 2\alpha)$ 的值为(　　)。

A. $-\dfrac{\sqrt{5}}{3}$　　B. $-\dfrac{1}{9}$

C. $\dfrac{1}{9}$　　D. $\dfrac{\sqrt{5}}{3}$

19. 若 $\sin\theta \cdot \cos\theta > 0$,则 θ 在(　　)。

A. 第一、二象限　　B. 第一、三象限

C. 第一、四象限　　D. 第二、四象限

20. 已知 $\sin\alpha - \cos\alpha = \sqrt{2}, \alpha \in (0,\pi)$,则 $\sin 2\alpha$ 的值为(　　)。

A. -1　　B. $-\dfrac{\sqrt{2}}{2}$

C. $\dfrac{\sqrt{2}}{2}$　　D. 1

二、填空题(10 题每题 2 分,共 20 分)

1. 设 $\sin 2\alpha = -\sin\alpha, \alpha \in \left(\dfrac{\pi}{2},\pi\right)$,则 $\tan 2\alpha$ 的值是________。

2. 化简:$\sqrt{1+\sin 10^\circ} - \sqrt{1-\sin 10^\circ} =$ ________。

3. 若 $\tan 2\alpha = \dfrac{1}{3}$,则 $\tan\alpha =$ ________。

4. 代数式 $\sin^2(A+45^\circ) + \sin^2(A-45^\circ)$ 的化简结果是________。

5. 函数 $y = \sqrt{\log_2 \dfrac{1}{\sin x} - 1}$ 的定义域为________。

6. 函数 $y = |\sin 2x|$ $(x \in \mathbf{R})$ 的最小正周期为________。

7. 已知 $\cos\left(\dfrac{\pi}{4} - x\right) = \alpha$,且 $0 < x < \dfrac{\pi}{4}$,则 $\dfrac{\cos 2x}{\cos\left(\dfrac{\pi}{4}+x\right)}$ 的值为________。

8. 已知 $\cos\alpha = \dfrac{1}{7}, \cos(\alpha-\beta) = \dfrac{13}{14}$,且 $0 < \beta < \alpha < \dfrac{\pi}{2}$,则 $\tan 2\alpha$ 的值为________。

9. $\sin 119^\circ \sin 181^\circ - \sin 91^\circ \sin 29^\circ$ 的值为________。

10. $\cos\left(-\dfrac{23\pi}{5}\right)$________$\cos\left(-\dfrac{17\pi}{4}\right)$。(比较大小)

三、计算题(2 题,每题 10 分,共 20 分。要求写出计算过程,给出计算结果)

1. 已知 $\sin(3\pi + \alpha) = 2\sin\left(\dfrac{3\pi}{2} + \alpha\right)$,求下列各式的值。

(1) $\dfrac{\sin\alpha - 4\cos\alpha}{5\sin\alpha + 2\cos\alpha}$。

(2) $\sin^2\alpha + \sin 2\alpha$。

2. 证明下列恒等式。

(1) $\dfrac{\sin(2\alpha+\beta)}{\sin\alpha} - 2\cos(\alpha+\beta) = \dfrac{\sin\beta}{\sin\alpha}$。

(2) $\dfrac{\sin(\alpha-\beta) + 2\cos\alpha\sin\beta}{\cos(\alpha-\beta) - 2\sin\alpha\sin\beta} = \tan(\alpha+\beta)$。

第 6 章　数　　列

6.1　数　　列

一、教学基本要求

1. 理解数列、项、首项、通项公式及前 n 项和的概念。

2. 会用数列的通项公式或递推公式进行计算。

二、内容总结

1. 数列的定义及性质。

按照一定顺序排成的一列数叫作数列(数列具有确定性和有序性)。

项:数列中的每一个数都叫作这个数列的项。

序号 n 代表数列的项数。

一般形式:$a_1, a_2, a_3, \cdots, a_n$,记作$\{a_n\}$。

通项公式:如果数列$\{a_n\}$的第 n 项 a_n 与 n 之间的关系可以用一个公式来表示,那么这个公式就叫作这个数列的通项公式。

2. 函数与数列的关系。

从映射、函数的观点看,数列可以看作一个定义域为正整数集 $\mathbf{N}^*$(或它的有限子集$\{1, 2, \cdots, n\}$)的函数。

当自变量从小到大依次取值时,对应着一列函数值,通项公式即为相应的函数解析式。所以数列是特殊的函数(图 6 - 1)。

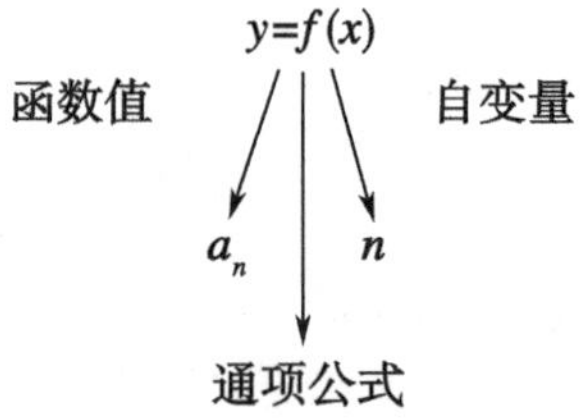

图 6 - 1

注意:(1) 不是每一个数列都能写出其通项公式。

(2) 数列的通项公式不唯一。

(3) 已知通项公式可写出数列的任一项,因此通项公式十分重要。

3. 数列的表示方法。

(1) 图像法:是坐标平面上的散点图。

(2) 列举法:对于有穷数列,可以用列举法来表达数列。

(3) 通项公式:用公式来表达 a_n 与项数 n 之间的关系。

4. 数列的分类。

(1) 按项的多少来分:$\begin{cases}\text{有穷数列}\\\text{无穷数列}\end{cases}$。

(2) 按项之间的大小关系来分:$\begin{cases}\text{递增数列},a_n < a_{n+1}\\\text{递减数列},a_n > a_{n+1}\\\text{摆动数列},a_{n-1} < a_n \text{ 或 } a_n > a_{n+1}\\\text{常数列},a_n = a_{n+1}\end{cases}$。

5. 数列的递推公式。

如果已知数列$\{a_n\}$的第1项(或前几项),且从第二项(或某一项)开始的任一项 a_n 与它的前一项 a_{n-1}(或前几项)($n \geqslant 2, n \in \mathbf{N}^*$)间的关系可以用一个公式来表示,那么这个公式就叫作这个数列的递推公式。

6. 通项公式与递推公式的异同(表 6 - 1)。

表 6 - 1

	不同点	相同点
通项公式	可根据某项的序号,直接用代入法求出该项	都可确定一个数列,都可求出数列的任何一项
递推公式	可根据第 1 项或前几项的值,通过一次或多次赋值逐项求出数列的项,直至求出所需的项	

三、典型例题

例 1　写出下列各数列的通项公式及简写形式。

(1)$1,\frac{1}{2},\frac{1}{3},\frac{1}{4},\frac{1}{5},\cdots$。

(2) $1,2,3,4,5,\cdots$。

(3) $2,4,6,8,10,12,\cdots$。

(4) $1,3,5,7,9,\cdots$。

(5) $1,10,100,1\,000,10\,000,\cdots$。

(6) $1,-1,1,-1,1,-1,\cdots$。

解 (1) $a_n=\frac{1}{n}$，该数列记作$\left\{\frac{1}{n}\right\}$。

(2) $a_n=n$，该数列记作$\{n\}$。

(3) $a_n=2n$，该数列记作$\{2n\}$。

(4) $a_n=2n-1$，该数列记作$\{2n-1\}$。

(5) $a_n=10^{n-1}$，该数列记作$\{10^{n-1}\}$。

(6) $a_n=(-1)^{n-1}$，该数列记作$\{(-1)^{n-1}\}$。

例 2 写出以下数列的一个通项公式，使它的前四项分别是下列各数。

(1) $\frac{2^2-1}{2},\frac{3^2-1}{3},\frac{4^2-1}{4},\frac{5^2-1}{5}$。

(2) $-\frac{1}{1\times 2},\frac{1}{2\times 3},-\frac{1}{3\times 4},\frac{1}{4\times 5}$。

(3) $\frac{(-1)^2-1}{2},\frac{(-1)^3-1}{2},\frac{(-1)^4-1}{2},\frac{(-1)^5-1}{2}$。

(4) $9,99,999,9\,999$。

解 (1) $a_n=\frac{(n+1)^2-1}{n+1}=\frac{n(n+2)}{n+1}$。

(2) $a_n=\frac{(-1)^n}{n(n+1)}$。

(3) $a_n=\frac{(-1)^{n+1}-1}{2}\Rightarrow a_n=\begin{cases}0, n=2k+1\\-1, n=2k\end{cases}$。

(4) $a_n=10^n-1$。

例 3 已知数列$\{a_n\}$的第 1 项是 1，以后的各项由公式$a_n=1+\frac{1}{a_{n-1}}$给出，写出这个数列的前 5 项。

解 $a_1=1, a_2=1+\frac{1}{a_1}=1+1=2, a_3=1+\frac{1}{a_2}=1+\frac{1}{2}=\frac{3}{2}, a_4=1+\frac{1}{a_3}=1+$

$\frac{2}{3}=\frac{5}{3}, a_5=1+\frac{1}{a_4}=1+\frac{3}{5}=\frac{8}{5}$。

例 4　已知数列 $\{a_n\}$，$a_1=1$，以后各项由 $a_n=a_{n-1}+\frac{1}{n(n-1)}(n\geqslant 2)$ 给出，求 a_3 的值。

分析　利用所给的递推公式，逐步求得。

解　$a_1=1, a_2=a_1+\frac{1}{2\times 1}=\frac{3}{2}, a_3=a_2+\frac{1}{2\times 3}=\frac{5}{3}$。

例 5　已知数列 $\{a_n\}$ 的通项公式为 $a_n=3n^2-28n$。

(1) 写出数列的第 4 项和第 6 项。

(2) 问 -49 和 68 是该数列的项吗？若是，是第几项？若不是，说明理由。

解　(1) 根据 $a_n=3n^2-28n$，$a_4=3\times 4^2-28\times 4=-64$，$a_6=3\times 6^2-28\times 6=-60$。

(2) 令 $3n^2-28n=-49$，即 $3n^2-28n+49=0$，所以 $n=7$ 或 $n=\frac{7}{3}$（舍）。因此，-49 是该数列的第 7 项，即 $a_7=-49$。

令 $3n^2-28n=68$，即 $3n^2-28n-68=0$，所以 $n=-2$ 或 $n=\frac{34}{3}$。因为 $-2\notin \mathbf{N}^*$，$\frac{34}{3}\notin \mathbf{N}^*$，所以 68 不是该数列的项。

例 6　在数列 $\{a_n\}$ 中，已知 $a_1=\frac{1}{2}$，$a_{n+1}-a_n=\frac{1}{(2n)^2-1}$。

(1) 写出该数列的前 4 项。

(2) 归纳出它的通项公式。

解　(1) 由 $a_1=\frac{1}{2}$，$a_{n+1}-a_n=\frac{1}{(2n)^2-1}$，得

$$a_2=a_1+\frac{1}{2^2-1}=\frac{1}{2}+\frac{1}{3}=\frac{5}{6}$$

$$a_3=a_2+\frac{1}{(2\times 2)^2-1}=\frac{5}{6}+\frac{1}{15}=\frac{27}{30}=\frac{9}{10}$$

$$a_4=a_3+\frac{1}{(2\times 3)^2-1}=\frac{9}{10}+\frac{1}{35}=\frac{65}{70}=\frac{13}{14}$$

(2) 因为

$$a_1=\frac{1}{2}=\frac{4\times 1-3}{4\times 1-2}, a_2=\frac{5}{6}=\frac{4\times 2-3}{4\times 2-2}$$

$$a_3=\frac{9}{10}=\frac{4\times3-3}{4\times3-2},a_4=\frac{13}{14}=\frac{4\times4-3}{4\times4-2}$$

所以其通项公式可猜想为 $a_n=\frac{4n-3}{4n-2}$。

四、习题训练

1.(★)已知下列数列:

(1)2 010,2 012,2 014,2 016,2 018;

(2)$0,\frac{1}{2},\frac{2}{3},\cdots,\frac{n-1}{n},\cdots$;

(3)$1,\frac{1}{2},\frac{1}{4},\cdots,\frac{1}{2^{n-1}},\cdots$;

(4)$1,-\frac{2}{3},\frac{3}{5},\cdots,\frac{(-1)^{n-1}\cdot n}{2n-1},\cdots$;

(5)$1,0,-1,\cdots,\sin\frac{n\pi}{2},\cdots$;

(6)9,9,9,9,9;

其中,有穷数列是________,无穷数列是________,递增数列是________,递减数列是________,常数列是________,摆动数列是________。(填序号)

2.(★★)求下列数列的通项公式。

(1)1,0,1,0,1,0,…。

(2)7,77,777,7 777,…。

3.(★★)写出下列数列的一个通项公式,使得前几项为所给下列各数。

(1)$-\frac{1}{2},\frac{1}{4},-\frac{1}{8},\frac{1}{16},\cdots$。

(2)$1-\frac{1}{2},\frac{1}{2}-\frac{1}{3},\frac{1}{3}-\frac{1}{4},\frac{1}{4}-\frac{1}{5},\cdots$。

(3) $1,\sqrt{3},\sqrt{5},\sqrt{7},3,\cdots$。

4. (★★) 已知数列$\{a_n\}$的通项公式是$a_n=\frac{n-1}{n+1}$,那么这个数列是(　　)。

A. 递增数列　　B. 递减数列　　C. 常数列　　D. 摆动数列

5. (★★★) 已知数列$\{a_n\}$满足下列条件,写出它的前5项,并归纳出数列的一个通项公式。

(1) $a_1=0,a_{n+1}=a_n+(2n-1)$。

(2) $a_1=1,a_{n+1}=\frac{2a_n}{2+a_n}$。

6.2　等差数列

一、教学基本要求

1. 理解等差数列的定义,会判断一个数列是否是等差数列。

2. 会用等差数列的通项公式、等差中项公式、等差数列的前n项和公式进行计算。

二、内容总结

1. 等差数列的定义及性质。

一般地,如果一个数列从第2项起,每一项与它的前一项的差都等于同一个常数,那么这个数列就叫作等差数列。这个常数叫作等差数列的公差,通常用字母d(常数)表示。

常用的公式有$a_n-a_{n-1}=d(n\geqslant 2,n\in \mathbf{N}^*)$,$a_{n+1}-a_n=d(n\in \mathbf{N}^*)$。

2. 等差数列的判定。

(1) 判断一个数列是不是等差数列，主要是根据定义判断 $a_{n+1}-a_n$ 是不是同一个常数。注意：公差 d 是每一项（从第 2 项起）与它的前一项的差，不要把被减数与减数弄颠倒了，而且公差可以是正数、负数，也可以是 0。

(2) $2a_{n+1}=a_n+a_{n+2}\Rightarrow\{a_n\}$ 是等差数列。

3. 等差中项。

如果在 a,b 中间插入一个数 A，使 a,A,b 成等差数列，那么 A 叫作 a,b 的等差中项，即 $A=\frac{a+b}{2}$。

4. 等差数列的通项公式为 $a_n=a_1+(n-1)d$。

5. 等差数列的重要性质。

若 $\{a_n\}$ 是等差数列，公差是 d，则：

(1) 已知 $m+n=p+q(m,n,p,q\in\mathbf{N}^*)$，则

$$a_m+a_n=a_p+a_q$$

(2) 已知等差数列 $\{a_n\}$ 的第 m 项 a_m 及公差 d，则它的第 n 项 a_n 为

$$a_n=a_m+(n-m)d$$

(3) $\{\lambda a_n+b\}$（λ,b 为常数）仍为等差数列。

(4) 若 $\{a_n\},\{b_n\}$ 都是等差数列，则 $\{a_n\pm b_n\}$ 仍为等差数列。

(5) $d>0$，$\{a_n\}$ 是递增数列；$d<0$，$\{a_n\}$ 是递减数列；$d=0$，$\{a_n\}$ 是常数列。

6. 等差数列的前 n 项和公式（表 6－2）。

表 6－2

已知量	首项、末项与项数	首项、公差与项数
求和公式	$S_n=\frac{n(a_1+a_n)}{2}$	$S_n=na_1+\frac{n(n-1)d}{2}$

7. S_n 的记法：数列 $\{a_n\}$ 的前 n 项的和记为

$$S_n=a_1+a_2+a_3+\cdots+a_{n-1}+a_n$$

8. a_n 与 S_n 的关系：若数列的前 n 项和为 S_n，则通项公式

$$a_n=\begin{cases}S_1 & (n=1)\\ S_n-S_{n-1} & (n\geqslant 2)\end{cases}$$

9. 等差数列的前 n 项和的性质。

(1) $S_n, S_{2n}-S_n, S_{3n}-S_{2n}, \cdots$ 成等差数列。

(2) 若 $S_{奇}$ 表示奇数项的和，$S_{偶}$ 表示偶数项的和，公差为 d：

① 当项数为偶数 $2n$ 时，$S_{偶}-S_{奇}=nd, \dfrac{S_{奇}}{S_{偶}}=\dfrac{a_n}{a_{n+1}}$。

② 当项数为奇数 $2n-1$ 时，$S_{奇}-S_{偶}=a_n, \dfrac{S_{奇}}{S_{偶}}=\dfrac{n}{n-1}, S_{2n-1}=(2n-1)a_n$。

三、典型例题

例1 已知等差数列的首项为12，公差为 -5，写出这个数列的第2项到第5项。

解 由 $a_1=12, d=-5$，根据等差数列的通项公式 $a_n=a_1+(n-1)d$，有

$$a_2=a_1+d=12+(-5)=7$$

$$a_3=a_2+d=7+(-5)=2$$

$$a_4=a_3+d=2+(-5)=-3$$

$$a_5=a_4+d=(-3)+(-5)=-8$$

例2 求等差数列 $8,5,2,\cdots$ 的第20项。

解 因为 $a_1=8, d=5-8=-3, n=20, a_n=a_1+(n-1)d$，所以

$$a_{20}=a_1+(20-1)d=8+19\times(-3)=-49$$

例3 -401 是否是等差数列 $-5,-9,-13,\cdots$ 的项？如果是，是第几项？

解 因为 $a_1=-5, d=-9-(-5)=-4, a_n=a_1+(n-1)d$，所以令

$$-401=-5+(n-1)\times(-4)\Rightarrow n=100$$

因此，-401 是等差数列 $-5,-9,-13,\cdots$ 的第100项。

例4 在等差数列 $\{a_n\}$ 中，已知 $a_6=12, a_{18}=36$，求通项公式 a_n。

解 根据等差数列的通项公式 $a_n=a_1+(n-1)d$，且由题意得

$$\begin{cases} a_1+5d=12 \\ a_1+17d=36 \end{cases}$$

解得 $a_1=2, d=2$。

因此，$a_n=2+(n-1)\times 2=2n, n\in\mathbf{N}^*$。

例5 若 $m\neq n$，两个等差数列 m, a_1, a_2, n 与 m, b_1, b_2, b_3, n 的公差分别为 d_1 和 d_2，求 $\dfrac{d_1}{d_2}$ 的值。

解 因为在两等差数列中，有

$$n-m=3d_1, n-m=4d_2。$$

所以

$$d_1=\frac{1}{3}(n-m), d_2=\frac{1}{4}(n-m)$$

可得

$$\frac{d_1}{d_2}=\frac{\frac{1}{3}(n-m)}{\frac{1}{4}(n-m)}=\frac{4}{3}$$

例6 首项为 -24 的等差数列，从第10项起开始为正数，求公差的取值范围。

解 设 $a_n=-24+(n-1)d$，由

$$\begin{cases}a_9=-24+8d\leqslant 0\\ a_{10}=-24+9d>0\end{cases}$$

解得 $\frac{8}{3}<d\leqslant 3$。

例7 设 $\{a_n\}$ 是递增的等差数列，前三项的和为12，前三项的积为48，则它的首项是（　　）。

A. 1　　B. 2　　C. 4　　D. 6

答案 B。

解 设前三项分别为 $a-d, a, a+d$，则

$$a-d+a+a+d=12$$

且 $(a-d)a(a+d)=48$，解得 $a=4$ 且 $d=\pm 2$。又因为 $\{a_n\}$ 递增，所以 $d>0$，即 $d=2$，所以 $a_1=2$。

例8 已知等差数列 $\{a_n\}$ 的公差为 $d(d\neq 0)$，且 $a_3+a_6+a_{10}+a_{13}=32$，若 $a_m=8$，则 m 为（　　）。

A. 12　　B. 8　　C. 6　　D. 4

答案 B。

解 由等差数列的性质知

$$\begin{aligned}&a_3+a_6+a_{10}+a_{13}\\ =&(a_3+a_{13})+(a_6+a_{10})\\ =&2a_8+2a_8=4a_8=32\end{aligned}$$

所以 $a_8=8$。又因为 $d\neq 0$，所以 $m=8$。

例9　根据下列各题中的条件,求相应的等差数列$\{a_n\}$的前n项和S_n。

(1)$a_1=5,a_n=95,n=10$。

(2)$a_1=100,d=-2,n=50$。

解　(1)因为$S_n=\frac{n(a_1+a_n)}{2}$,所以$S_{10}=\frac{10(a_1+a_{10})}{2}=\frac{10\times(5+95)}{2}=500$。

(2)因为$S_n=na_1+\frac{n(n-1)d}{2}$,所以$S_{50}=50\times100+\frac{50\times49\times(-2)}{2}=2\,550$。

例10　已知数列$\{a_n\}$的前n项和$S_n=3+2^n$,求a_n。

解　因为$S_n=3+2^n$,所以

$$S_{n-1}=3+2^{n-1}$$

$$a_n=S_n-S_{n-1}=2^n-2^{n-1}=2^{n-1},n\geqslant2$$

而$a_1=S_1=5$,所以

$$a_n=\begin{cases}5 & (n=1)\\ 2^{n-1} & (n\geqslant2)\end{cases}$$

四、习题训练

1.(★)判断下列数列是否为等差数列,若是等差数列则求该数列的公差。

(1)1,3,5,7,9,2,4,6,8,10,…。

(2)5,5,5,5,5,5,5,5,…。

(3)$x,3x,5x,7x,9x,\cdots$。

2.(★★)在数列$\{a_n\}$中,$a_1=2,2a_{n+1}=2a_n+1(n\in\mathbf{N}^+)$,求$a_{101}$的值。

3.(★★)在等差数列$\{a_n\}$中,$a_{15}=8,a_{60}=20$,求a_{75}的值。

4.（★★）设公差为 -2 的等差数列$\{a_n\}$，如果 $a_1+a_4+a_7+\cdots+a_{97}=50$，那么求$a_3+a_6+a_9+\cdots+a_{99}$ 的值。

5.（★★★）已知成等差数列的四个数之和为 26，第二个数与第三个数之积为 40，求这四个数。

6.（★★）在 3 与 27 之间插入 7 个数，使这 9 个数成等差数列，求插入的这 7 个数中的第 4 个数。

7.（★★）已知$\{a_n\}$为等差数列，$a_1+a_3+a_5=105$，$a_2+a_4+a_6=99$，则 $a_{20}=$ ________。

8.（★★）已知$\{a_n\}$为等差数列，且 $a_1+a_7+a_{13}=4\pi$，则 $\tan(a_2+a_{12})=$（　　）。

A. $\sqrt{3}$　　B. $\pm\sqrt{3}$　　C. $-\dfrac{\sqrt{3}}{3}$　　D. $-\sqrt{3}$

9.（★★★）已知$\{a_n\}$为等差数列，前 n 项和为 S_n，且 $S_{10}=10$，$S_{20}=30$，求 S_{30}。

10. (★★★) 已知$\{a_n\}$为等差数列,其前 n 项和为 S_n,若 $S_{12}=84$,$S_{20}=460$,求 S_{28}。

11. (★★) 在等差数列$\{a_n\}$中:

(1) 若 $a_4+a_{17}=20$,求 S_{20}。

(2) 若 $S_4=1$,$S_8=4$,求 S_{20}。

12. (★★) 已知数列$\{a_n\}$满足 $a_n=26-2n$,则使其前 n 项和 S_n 取最大值的 n 的值为(　　)。

A. 11 或 12　　B. 12　　C. 13　　D. 12 或 13

6.3　等比数列

一、教学基本要求

1. 理解等比数列的定义,会判断一个数列是否是等比数列。

2. 会用等比数列的通项公式、等比中项公式及等比数列的前 n 项和公式进行计算。

二、内容总结

1. 等比数列的定义及性质。

一般地,如果一个数列从第 2 项起,每一项与它的前一项的比等于同一个常数,那么这个数列就叫作等比数列。这个常数叫作等比数列的公比,通常用字母 $q(q\neq 0)$ 表示。

常用的公式有$\dfrac{a_n}{a_{n-1}}=q(n\geqslant 2)$,$\dfrac{a_{n+1}}{a_n}=q(n\in\mathbf{N}^*)$。

2. 等比数列的判定。

(1) 定义法:证明$\dfrac{a_{n+1}}{a_n}=q(q\neq 0,n\in\mathbf{N}^*)$,则$\{a_n\}$是等比数列。

(2) 中项公式法:证明 $a_{n+1}^2 = a_n \cdot a_{n+2}(n \in \mathbf{N}^*)$,则$\{a_n\}$是等比数列。

3. 等比中项。

如果在 a,b 中间插入一个数 G,使 a,G,b 成等比数列,那么 G 叫作 a,b 的等比中项,即 $G = \pm\sqrt{ab}$。

4. 等比数列$\{a_n\}$的通项公式。

$a_n = a_1 q^{n-1}(a_1,q \neq 0,n \in \mathbf{N}^*)$。

5. 等比数列的重要性质。

若$\{a_n\}$是等比数列,公比是 q,则:

(1) 公比是等比数列从第 2 项起每一项与其前一项的比,不能颠倒。

(2) 对于一个给定的等比数列,它的公比是同一个非零常数。

(3) 当 $q = 1$ 时,$\{a_n\}$是非零常数列;当 $q < 0$ 时,$\{a_n\}$是摆动数列。

(4) 通项公式可推广为 $a_n = a_m q^{n-m}(n,m \in \mathbf{N}^*)$。

(5) 已知 $m + n = p + q(m,n,p,q \in \mathbf{N}^*)$,则

$$a_m a_n = a_p a_q$$

(6) 已知 $2m = p + q(m,p,q \in \mathbf{N}^*)$,则

$$a_m^2 = a_p a_q$$

(7) 距首末两端等距离的两项的积相等,即

$$a_1 a_n = a_2 a_{n-1} = a_3 a_{n-2} = \cdots$$

(8) 序号成等差数列的项仍成等比数列。

6. 等比数列的前 n 项和公式。

等比数列$\{a_n\}$的公比是 $q(q \neq 0)$,其前 n 项和为 S_n,则:

当 $q = 1$ 时,$S_n = na_1$。

当 $q \neq 1$ 时,$S_n = \dfrac{a_1(1 - q^n)}{1 - q}$。

因此,$S_n = \begin{cases} na_1, q = 1 \\ \dfrac{a_1(1 - q^n)}{1 - q}, q \neq 1 \end{cases}$。

7. 等差数列与等比数列的对比(表 6 - 3)。

表 6 - 3

数列	等差数列	等比数列
定义式	$a_{n+1} - a_n = d$	$\frac{a_{n+1}}{a_n} = q$
公差(比)	d 为公差	q 为公比
定义变形	$a_{n+1} = a_n + d$	$a_{n+1} = a_n q$
通项公式	$a_n = a_1 + (n-1)d$	$a_n = a_1 q^{n-1}$
一般形式	$a_n = a_m + (n-m)d, d = \frac{a_n - a_m}{n-m}$	$a_n = a_m q^{n-m}, q^{n-m} = \frac{a_n}{a_m}$

三、典型例题

例 1　判断下列数列是否为等比数列。

(1) $\sqrt{2}, 1, \frac{\sqrt{2}}{2}, \frac{1}{2}, \cdots$。

(2) $1.2, 2.4, -4.8, -9.6, \cdots$。

(3) $2, 2, 2, 2, \cdots$。

(4) $1, 0, 1, 0, \cdots$。

解　根据等比数列的定义,可知:

(1) 是等比数列,公比为$\frac{\sqrt{2}}{2}$。

(2) 不是等比数列。

(3) 是等比数列,公比为 1。

(4) 不是等比数列。

例 2　求下列等比数列中的未知项。

(1) $2, a, 8$。(2) $-4, b, c, \frac{1}{2}$。

解　根据题意及等比数列的定义,可得:

(1) $\frac{a}{2} = \frac{8}{a} \Rightarrow a = 4$ 或 $a = -4$。

(2) $\begin{cases} \frac{b}{-4} = \frac{c}{b} \\ \frac{\frac{1}{2}}{c} = \frac{c}{b} \end{cases} \Rightarrow b = 2, c = -1$。

例3 在下列两个数之间，插入一个数后，使得三个数成等比数列。

(1)1,( ),9。

(2) −1,( ), −4。

(3) −12,( ), −3。

(4)1,( ),1。

答案 (1) ±3。(2) ±2。(3) ±6。(4) ±1。

解 根据等比中项的定义，可知：

(1) 因为 $G=\pm\sqrt{ab}=\pm3$，所以三个数为 1, ±3,9。

(2) 三个数为 −1, ±2, −4。

(3) 三个数为 −12, ±6, −3。

(4) 三个数为 1, ±1,1。

例4 求下列等比数列的第 4 项和第 5 项。

(1)5, −15,45,…。

(2)1.2,2.4,4.8,…。

(3) $\frac{2}{3},\frac{1}{2},\frac{3}{8},\cdots$。

解 根据等比数列的通项公式 $a_n=a_1q^{n-1}$，可得：

(1)$a_4=5\times(-3)^{4-1}=-135, a_5=5\times(-3)^{5-1}=405$。

(2)$a_4=1.2\times2^{4-1}=9.6, a_5=1.2\times2^{5-1}=19.2$。

(3)$a_4=\frac{2}{3}\times\left(\frac{3}{4}\right)^{4-1}=\frac{9}{32}, a_5=\frac{2}{3}\times\left(\frac{3}{4}\right)^{5-1}=\frac{27}{128}$。

例5 在等比数列$\{a_n\}$中，已知 $a_3=20, a_6=160$，求 a_n。

解 设等比数列$\{a_n\}$的公比为 q，则根据通项公式 $a_n=a_1q^{n-1}$，可得

$$\begin{cases}a_1q^2=20\\a_1q^5=160\end{cases}\Rightarrow\begin{cases}q=2\\a_1=5\end{cases}$$

$$a_n=5\times2^{n-1}$$

例6 在等比数列$\{a_n\}$中，已知 $a_7a_{12}=5$，求 $a_8a_9a_{10}a_{11}$ 的值。

解法一 因为 $a_7a_{12}=a_8a_{11}=a_9a_{10}=5$，所以

$$a_8a_9a_{10}a_{11}=5^2=25$$

解法二 根据等比数列的定义，并由已知得

$$a_1q^6\cdot a_1q^{11}=a_1^2q^{17}=5$$

$$a_8a_9a_{10}a_{11}=a_1q^7\cdot a_1q^8\cdot a_1q^9\cdot a_1q^{10}=a_1^4q^{34}=(a_1^2q^{17})^2=25$$

例7　已知等比数列$\{a_n\}$的前n项和$S_n=t\cdot 2^{n-1}+1$,求实数t的值。

解　根据等比数列前n项和的定义及已知,可得

$$a_1=S_1=t+1$$

$$a_2=S_2-S_1=(t\cdot 2^{2-1}+1)-(t+1)=t$$

$$a_3=S_3-S_2=(t\cdot 2^{3-1}+1)-(t\cdot 2^{2-1}+1)=2t$$

因为数列$\{a_n\}$为等比数列,所以$a_2^2=a_1\cdot a_3$,$t^2=2t(t+1)$,$t=-2$或$t=0$(舍去)。

例8　已知等差数列$\{a_n\}$中,$a_2=2$,前4项之和$S_4=10$。

(1) 求该数列的通项公式。

(2) 令$b_n=2^n+a_n$,求数列$\{b_n\}$的前n项和T_n。

解　(1) 设数列$\{a_n\}$的首项为a_1,公差为d,根据等差数列的通项公式$a_n=a_1+(n-1)d$,前n项和公式$S_n=na_1+\dfrac{n(n-1)d}{2}$及已知条件可得

$$\begin{cases}a_1+d=2\\4a_1+\dfrac{4\times 3}{2}d=10\end{cases}$$

解得$\begin{cases}a_1=1\\d=1\end{cases}$。

因此$a_n=1+(n-1)=n$,故数列$\{a_n\}$的通项公式为$a_n=n$。

(2) 由(1)得

$$b_n=2^n+n$$

$$\begin{aligned}T_n&=(2+1)+(2^2+2)+\cdots+(2^n+n)\\&=(2+2^2+2^3+\cdots+2^n)+(1+2+3+\cdots+n)\\&=\frac{2(1-2^n)}{1-2}+\frac{n(n+1)}{2}\\&=2^{n+1}+\frac{1}{2}n^2+\frac{1}{2}n-2\end{aligned}$$

四、习题训练

1. (★) 公比为2的等比数列$\{a_n\}$的各项都是正数,且$a_3a_{11}=16$,则a_5为(　　)。

A. 1　　B. 2　　C. 4　　D. 8

2. (★) 等比数列$\{a_n\}$中,已知$a_2=2$,$a_6=8$,则a_4为(　　)。

A. ±4　　B. 4　　C. −4　　D. 16

3.（★★）在1和4之间插入三个数，使这五个数成等比数列，求插入的这三个数的乘积。

4.（★★）在等比数列$\{a_n\}$中，$a_3=6$，前三项和$S_3=18$，求公比q。

5.（★★）已知$\{a_n\}$为等比数列，$a_4+a_7=2$，$a_5a_6=-8$，则$a_1+a_{10}=$（　　）。

A. 7　　B. 5　　C. -5　　D. -7

6.（★★★）已知数列$\{a_n\}$满足：$a_1=2$且$a_{n+1}=\dfrac{2(n+1)a_n}{a_n+n}(n\in\mathbf{N}^*)$。

（1）求证：数列$\left\{\dfrac{n}{a_n}-1\right\}$为等比数列。

（2）求数列$\{a_n\}$的通项公式。

7.（★★★）已知等比数列$\{a_n\}$的公比为$q=-\dfrac{1}{2}$。

（1）若$a_3=\dfrac{1}{4}$，求数列$\{a_n\}$的前n项和。

（2）证明：对任意$k\in\mathbf{N}^*$，a_k，a_{k+2}，a_{k+1}成等差数列。

8.（★★）已知等比数列$\{a_n\}$为递增数列，且$a_5^2=a_{10}$，$2(a_n+a_{n+2})=5a_{n+1}$，则数列$\{a_n\}$的通项公式$a_n=$________。

单元测试

一、单项选择题(20 题,每题 3 分,共 60 分)

1. 等差数列的前 10 项和为 100,前 100 项和为 10,则前 110 项的和为(　　)。

A. -90　　B. 90　　C. -110　　D. 10

2. 两个等差数列,它们的前 n 项和之比为 $\frac{5n+3}{2^n-1}$,则这两个数列的第 9 项之比是(　　)。

A. $\frac{5}{3}$　　B. $\frac{8}{5}$　　C. $\frac{8}{3}$　　D. $\frac{7}{4}$

3. 若数列$\{a_n\}$中,$a_n=43-3n$,则 S_n 取最大值时,n 的值为(　　)。

A. 13　　B. 14　　C. 15　　D. 14 或 15

4. 一个项数为偶数的等差数列,奇数项的和与偶数项的和分别为 24 和 30。若最后一项超过第一项 10.5,则该等差数列的项数为(　　)。

A. 18　　B. 12　　C. 10　　D. 8

5. 等差数列$\{a_n\}$的前 m 项的和是 30,前 $2m$ 项的和是 100,则它的前 $3m$ 项的和是(　　)。

A. 130　　B. 170　　C. 210　　D. 260

6. 等差数列$\{a_n\}$中,$a_1\neq 0$,$S_{10}=4S_5$,若有 $a_k=9a_1$,则 k 为(　　)。

A. 2　　B. 3　　C. 4　　D. 5

7. 等比数列$\{a_n\}$中,已知 $a_1=\frac{9}{8}$,$a_n=\frac{1}{3}$,$q=\frac{2}{3}$,则 n 为(　　)。

A. 3　　B. 4　　C. 5　　D. 6

8. 等比数列$\{a_n\}$中,$a_6=6$,$a_9=9$,则 a_3 等于(　　)。

A. 3　　B. $\frac{3}{2}$　　C. $\frac{16}{9}$　　D. 4

9. 等差数列$\{a_n\}$的首项 $a_1=1$,公差 $d\neq 0$,如果 a_1,a_2,a_5 成等比数列,那么 d 等于(　　)。

A. 3　　B. 2　　C. -2　　D. ± 2

10. 设$\{a_n\}$是由正数组成的等比数列,公比 $q=2$,且 $a_1\cdot a_2\cdot\cdots\cdot a_{30}=2^{30}$,则 $a_3\cdot a_6\cdot a_9\cdot\cdots\cdot a_{30}$ 的值为(　　)。

A. 2^{10}　　B. 2^{20}　　C. 2^{16}　　D. 2^{15}

11. 已知数列$\{a_n\}$的通项公式$a_n = n^2 - 3n - 4(n \in \mathbf{N}^*)$，则$a_4$等于(　　)。

A. 1　　B. 2　　C. 3　　D. 0

12. 一个等差数列的第5项等于10，前3项的和等于3，那么(　　)。

A. 它的首项是-2，公差是3　　B. 它的首项是2，公差是-3

C. 它的首项是-3，公差是2　　D. 它的首项是3，公差是-2

13. 设等比数列$\{a_n\}$的公比$q = 2$，前n项和为S_n，则$\dfrac{S_4}{a_2} =$(　　)。

A. 2　　B. 4　　C. $\dfrac{15}{2}$　　D. $\dfrac{17}{2}$

14. 设数列$\{a_n\}$是等差数列，且$a_2 = -6, a_8 = 6$，S_n是数列$\{a_n\}$的前n项和，则(　　)。

A. $S_4 < S_5$　　B. $S_4 = S_5$　　C. $S_6 < S_5$　　D. $S_6 = S_5$

15. 已知数列$\{a_n\}$满足$a_1 = 0, a_{n+1} = \dfrac{a_n - \sqrt{3}}{\sqrt{3}a_n + 1}(n \in \mathbf{N}^*)$，则$a_{20} =$(　　)。

A. 0　　B. $-\sqrt{3}$　　C. $\sqrt{3}$　　D. $\dfrac{\sqrt{3}}{2}$

16. 等差数列$\{a_n\}$的前m项和为30，前$2m$项和为100，则它的前$3m$项和为(　　)。

A. 130　　B. 170　　C. 210　　D. 260

17. 已知$a_1, a_2, \cdots, a_8$为各项都大于零的等比数列，公比$q \neq 1$，则(　　)。

A. $a_1 + a_8 > a_4 + a_5$

B. $a_1 + a_8 < a_4 + a_5$

C. $a_1 + a_8 = a_4 + a_5$

D. $a_1 + a_8$和$a_4 + a_5$的大小关系不能由已知条件确定

18. 若一个等差数列前3项的和为34，最后3项的和为146，且所有项的和为390，则这个数列有(　　)。

A. 13项　　B. 12项　　C. 11项　　D. 10项

19. 已知等比数列$\{a_n\}$的公比$q = 2$，前n项和为S_n，若$S_4 = 15$，则a_6的值为(　　)。

A. 32　　B. 64　　C. 128　　D. 256

20. 设S_n是等差数列$\{a_n\}$的前n项和，已知$a_2 = 3, a_6 = 11$，则S_7等于(　　)。

A. 13　　B. 35　　C. 49　　D. 63

二、填空题(10题，每题2分，共20分)

1. 在等差数列$\{a_n\}$中，若$a_3 + a_4 + a_5 + a_6 + a_7 = 25$，则$a_2 + a_8 =$ ________。

2. 等比数列$\{a_n\}$满足$a_1 + a_2 = -1, a_1 - a_3 = -3$，则$a_4 =$ ________。

3. 已知递增的等差数列$\{a_n\}$满足$a_1=1, a_3=a_2^2-4$，则$a_n=$________。

4. 等差数列$\{a_n\}$的前n项和为S_n，若$a_1=\frac{1}{2}, S_2=a_3$，则$a_2=$________。

5. 已知等比数列$\{a_n\}$为递增数列，且满足$a_5^2=a_{10}, 2(a_n+a_{n+2})=5a_{n+1}$，则数列的通项公式为________。

6. 已知$\{a_n\}$是等差数列，$a_3+a_8=22, a_7=9$，则$a_4=$________。

7. 已知等差数列$\{a_n\}$的前n项和为$S_n=n^2+3n$，则$\{a_n\}$的首项为________，公差为________。

8. 等比数列$\frac{1}{2}, -\frac{1}{4}, \frac{1}{8}, -\frac{1}{16}, \cdots$的第 8 项是________。

9. 已知等比数列$\{a_n\}$的公比为q，前n项和为S_n，若S_{n+1}, S_n, S_{n+2}成等差数列，则$q=$________。

10. 设公比为$q(q>0)$的等比数列$\{a_n\}$的前n项和为S_n，若$S_2=3a_2+2, S_4=3a_4+2$，则$q=$________。

三、计算题(2 题，每题 10 分，共 20 分。要求写出计算过程，给出计算结果)

1. 已知数列$\{a_n\}$是等差数列，$\{b_n\}$是等比数列，且

$$a_1=b_1=2, b_4=54, a_1+a_2+a_3=b_2+b_3$$

(1) 求数列$\{b_n\}$的通项公式。

(2) 求数列$\{a_n\}$的前 10 项和。

2. 设$\{a_n\}$是公差不为零的等差数列，S_n为其前n项和，满足$a_2^2+a_3^2=a_4^2+a_5^2, S_7=7$。

(1) 求数列$\{a_n\}$的通项公式及前n项和S_n。

(2) 试求所有的正整数m，使得$\frac{a_m a_{m+1}}{a_{m+2}}$为数列$\{a_n\}$中的项。

第 7 章　直　　线

7.1　直线与方程

一、教学基本要求

1. 理解直线的倾斜角和斜率的定义。

2. 掌握直线的倾斜角和斜率的关系。

3. 已知直线经过两点,会求直线的斜率。

二、内容总结

1. 直线与方程。

(1) 以方程的解为坐标的点都在某条直线上。

(2) 这条直线上的点的坐标都是这个方程的解。

这个方程就叫作这条直线的方程,这条直线叫作这个方程的直线。

2. 直线的倾斜角。

(1) 直线与 x 轴相交时,把 x 轴正方向绕着交点按逆时针方向旋转到和直线重合时所转的最小正角 α(图 7 - 1),叫作直线的倾斜角。

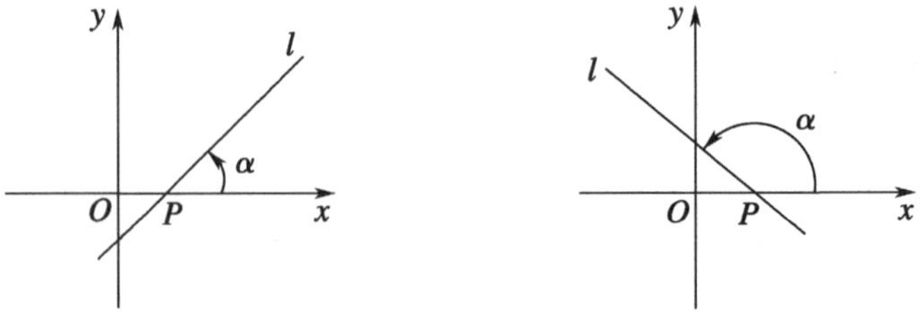

图 7 - 1

(2) 规定直线和 x 轴平行或重合时,直线的倾斜角为 0°。

(3) 直线的倾斜角 α 的取值范围是 $0° \leqslant \alpha < 180°$。

理解倾斜角的概念,需注意以下三个方面:① 角的顶点是直线与 x 轴的交点;② 角的一条边的方向指向 x 轴正方向;③ 角的另一边的方向是由顶点指向直线向上的方向。

3. 直线的斜率。

当直线的倾斜角$\alpha \neq 90°$时,倾斜角的正切值叫作这条直线的斜率。斜率常用小写字母k表示,即$k = \tan\alpha$。

(1) 当$\alpha = 0°$时,$k = 0$。

(2) 当$0° < \alpha < 90°$时,$k > 0$,且随着α的增大而增大。

(3) 当$\alpha = 90°$时,k不存在。

(4) 当$90° < \alpha < 180°$时,$k < 0$,且随着α的增大而增大。

4. 已知直线上两点的坐标求直线的斜率。

经过两点$P_1(x_1,y_1)$,$P_2(x_2,y_2)$的斜率公式为

$$k = \frac{y_2 - y_1}{x_2 - x_1}, x_1 \neq x_2$$

三、典型例题

例1 已知下列直线的倾斜角,求直线的斜率。

(1)30°;(2)45°;(3)120°。

解 (1)$k = \tan 30° = \frac{\sqrt{3}}{3}$。

(2)$k = \tan 45° = 1$。

(3)$k = \tan 120° = \tan(180° - 60°) = -\sqrt{3}$。

例2 若直线l的向上方向与y轴的正方向成30°角,则直线l的倾斜角为(　　)。

A. 30°　　B. 60°　　C. 30°或150°　　D. 60°或120°

答案 D。

解 根据题意作图结合定义分析。

如图7-2,直线l有两种情况,故l的倾斜角为60°或120°。

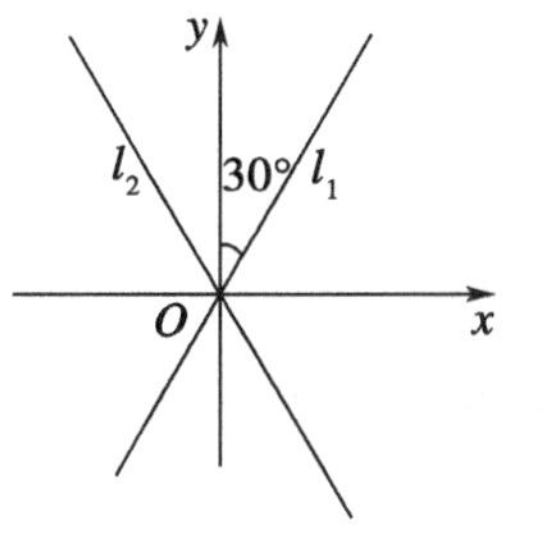

图7-2

例 3 已知 $A(m,-m+3)$,$B(2,m-1)$,$C(-1,4)$,直线 AC 的斜率等于直线 BC 的斜率的 3 倍,求 m 的值。

解 由题意知直线 AC 的斜率存在,即 $m\neq -1$, 可得

$$k_{AC}=\frac{(-m+3)-4}{m+1}$$

$$k_{BC}=\frac{(m-1)-4}{2-(-1)}$$

$$\frac{(-m+3)-4}{m+1}=3\cdot\frac{(m-1)-4}{2-(-1)}$$

整理得

$$-m-1=(m-5)(m+1)$$

即

$$(m+1)(m-4)=0$$

$$m=4 \text{ 或 } m=-1(\text{舍去})$$

所以 $m=4$。

例 4 若直线过点$(1,2)$,$(4,2+\sqrt{3})$,则此直线的倾斜角是( )。

A. 30° B. 45° C. 60° D. 90°

答案 A。

解 设直线的倾斜角为 α,直线斜率

$$k=\frac{2+\sqrt{3}-2}{4-1}=\frac{\sqrt{3}}{3}$$

所以 $\tan\alpha=\frac{\sqrt{3}}{3}$。

又因为 $0°\leqslant\alpha<180°$,所以 $\alpha=30°$。

四、习题训练

1(★★) 下列说法正确的是( )。

A. 每一条直线都唯一对应一个倾斜角

B. 与坐标轴垂直的直线的倾斜角为 90°

C. 与坐标轴平行的直线的倾斜角为 0° 或 180°

D. 若直线的倾斜角为 α,则 $\sin\alpha>0$

2. (★) 直线 l 经过第二、四象限,则直线 l 的倾斜角 α 的取值范围是( )。

A. $0° \leqslant \alpha < 90°$　　B. $90° \leqslant \alpha < 180°$

C. $90° < \alpha < 180°$　　D. $0° \leqslant \alpha < 180°$

3. (★★) 已知经过两点$(5,m)$和$(m,8)$的直线的斜率等于 1,则 m 的值是(　　)。

A. 5　　B. 8　　C. $\frac{13}{2}$　　D. 7

4. (★★) 若过点$(a,-2)$和$(4,a)$的直线斜率不存在,则 $a =$ ________。

5. (★★★) 已知实数 x,y 满足 $y=-2x+8$,且 $2 \leqslant x \leqslant 3$,求$\frac{y}{x}$的最大值和最小值。

6. (★★) 如果三点 $A(2,1)$,$B(-2,m)$,$C(6,8)$ 在同一条直线上,求 m 的值。

7.2　直线方程的五种形式

一、教学基本要求

1. 掌握直线方程的点斜式方程。

2. 会求直线在坐标轴上的截距。

3. 会根据直线的方程求出直线的斜率。

二、内容总结

1. 直线的点斜式方程。

(1) 定义:如图 7 - 3 所示,直线 l 过定点 $P(x_0,y_0)$,斜率为 k,则把方程 $y-y_0=k(x-x_0)$ 叫作直线 l 的点斜式方程,简称点斜式。

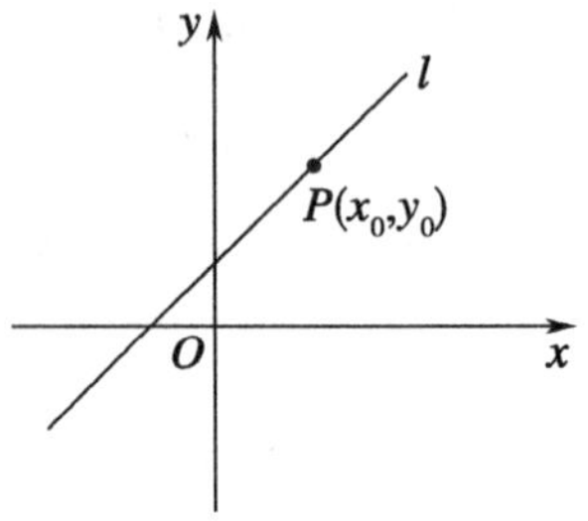

图 7-3

能用这种方式求直线方程的前提条件：

(1) 已知一点 $P(x_0, y_0)$ 和斜率 k。

(2) 斜率必须存在。

说明：如图 7-4 所示，过定点 $P(x_0, y_0)$，倾斜角是 90° 的直线没有点斜式，其方程为 $x - x_0 = 0$，即 $x = x_0$。

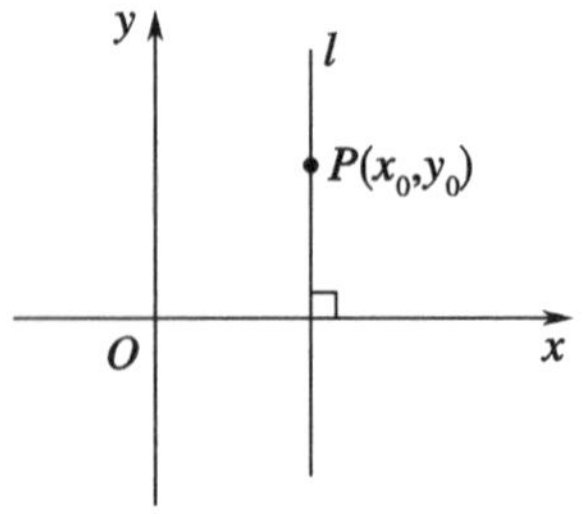

图 7-4

2. 直线的斜截式。

应用斜截式方程的前提是直线的斜率存在。

定义：如图 7-5 所示，直线 l 的斜率为 k，且与 y 轴的交点为 $(0, b)$，则方程 $y = kx + b$ 叫作直线 l 的斜截式方程，简称斜截式，b 称为直线在 y 轴上的截距。

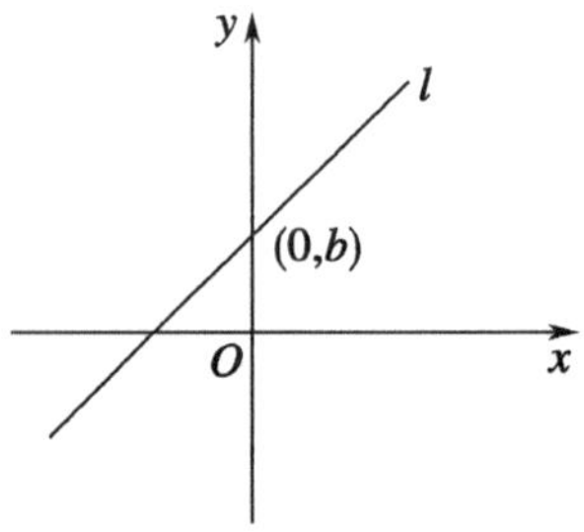

图 7-5

当 $b = 0$ 时，$y = kx$ 表示过原点的直线；当 $k = 0$ 时，$y = b$ 表示与 x 轴平行（或重合）的直线。

注意:(1) 一条直线与 y 轴的交点 $(0,b)$ 的纵坐标 b 叫作直线在 y 轴上的截距。倾斜角是直角的直线没有斜截式方程。

(2) 斜截式方程与一次函数的解析式相同,都是 $y = kx + b$ 的形式,但也有区别。当 $k \neq 0$ 时,$y = kx + b$ 即为一次函数;当 $k = 0$,$y = b$ 时不是一次函数。一次函数 $y = kx + b(k \neq 0)$ 必是一条直线的斜截式方程。

3. 直线的两点式方程。

定义:如图 7 - 6 所示,直线 l 经过点 $P_1(x_1,y_1)$,$P_2(x_2,y_2)$(其中 $x_1 \neq x_2$,$y_1 \neq y_2$),则方程 $\frac{y - y_1}{y_2 - y_1} = \frac{x - x_1}{x_2 - x_1}$ 叫作直线 l 的两点式方程,简称两点式。

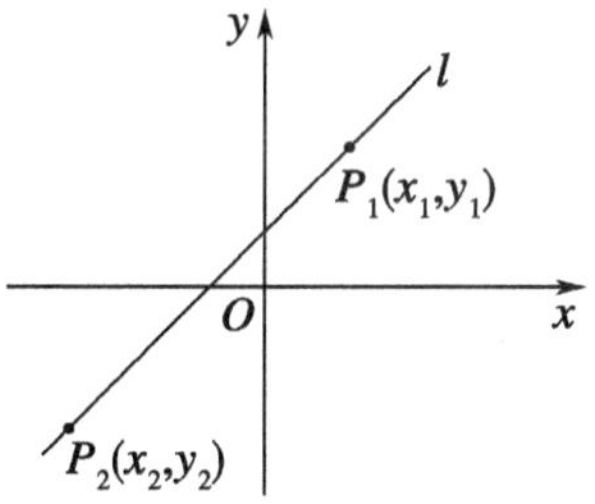

图 7 - 6

说明:(1) 与坐标轴垂直的直线没有两点式方程。

(2) 直线的两点式方程应用的前提条件是 $x_1 \neq x_2$,$y_1 \neq y_2$,即直线的斜率不存在及斜率为零时,没有两点式方程。

4. 直线的截距式方程。

定义:如图 7 - 7 所示,直线 l 与两坐标轴的交点分别是 $P_1(a,0)$,$P_2(0,b)$(其中 $a \neq 0$,$b \neq 0$),则方程 $\frac{x}{a} + \frac{y}{b} = 1$ 叫作直线 l 的截距式方程,简称截距式。

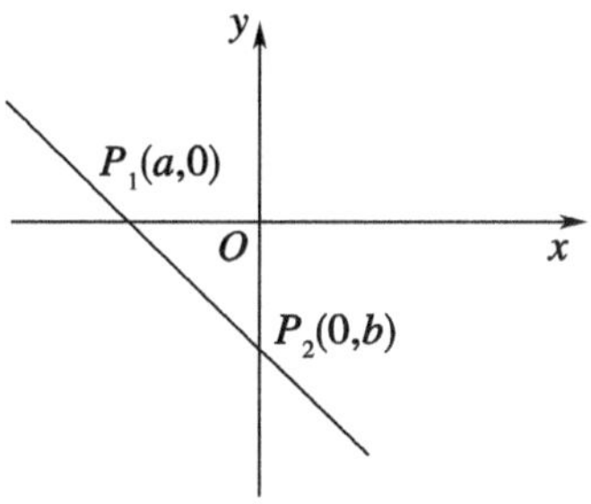

图 7 - 7

说明:(1) 一条直线与 x 轴的交点 $(a,0)$ 的横坐标 a 叫作直线在 x 轴上的截距。与坐标轴垂直和过原点的直线均没有截距式。

(2) 直线方程的截距式在结构上的特点：

直线方程的截距式为$\frac{x}{a}+\frac{y}{b}=1$，$x$项对应的分母是直线在$x$轴上的截距，$y$项对应的分母是直线在$y$轴上的截距，中间以“+”相连，等式的另一端是1，由方程可以直接读出直线在两轴上的截距，如：$\frac{x}{3}-\frac{y}{4}=1$。$\frac{x}{3}+\frac{y}{4}=-1$就不是直线的截距式方程。

5. 直线的一般式方程。

我们把关于x,y的二元一次方程$Ax+By+C=0$（其中，A,B不同时为0）叫作直线的一般式方程，简称一般式。

说明：直线的一般式方程能表示所有直线，这是其他形式的方程不具备的。直线的一般式方程成立的条件是A,B不同时为0。由于A,B不同时为0，因此，当$A\neq0$时，方程可化为$x+\frac{B}{A}y+\frac{C}{A}=0$；当$B\neq0$时，方程可化为$\frac{A}{B}x+y+\frac{C}{B}=0$，所以，只要两个独立条件，就可以确定$\frac{B}{A},\frac{C}{A}$或$\frac{A}{B},\frac{C}{B}$，从而得到直线方程。

三、典型例题

1. 直线的点斜式方程。

例1　已知直线l过点$A(2,-3)$。

(1) 若l与过点$(-4,4)$和$(-3,2)$的直线l'平行，求其方程。

(2) 若l与过点$(-4,4)$和$(-3,2)$的直线l'垂直，求其方程。

分析　首先由斜率公式求出直线l'的斜率，其次由直线平行与垂直的条件求出直线l的斜率，最后由点斜式写出直线方程。

解　(1) 由斜率公式得

$$k_{l'}=\frac{2-4}{(-3)-(-4)}=-2$$

因为l与l'平行，所以$k_l=-2$。

由直线的点斜式方程知$l:y+3=-2(x-2)$。所以直线方程为$2n+y-1=0$。

(2) 因为直线l'的斜率为$k_{l'}=-2$，l与其垂直，所以$k_l=\frac{1}{2}$。

由直线的点斜式方程知$l:y+3=\frac{1}{2}(x-2)$。所以直线方程为$x-2y-8=0$。

2. 直线的斜截式方程。

例2 已知直线 l_1 的方程为 $y=-2x+3$，l_2 的方程为 $y=4x-2$，直线 l 与 l_1 平行且与 l_2 在 y 轴上的截距相同，求直线 l 的方程。

解 由斜截式方程知直线 l_1 的斜率 $k_1=-2$。

又因为 $l \parallel l_1$，所以 l 的斜率 $k=k_1=-2$。

由题意知 l_2 在 y 轴上的截距为 -2，所以 l 在 y 轴上的截距 $b=-2$。

由斜截式可得直线 l 的方程为 $y=-2x-2$。

3. 直线的两点式方程。

例3 已知 $A(-3,2)$，$B(5,-4)$，$C(0,-2)$，在 $\triangle ABC$ 中，求：

(1) BC 边所在直线的方程。

(2) BC 边上的中线所在直线的方程。

解 (1) 因为 BC 边过两点 $B(5,-4)$，$C(0,-2)$，所以由两点式得

$$\frac{y-(-4)}{(-2)-(-4)}=\frac{x-5}{0-5}$$

即

$$2x+5y+10=0$$

故 BC 边所在直线的方程为 $2x+5y+10=0$。

(2) 设 BC 的中点为 $M(x_0,y_0)$，则

$$x_0=\frac{5+0}{2}=\frac{5}{2},y_0=\frac{(-4)+(-2)}{2}=-3$$

所以 M 的坐标为 $\left(\frac{5}{2},-3\right)$。

又 BC 边上的中线经过点 $A(-3,2)$。

由两点式得

$$\frac{y-2}{-3-2}=\frac{x-(-3)}{\frac{5}{2}-(-3)}$$

即 $10x+11y+8=0$。

因此，BC 边上的中线所在直线的方程为 $10x+11y+8=0$。

4. 直线的截距式方程。

例 4　直线 l 过点$(-3,4)$,且在两坐标轴上的截距之和为 12,求直线 l 的方程。

解　设直线 l 的方程为$\frac{x}{a}+\frac{y}{b}=1$,则

$$a+b=12 \tag{①}$$

又直线 l 过点$(-3,4)$,所以

$$\frac{-3}{a}+\frac{4}{b}=1 \tag{②}$$

由方程①②解得$\begin{cases}a=9\\b=3\end{cases}$或$\begin{cases}a=-4\\b=16\end{cases}$。

因此,所求的直线方程为$\frac{x}{9}+\frac{y}{3}=1$或$\frac{x}{-4}+\frac{y}{16}=1$,即

$$x+3y-9=0 \text{ 或 } 4x-y+16=0$$

例 5　如图 7－8 所示,直线 l 的截距式方程是$\frac{x}{a}+\frac{y}{b}=1$,则有(　　)。

A. $a>0,b>0$　　B. $a>0,b<0$　　C. $a<0,b>0$　　D. $a<0,b<0$

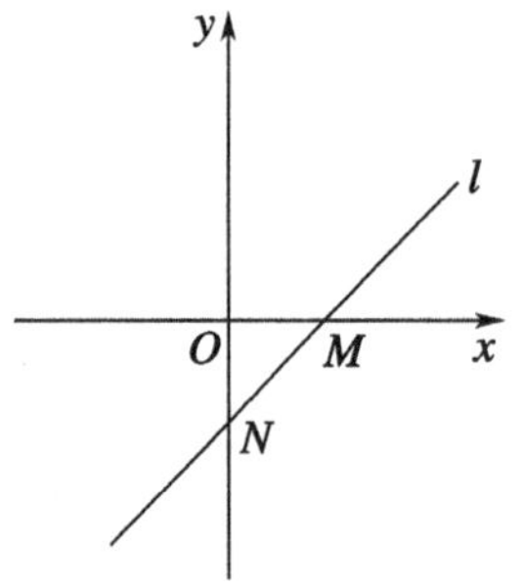

图 7－8

答案　B。

解　很明显 $M(a,0)$,$N(0,b)$,由图 7－8 知 M 在 x 轴正半轴上,N 在 y 轴负半轴上,则 $a>0,b<0$。

5. 直线的一般式方程。

例 6　已知直线与 x 轴,y 轴分别交于 A,B 两点且线段 AB 的中点为 $P(4,1)$,求直线 l 的方程。

解　设点$A(x,0)$，点$B(0,y)$，由AB的中点$P(4,1)$，可得点A为$(8,0)$，点B为$(0,2)$，由直线方程的两点式可得$\frac{y-0}{2-0}=\frac{x-8}{0-8}$，整理可得$x+4y-8=0$。也可利用截距式得$\frac{x}{8}+\frac{y}{2}=1$，即$x+4y-8=0$。

四、习题训练

1.（★）直线l的点斜式方程是$y-2=3(x+1)$，则直线l的斜率是（　　）。

A. 2　　　B. -1　　　C. 3　　　D. -3

2.（★★）写出下列直线的点斜式方程：

（1）经过点$A(2,5)$，斜率是4。

（2）经过点$B(2,3)$，倾斜角是45°。

（3）经过点$C(-1,-1)$，与x轴平行。

3.（★★）已知直线l的倾斜角为60°，在y轴上的截距为-2，则直线l的斜截式方程为________。

4.（★★）直线l的方程为$y-a=(a-1)(x+2)$，若直线l在y轴上的截距为6，则$u -$ ________。

5.（★）写出下列直线的斜截式方程。

（1）斜率是2，在y轴上的截距是-3。

（2）倾斜角是60°，在y轴上的截距是6。

（3）倾斜角是30°，在y轴上的截距是0。

6.（★★★）(1) 过点(1,2) 且与 $y=-\frac{3}{4}x-\frac{1}{4}$ 平行的直线方程为________。

(2) 过点(2,1) 且与 $y=-2x+10$ 垂直的直线方程为________。

7.（★★★）光线自点 $M(2,3)$ 射到 y 轴的点 $N(0,1)$ 后被 y 轴反射，其反射光线过点 $(2,-1)$，求反射光线所在的方程。

8.（★★）过点 $A(5,6)$ 和点 $B(-1,2)$ 的直线方程的两点式是(　　)。

A. $\frac{y-5}{x-6}=\frac{y+1}{x-2}$　　B. $\frac{y-6}{2-6}=\frac{x-5}{-1-5}$

C. $\frac{2-6}{y-6}=\frac{1-5}{x-5}$　　D. $\frac{x-6}{2-6}=\frac{y-5}{-1-5}$

9.（★）在 x,y 轴上的截距分别是 $-3,4$ 的直线方程是(　　)。

A. $\frac{x}{-3}+\frac{y}{4}=1$　　B. $\frac{x}{3}+\frac{y}{-4}=1$

C. $\frac{x}{-3}-\frac{y}{4}=1$　　D. $\frac{x}{4}+\frac{y}{-3}=1$

10.（★★）过点 $A(3,4)$，且在坐标轴上截距互为相反数的直线方程是________。

11.（★）过 $A(1,1)$，$B(0,-1)$ 两点的直线方程是(　　)。

A. $\frac{y+1}{1+1}=\frac{x}{1}$　　B. $\frac{y-1}{-1}=\frac{x-1}{-1}$

C. $\frac{y-1}{0-1}=\frac{x-1}{-1-1}$　　D. $y=x$

12.（★）在 x 轴，y 轴上的截距分别是 $2,-3$ 的直线方程为(　　)。

A. $\frac{x}{2}+\frac{y}{3}=1$　　B. $\frac{x}{2}-\frac{y}{3}=1$　　C. $\frac{y}{3}-\frac{x}{2}=1$　　D. $\frac{x}{2}+\frac{y}{3}=0$

13. (★★) 过点 $P(1,2)$ 且在两坐标轴上截距之和为 0 的直线方程为____________。

14. (★) 经过$(5,-3)$,$(-7,-3)$两点的直线的方程为________________。

15. (★) 直线 l 过点$(-1,2)$和点$(2,5)$,则直线 l 的方程为________________。

16. (★★) 求过定点 $P(2,3)$ 且在两坐标轴上截距相等的直线方程。

17. (★★★) 已知过点 $A(-2,m)$ 和 $B(m,4)$ 的直线与直线 $x+2y-1=0$ 平行,则 m 的值为(　　)。

A. 0　　B. -8　　C. 2　　D. 10

18. (★★) 已知点 $A(2,2)$ 和直线 $l:3x+4y-20=0$。求:

(1) 过点 A 和直线 l 平行的直线方程。

(2) 过点 A 和直线 l 垂直的直线方程。

7.3　直线的平行与垂直

一、教学基本要求

1. 会判断两条直线的位置关系:平行或垂直。

2. 会求与已知直线平行或垂直的直线方程。

二、内容总结

1. 平行。

定义:平面内两条直线没有公共点,则这两条直线平行。

对于两条不重合的直线 l_1,l_2,其斜率分别为 k_1,k_2,有 $l_1 \parallel l_2 \Leftrightarrow k_1 = k_2$。

注意:(1) 当直线 $l_1 \parallel$ 直线 l_2 时,可能它们的斜率都存在且相等,也可能斜率都不存在。

(2) 直线 l_1,l_2 的斜率分别为 k_1,k_2,当 $k_1 = k_2$ 时,$l_1 \parallel l_2$ 或 l_1 与 l_2 重合。

(3) 对于不重合的直线 l_1,l_2,其倾斜角分别为 α,β,有 $l_1 \parallel l_2 \Leftrightarrow \alpha = \beta$。

2. 垂直。

定义:平面内两条直线相交,而且它们的夹角是 $90°$,那么这两条直线垂直。

如果两条直线都有斜率,且它们互相垂直,那么它们的斜率之积等于 -1;如果它们的斜率之积等于 -1,那么它们互相垂直。

注意:当直线 $l_1 \perp$ 直线 l_2 时,可能它们的斜率都存在且乘积为定值 -1,也可能一条直线的斜率不存在,而另一条直线的斜率为0;较大的倾斜角总是等于较小倾斜角与直角的和。

三、典型例题

例1 判断下列各题中的直线 l_1,l_2 是否平行。

(1)l_1 经过点 $A(-1,-2)$,$B(2,1)$,l_2 经过点 $M(3,4)$,$N(-1,-1)$。

(2)l_1 经过点 $A(-3,2)$,$B(-3,10)$,l_2 经过点 $M(5,-2)$,$N(5,5)$。

(3)l_1 的倾斜角为 $60°$,l_2 经过点 $A(1,\sqrt{3})$,$B(-2,-2\sqrt{3})$。

解 (1) 直线 l_1 的斜率 $k_1 = \dfrac{1-(-2)}{2-(-1)} = 1$。

直线 l_2 的斜率 $k_2 = \dfrac{-1-4}{-1-3} = \dfrac{5}{4}$。

因为 $k_1 \neq k_2$,所以 l_1 与 l_2 不平行。

(2) 因为 l_1,l_2 都与 x 轴垂直,且 l_1,l_2 不重合,所以 $l_1 \parallel l_2$。

(3) 由题意可知直线 l_1 的斜率 $k_1 = \tan 60° = \sqrt{3}$。

直线 l_2 的斜率 $k_2 = \dfrac{-2\sqrt{3}-\sqrt{3}}{-2-1} = \sqrt{3}$。

因为 $k_1 = k_2$,所以 $l_1 \parallel l_2$ 或 l_1,l_2 重合。

例2 判断下列各题中的直线 l_1,l_2 是否垂直。

(1)l_1 经过点 $A(-1,-2)$,$B(1,2)$,l_2 经过点 $P(-2,-1)$,$Q(2,1)$。

(2)l_1 经过点 $A(3,4)$,$B(3,6)$,l_2 经过点 $P(-5,20)$,$Q(5,20)$。

(3)l_1 经过点 $A(2,-3)$,$B(-1,1)$,l_2 经过点 $C(0,-1)$,$D(4,2)$。

解 (1) 直线 l_1 的斜率 $k_1=\frac{2-(-2)}{1-(-1)}=2$，直线 l_2 的斜率 $k_2=\frac{1-(-1)}{2-(-2)}=\frac{1}{2}$，因为 $k_1\cdot k_2=1$，所以 l_1 与 l_2 不垂直。

(2) 直线 l_1 的斜率不存在，直线 l_2 的斜率 $k_2=\frac{20-20}{5-(-5)}=0$，所以 $l_1\perp l_2$。

(3) 直线 l_1 的斜率 $k_1=\frac{1+3}{-1-2}=-\frac{4}{3}$，直线 l_2 的斜率 $k_2=\frac{2-(-1)}{4-0}=\frac{3}{4}$，因为 $k_1\cdot k_2=-1$，所以 $l_1\perp l_2$。

四、习题训练

1. (★) 已知直线 $l_1 /\!/ l_2$，直线 l_2 的斜率 $k_2=3$，则直线 l_1 的斜率 k_1 等于(　　)。

A. 可能不存在　　B. 3　　C. $\frac{1}{3}$　　D. $-\frac{1}{3}$

2. (★★) 已知直线 l_1 的斜率 $k_1=2$，直线 l_2 的斜率 $k_2=-\frac{1}{2}$，则 l_1 与 l_2(　　)。

A. 平行　　B. 垂直　　C. 重合　　D. 非以上情况

3. (★★) 若 l_1 与 l_2 为两条直线，它们的倾斜角分别为 α_1,α_2，斜率分别为 k_1,k_2，有下列说法：

① 若 $l_1 /\!/ l_2$，则斜率 $k_1=k_2$；

② 若斜率 $k_1=k_2$，则 $l_1 /\!/ l_2$；

③ 若 $l_1 /\!/ l_2$，则倾斜角 $\alpha_1=\alpha_2$；

④ 若倾斜角 $\alpha_1=\alpha_2$，则 $l_1 /\!/ l_2$。

其中正确说法的个数是(　　)。

A. 1　　B. 2　　C. 3　　D. 4

4. (★★) 已知四点 $A(-4,2)$，$B(6,-4)$，$C(12,6)$，$D(2,12)$，则下面四个结论：①$AB /\!/ CD$；②$AB\perp CD$；③$AC /\!/ BD$；④$AC\perp BD$，其中正确结论的序号为(　　)。

A. ①③　　B. ①④　　C. ②③　　D. ②④

5. (★★★) 已知 $A(-4,3)$，$B(2,5)$，$C(6,3)$，$D(-3,0)$ 四点，若顺次联结 A,B,C,D 四点，试判定图形 $ABCD$ 的形状。

6.（★★★）已知直线 l_1 经过点 $A(3,a)$，$B(a-2,3)$，直线 l_2 经过点 $C(2,3)$，$D(-1,a-2)$，若 $l_1 \perp l_2$，求 a 的值。

7.（★★★）已知 $A(2,a+1)$，$B(4,2a)$，$C(a+1,1)$，$D(2a+1,2)$，问 a 为何值时，直线 AB 和直线 CD 的位置关系满足：

（1）平行；（2）垂直。

8.（★★）下列说法正确的有（　　）。

① 若两直线斜率相等，则两直线平行；② 若 $l_1 // l_2$，则 $k_1 = k_2$；③ 若两直线中有一条直线的斜率不存在，另一条直线的斜率存在，则两直线相交；④ 若两直线斜率都不存在，则两直线平行。

A. 1 个　　B. 2 个　　C. 3 个　　D. 4 个

9.（★）直线 l_1 的斜率为 $k_1=-3$，直线 l_2 的斜率为 $k_2=-3$，则 l_1 与 l_2（　　）。

A. 平行　　B. 垂直　　C. 重合　　D. 平行或重合

10.（★）已知 $A(-1,1)$，$B(3,3)$，直线 $l // AB$，则直线 l 的斜率为（　　）。

A. 2　　B. $\frac{1}{2}$　　C. -2　　D. $-\frac{1}{2}$

11.（★）已知直线 l_1 的斜率为 a，$l_2 \perp l_1$，则 l_2 的斜率为（　　）。

A. $\frac{1}{a}$　　B. $-\frac{1}{a}$　　C. a　　D. $-\frac{1}{a}$ 或不存在

7.4　直线的相交

一、教学基本要求

1. 会根据直线的方程求两条直线的交点坐标。

2. 会利用交点个数判断两条直线的位置关系。

二、内容总结

直线 $l_1: A_1x+B_1y+C_1=0$，直线 $l_2: A_2x+B_2y+C_2=0$，l_1 与 l_2 相交的条件为 $A_1B_2+A_2B_1=0$。

(1) 两条直线的交点坐标求法：将两条直线的方程联立组成方程组，此方程组的解就是这两条直线的交点坐标，因此解方程组即可。

(2) 两条直线的交点坐标应用：可以利用两条直线的交点个数判断两条直线的位置关系。

具体来说，就是将直线 $l_1: A_1x+B_1y+C_1=0$ 和直线 $l_2: A_2x+B_2y+C_2=0$ 的方程联立，得方程组

$$\begin{cases}A_1x+B_1y+C_1=0\\A_2x+B_2y+C_2=0\end{cases}$$

当方程组有唯一解时，l_1 和 l_2 相交，方程组的解就是交点坐标。

当方程组无解时，l_1 与 l_2 平行。

当方程组有无穷多解时，l_1 与 l_2 重合。

若两条直线的方程组成的方程组有解，则这两条直线不一定相交，还可能重合。

三、典型例题

例 1　直线 $x=1$ 与直线 $y=2$ 的交点坐标是(　　)。

A. (1,2)　　B. (2,1)　　C. (1,1)　　D. (2,2)

答案　A。

解　直线 $x=1$ 与直线 $y=2$ 是互相垂直的，交点坐标是(1,2)。

例 2　判断下列各组直线的位置关系；若相交，求出交点坐标。

(1) $l_1: 2x+y+3=0$，$l_2: x-2y-1=0$。

(2) $l_1: x+y+2=0$，$l_2: 2x+2y+3=0$。

(3) $l_1: x-y+1=0$，$l_2: 2x-2y+2=0$。

解　(1) 解方程组 $\begin{cases}2x+y+3=0\\x-2y-1=0\end{cases}$，得 $\begin{cases}x=-1\\y=-1\end{cases}$，所以直线 l_1 与 l_2 相交，交点坐标为 $(-1,-1)$。

(2) 解方程组

$$\begin{cases}x+y+2=0 & ①\\2x+2y+3=0 & ②\end{cases}$$

方程 ①×2－② 得 $1=0$，矛盾，方程组无解。所以直线 l_1 与 l_2 无公共点，即 $l_1 \parallel l_2$。

(3) 解方程组

$$\begin{cases} x - y + 1 = 0 & ③ \\ 2x - 2y + 2 = 0 & ④ \end{cases}$$

方程 ③ ×2 得 $2x - 2y + 2 = 0$,因此,方程 ③ 和 ④ 可以化为同一个方程,即方程 ③ 和 ④ 表示同一条直线。

所以两条直线重合。

四、习题训练

1. (★) 两条直线 $l_1: 2x - y - 1 = 0$ 与 $l_2: x + 3y - 11 = 0$ 的交点坐标为(　　)。

A. (3,2)　　　B. (2,3)　　　C. (−2, −3)　　　D. (−3, −2)

2. (★★) 直线 $l_1: A_1x + B_1y + C_1 = 0$,直线 $l_2: A_2x + B_2y + C_2 = 0$,当 l_1 与 l_2 平行时,方程组$\begin{cases} A_1x + B_1y + C_1 = 0 \\ A_2x + B_2y + C_2 = 0 \end{cases}$的解的个数是(　　)。

A. 0　　　B. 1　　　C. 2　　　D. 无数个

3. (★★★) 已知直线 l_1 的方程为 $Ax + 3y + C = 0$,直线 l_2 的方程为 $2x - 3y + 4 = 0$,若 l_1, l_2 的交点在 y 轴上,则 C 的值为(　　)。

A. 4　　　B. −4　　　C. ±4　　　D. 与 A 有关

4. (★★) 已知直线 $5x + 4y = 2a + 1$ 与直线 $2x + 3y = a$ 的交点位于第四象限,则 a 的取值范围是________。

5. (★★★) 求证:不论 m 为何实数,直线 $(m - 1)x + (2m - 1)y = m - 5$ 恒过一个定点。

6. (★★) 求过两条直线 $3x + 4y - 2 = 0$ 与 $2x + y + 2 = 0$ 的交点且垂直于直线 $6x - 7y - 3 = 0$ 的直线方程。

7. (★★) 若三条直线 $x+y+1=0$,$2x-y+8=0$ 和 $ax+3y-5=0$ 共有三个不同的交点,则实数 a 的取值范围为________。

8. (★) 下列直线中,与直线 $x+3y-4=0$ 相交的直线为(　　)。

A. $x+3y=1$　　　B. $y=-\frac{1}{3}x-12$

C. $\frac{x}{2}+\frac{y}{3}=1$　　　D. $y=-\frac{1}{3}x+4$

9. (★) 直线 l_1:$3x+4y-5=0$ 与 l_2:$3x+5y-6=0$ 相交,则交点是(　　)。

A. $\left(-1,\frac{1}{3}\right)$　　　B. $\left(\frac{1}{3},1\right)$

C. $\left(1,\frac{1}{3}\right)$　　　D. $\left(-1,-\frac{1}{3}\right)$

10. (★) 经过两点 $A(-2,5)$,$B(1,-4)$ 的直线 l 与 x 轴的交点的坐标是(　　)。

A. $\left(-\frac{1}{3},0\right)$　　B. $(-3,0)$　　C. $\left(\frac{1}{3},0\right)$　　D. $(3,0)$

11. (★★★) 不论 λ 取何值,直线 $(2+\lambda)x+(1-2\lambda)y+4-3\lambda=0$ 过定点________。

12. (★★) 求经过两条直线 $2x-3y-3=0$ 和 $x+y+2=0$ 的交点且与直线 $3x+y-1=0$ 平行的直线 l 的方程。

单元测试

一、单项选择题(20 题,每题 3 分,共 60 分)

1. 直线$\sqrt{3}x+y-1=0$的倾斜角为(　　)。

A. 30°　　B. 60°　　C. 120°　　D. 150°

2. 已知直线 l 过两点 $P(1,2)$,$Q(4,3)$,则直线 l 的斜率是(　　)。

A. -3　　B. $-\frac{1}{3}$　　C. $\frac{1}{3}$　　D. 3

3. 直线 $2x+3y-5=0$ 不经过(　　)。

A. 第一象限　　B. 第二象限　　C. 第三象限　　D. 第四象限

4. 已知直线 l 过两点 $P(2,\sqrt{3}+1)$,$Q(-1,2\sqrt{3}+1)$,则直线 l 的倾斜角是(　　)。

A. 30°　　B. 60°　　C. 120°　　D. 150°

5. 若三点 $A(3,1)$,$B(-2,b)$,$C(8,11)$ 在同一直线上,则实数 b 为(　　)。

A. 2　　B. 3　　C. 9　　D. -9

6. 直线 MN 的斜率为 2,其中点 $N(1,-1)$,点 M 在直线 $y=x+1$ 上,则(　　)。

A. $M(5,7)$　　B. $M(4,5)$　　C. $M(2,1)$　　D. $M(2,3)$

7. 已知直线 l 过点 $P(-2,5)$,且斜率为 $-\frac{3}{4}$,则直线 l 的方程为(　　)。

A. $3x+4y-14=0$　　B. $3x-4y+14=0$

C. $4x+3y-14=0$　　D. $4x-3y+14=0$

8. 倾斜角为 60°,在 y 轴上的截距为 -1 的直线方程为(　　)。

A. $\sqrt{3}x-y-1=0$　　B. $\sqrt{3}x-y+1=0$

C. $\sqrt{3}x-3y-1=0$　　D. $\sqrt{3}x+3y-1=0$

9. 已知两条直线 $l_1: mx+8y+n=0$,$l_2: 2x+my-1=0$,若 $l_1\perp l_2$ 且 l_1 在 y 轴上的截距为 -1,则 m,n 的值分别是(　　)。

A. 2,7　　B. 0,8　　C. -1,2　　D. 0,-8

10. 若直线 $l_1:(a-1)x+y-1=0$ 与直线 $l_2: 6x+ay+2=0$ 平行,则 a 的值为(　　)。

A. -2　　B. -2 或 3　　C. 3　　D. 不存在

11. 点 $A(1,2)$ 关于直线 $y=kx+b$ 对称的点是 $B(-1,6)$，则直线 $y=kx+b$ 在 x 轴上的截距为(　　)。

A. 4　　B. -4　　C. 8　　D. -8

12. 过点 $P(2,3)$ 且在两个坐标轴上的截距相等的直线方程为(　　)。

A. $2x-3y=0$　　B. $3x-2y=0$ 或 $x+y-5=0$

C. $x+y-5=0$　　D. $2x-3y=0$ 或 $x+y-5=0$

13. 已知直线 $l_1:2x+ay=2$ 与直线 $l_2:a^2x+2y=1$，并且两直线互相垂直，则 a 的值为(　　)。

A. 0 或 1　　B. 0　　C. -1　　D. 0 或 -1

14. 直线 $x=2$ 的倾斜角为(　　)。

A. $45°$　　B. $60°$　　C. $90°$　　D. $150°$

15. 与直线 $mx-m^2y-1=0$ 垂直于点 $P(2,1)$ 的直线的一般方程为(　　)。

A. $x+y-3=0$　　B. $x+y+3=0$

C. $x-y-3=0$　　D. $m^2x+my-1=0$

16. 若直线 $l_1:4x-3y-1=0$ 与直线 $l_2:kx-2y+2=0$ 平行，则 k 的值为(　　)。

A. 3　　B. 8　　C. $\frac{8}{3}$　　D. $\frac{3}{8}$

17. 若直线 $l_1:y=kx-\sqrt{3}$ 与直线 $l_2:x+y-3=0$ 相交，且交点在第一象限，则直线 l 的倾斜角 α 的取值范围是(　　)。

A. $0°<\alpha<60°$　　B. $30°<\alpha<60°$　　C. $30°<\alpha<90°$　　D. $60°<\alpha<90°$

18. 直线 $3x+4y-2=0$ 与直线 $6x+8y+1=0$ 的距离是(　　)。

A. $\frac{3}{5}$　　B. $\frac{1}{2}$　　C. $\frac{3}{10}$　　D. $\frac{1}{5}$

19. 若直线 l 过点 $P(4,1)$ 且在 y 轴上的截距是在 x 轴上的截距的 2 倍，则直线 l 的方程为(　　)。

A. $y=-2x+9$　　B. $y=\frac{1}{4}x$

C. $y=4x+2$　　D. $y=\frac{1}{4}x$ 或 $y=-2x+9$

20. 已知直线过 $A(1,2)$，若其倾斜角的正弦值为$\frac{5}{13}$，则直线方程是(　　)。

A. $5x-12y+19=0$ 或 $5x+12y-29=0$

B. $5x-12y+19=0$

C. $5x+12y-29=0$

D. $12x+5y-19=0$

二、填空题(10 题,每题 2 分,共 20 分)

1. 过点 $P(1,2)$,斜率为 -3 的直线一般方程为________。

2. 已知直线 $y=2x+b$ 过点 $P(3,5)$,则 $b=$ ________。

3. 直线$\frac{x}{2}-\frac{y}{3}=-1$ 在 x 轴上的截距为________。

4. 若直线 $ax+2y+3a=0$ 与直线 $3x+(a-1)y=a-7$ 平行,则 $a=$ ________。

5. 已知点 $A(2,3)$ 到直线 $ax+(a-1)y+3=0$ 的距离不小于 3,则实数 a 的取值范围是________。

6. 已知点 $A(-2,3)$,$B(4,-5)$,有一条过线段 AB 的中点的直线与直线 $2x+3y+3=0$ 平行,则该直线方程为________。

7. 点 $A(1,3)$ 到直线 $2x+y+1=0$ 的距离为________。

8. 直线 $5x+y-3=0$ 与直线 $3x-2y-7=0$ 的交点坐标是________。

9. 直线 l 与直线 $x-2y+6=0$ 的夹角为 $45°$,则直线 l 的斜率为________。

10 直线 $x+3y-4=0$ 在 x,y 轴上的截距分别为________。

三、计算题(2 题,每题 10 分,共 20 分。要求写出计算过程,给出计算结果)

1. 直线 l 过点 $P(4,1)$,$Q(-1,6)$,求直线 l 的方程。

2. 已知直线 l_1:$x+my+6=0$,l_2:$(m-2)x+3y+2m=0$,求 m 的值,使:

(1)l_1,l_2 相交。

(2)$l_1\perp l_2$。

(3)$l_1 /\!/ l_2$。

(4)l_1,l_2 重合。

第 8 章　圆锥曲线

8.1　圆的方程

一、教学基本要求

1. 掌握圆的标准方程和一般方程。

2. 会根据圆的标准方程或一般方程求出圆心坐标和半径,并能够画出圆的图像。

3. 会将圆的一般方程转化为标准方程。

二、内容总结

1. 圆的定义。

(1) 平面内到定点的距离等于定长的点的集合叫作圆,定点称为圆心,定长称为圆的半径。

(2) 确定圆的要素是圆心和半径,如图 8 - 1 所示。

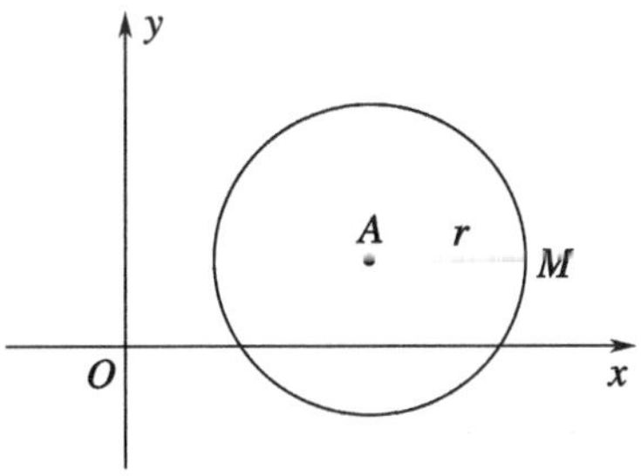

图 8 - 1

2. 圆的标准方程。

圆心为 $A(a,b)$,半径长为 r 的圆的标准方程是

$$(x-a)^2+(y-b)^2=r^2$$

当 $a=b=0$ 时,方程为 $x^2+y^2=r^2$,表示以原点为圆心、半径为 r 的圆。

3. 圆的一般方程。

(1) 当$D^2+E^2-4F>0$时,二元二次方程$x^2+y^2+Dx+Ey+F=0$叫作圆的一般方程。

(2) 圆的一般方程$x^2+y^2+Dx+Ey+F=0(D^2+E^2-4F>0)$表示的圆的圆心为$\left(-\frac{D}{2},-\frac{E}{2}\right)$,半径长为$\frac{1}{2}\sqrt{D^2+E^2-4F}$。

4. 点与圆的位置关系。

圆的标准方程为$(x-a)^2+(y-b)^2=r^2$,圆心为$A(a,b)$,半径为r. 设所给点为$M(x_0,y_0)$,则有表8-1。

表8-1

位置关系	判断方法	
	几何法	代数法
点在圆上	$\lvert MA\rvert=r\Leftrightarrow$点$M$在圆上	点$M(x_0,y_0)$在圆上$\Leftrightarrow$ $(x_0-a)^2+(y_0-b)^2=r^2$
点在圆内	$\lvert MA\rvert<r\Leftrightarrow$点$M$在圆内	点$M(x_0,y_0)$在圆内$\Leftrightarrow$ $(x_0-a)^2+(y_0-b)^2<r^2$
点在圆外	$\lvert MA\rvert>r\Leftrightarrow$点$M$在圆外	点$M(x_0,y_0)$在圆外$\Leftrightarrow$ $(x_0-a)^2+(y_0-b)^2>r^2$

5. 直线与圆的位置关系。

直线与圆有三种位置关系(表8-2)。

表8-2

位置关系	交点个数
相交	有两个公共点
相切	只有一个公共点
相离	没有公共点

直线$Ax+By+C=0$与圆$(x-a)^2+(y-b)^2=r^2$的位置关系的判断(表8-3)。

表 8 - 3

位置关系	相交	相切	相离
公共点个数	2 个	1 个	0 个
几何判断方法：设圆心到直线的距离 $d=\dfrac{\lvert Aa+Bb+C\rvert}{\sqrt{A^2+B^2}}$	$d<r$	$d=r$	$d>r$
代数判断方法：由 $\begin{cases}Ax+By+C=0\\(x-a)^2+(y-b)^2=r^2\end{cases}$ 消元得到一元二次方程的判别式 Δ	$\Delta>0$	$\Delta=0$	$\Delta<0$

三、典型例题

例 1　若圆的方程为 $x^2+y^2+4x-6y-12=0$，则该圆的圆心坐标和半径分别为(　　)。

A. $(2,-3)$,25　　　　B. $(2,-3)$,5

C. $(-2,3)$,5　　　　D. $(-2,3)$,25

答案　C。

解　将圆的一般方程化为标准方程为 $(x+2)^2+(y-3)^2=25$，故圆心坐标为 $(-2,3)$，半径长为 5。

例 2　求经过点 $C(-1,1)$ 和 $D(1,3)$ 且圆心在直线 $y=x$ 上的圆的一般方程。

解　设圆的方程为 $x^2+y^2+Dx+Ey+F=0$，则圆心为 $\left(-\dfrac{D}{2},-\dfrac{E}{2}\right)$，所以

$$\begin{cases}-\dfrac{D}{2}=-\dfrac{E}{2}\\2-D+E+F=0\\10+D+3E+F=0\end{cases}$$

解得
$$D=E=F=-2$$

因此，圆的一般方程为 $x^2+y^2-2x-2y-2=0$。

例 3　求过点 $A(1,-1)$，$B(-1,1)$ 且圆心在直线 $x+y-2=0$ 上的圆的标准方程。

分析 解答本题可以用待定系数法,列方程组求解,也可以利用圆的几何性质求出圆的圆心和半径后再写出方程。

解 设所求圆的标准方程为

$$(x-a)^2+(y-b)^2=r^2$$

由已知条件知

$$\begin{cases}(1-a)^2+(-1-b)^2=r^2\\(-1-a)^2+(1-b)^2=r^2\\a+b-2=0\end{cases}$$

解此方程组,得

$$\begin{cases}a=1\\b=1\\r=2\end{cases}$$

故所求圆的标准方程为$(x-1)^2+(y-1)^2=4$。

例 4 求过两点 $C(-1,1)$ 和 $D(1,3)$,圆心在 x 轴上的圆的标准方程。

解 直线 CD 的斜率

$$k_{CD}=\frac{3-1}{1+1}=1$$

线段 CD 的中点坐标为$(0,2)$,故线段 CD 的垂直平分线的方程为 $y-2=-x$,即 $y=-x+2$。令 $y=0$,得 $x=2$,即圆心为$(2,0)$。由两点间的距离公式,得

$$r=\sqrt{(2-1)^2+(0-3)^2}=\sqrt{10}$$

所以所求圆的标准方程为$(x-2)^2+y^2=10$。

例 5 若直线 $4x+3y-a=0$ 与圆 $x^2+y^2=100$ 有如下关系:① 相交;② 相切;③ 相离,试分别求实数 a 的取值范围。

解 圆 $x^2+y^2=100$ 的圆心为$(0,0)$,半径 $r=10$,则圆心到直线的距离

$$d=\frac{|a|}{\sqrt{3^2+4^2}}=\frac{|a|}{5}$$

① 当直线和圆相交时,$d<r$,即$\frac{|a|}{5}<10$,则 $-50<a<50$;

② 当直线和圆相切时,$d=r$,即$\frac{|a|}{5}=10$,则 $a=50$ 或 $a=-50$;

③ 当直线和圆相离时,$d>r$,即$\frac{|a|}{5}>10$,则 $a<-50$ 或 $a>50$。

例6　过点 $P(-2,0)$ 向圆 $x^2+y^2=1$ 引切线，求切线的方程。

解　如图8－2所示，设所求切线的斜率为 k，则切线方程为 $y=k(x+2)$。由于圆心到切线的距离等于圆的半径，所以

$$d=\frac{|2k|}{\sqrt{1+k^2}}=1$$

解得 $k=\pm\frac{\sqrt{3}}{3}$。

因此，所求切线的方程为 $y=\pm\frac{\sqrt{3}}{3}(x+2)$。

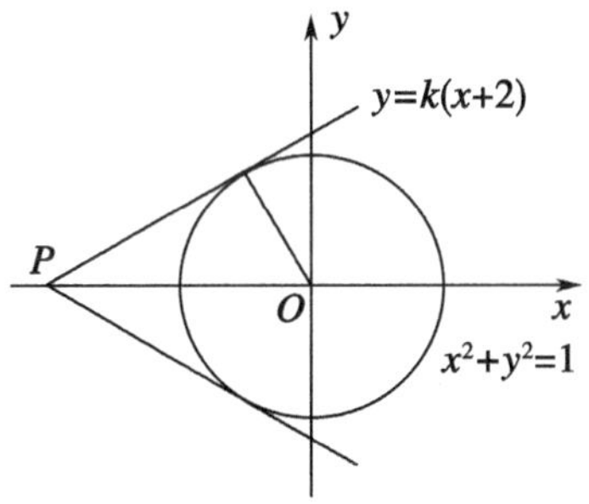

图8－2

四、习题训练

1.（★）求圆心在 x 轴上，半径为 $\sqrt{2}$，且过点 $(-2,1)$ 的圆的方程。

2.（★★）已知圆的圆心为 $(2,-3)$，一条直径的两个端点分别落在 x 轴，y 轴上，求此圆的方程。

3. (★★★) 若方程 $x^2+y^2+2mx-2y+m^2+5m=0$ 表示圆,求:

(1) 实数 m 的取值范围。

(2) 圆心坐标和半径。

4. (★★) 已知点 $A(1,2)$ 在圆 $C:(x-a)^2+(y+a)^2=2a^2$ 的内部,求实数 a 的取值范围。

5. (★★) 已知点 $A(2,1)$ 在圆$(x-a)^2+(y+a)^2=2a^2$ 上,求实数 a 的值。

6. (★★) 以原点为圆心,且过点$(3,-4)$ 的圆的标准方程是____________________,点$(2\sqrt{3},3)$ 在圆________(内、上、外)。

7. (★★★) 若直线 $x+y+m=0$ 与圆 $x^2+y^2=m$ 相切,则 m 的值为(　　)。

A. 0 或 2　　B. 0 或 4　　C. 2　　D. 4

8. (★★) 若直线$\frac{x}{a}+\frac{y}{b}=1$ 与圆 $x^2+y^2=1$ 有公共点,则(　　)。

A. $a^2+b^2\leqslant 1$　　B. $a^2+b^2\geqslant 1$　　C. $\frac{1}{a^2}+\frac{1}{b^2}\leqslant 1$　　D. $\frac{1}{a^2}+\frac{1}{b^2}\geqslant 1$

9. (★★★) 已知圆 $C:x^2+y^2=25$。

(1) 求过点 $P(3,4)$ 的圆的切线方程。

（2）求过点 $Q\left(-5,\frac{5}{2}\right)$的圆的切线方程。

10.（★★）将直线 $x+\sqrt{3}y=0$ 绕原点按顺时针方向旋转 30°，所得直线与圆 $x^2+y^2-4x+1=0$ 的位置关系为(　　)。

A. 直线与圆相切

B. 直线与圆相交但不过圆心

C. 直线与圆相离

D. 直线过圆心

11.（★）以点(2，-1）为圆心且与直线 $x+y=6$ 相切的圆的方程是＿＿＿＿＿＿＿＿。

12.（★）自点(2,3）作圆 $x^2+y^2-2y-4=0$ 的切线，则切线长为＿＿＿＿＿＿＿＿。

8.2　椭圆方程及性质

一、教学基本要求

1. 认识椭圆的标准方程。

2. 会根据椭圆的标准方程求出焦点坐标和离心率。

3. 会画椭圆的图像（标出顶点和焦点）。

二、内容总结

1. 椭圆定义。

平面内到两个定点 F_1，F_2 的距离之和等于常数（大于 $|F_1F_2|$）的点的轨迹叫作椭圆（图 8-3）。

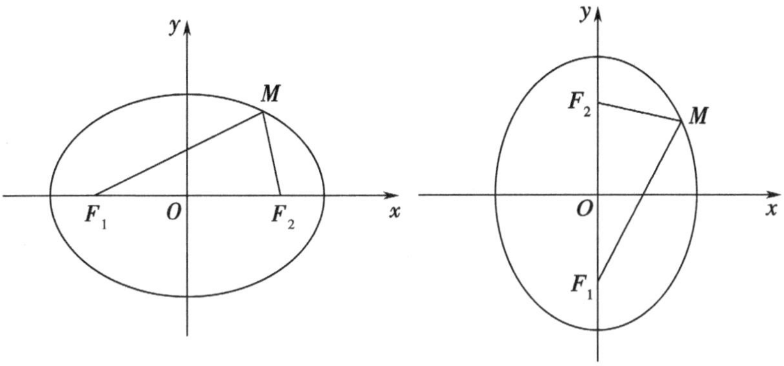

图 8-3

这两个定点叫作椭圆的焦点,两焦点间的距离叫作椭圆的焦距(一般用 $2c$ 表示)。

注意:椭圆定义中容易遗漏的四处:

(1) 必须在平面内。

(2) 两个定点 —— 由两点间距离确定。

(3) 定长 —— 由轨迹上任意点到两定点距离和确定。

(4) $|MF_1|+|MF_2|>|F_1F_2|$。

2. 椭圆的方程。

(1) 焦点在 x 轴上的椭圆的标准方程为

$$\frac{x^2}{a^2}+\frac{y^2}{b^2}=1,a>b>0$$

它表示:

① 椭圆的焦点在 x 轴上(图 8 - 4)。

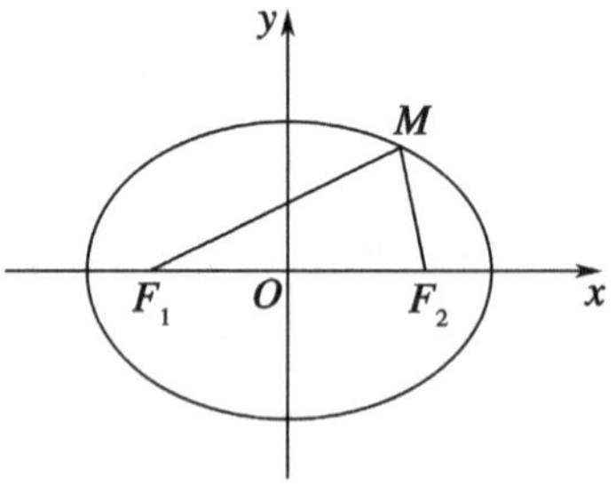

图 8 - 4

② 焦点坐标为 $F_1(-c,0),F_2(c,0)$。

③$a^2=c^2+b^2$。

(2) 焦点在 y 轴上的椭圆的标准方程为

$$\frac{y^2}{a^2}+\frac{x^2}{b^2}=1,a>b>0$$

它表示:

① 椭圆的焦点在 y 轴上(图 8 - 5)。

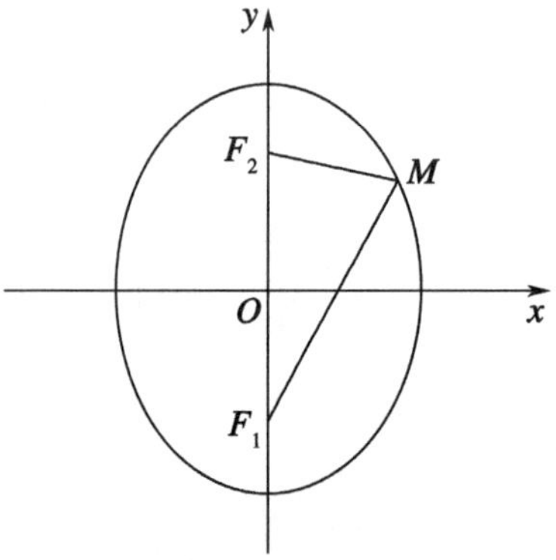

图 8 - 5

② 焦点是 $F_1(0,-c)$，$F_2(0,c)$。

③$a^2=c^2+b^2$。

总结如下(表 8－4)。

表 8－4

	定义	平面内到两个定点 F_1，F_2 的距离的和等于常数(大于 F_1F_2)的点的轨迹	
不同点	图形	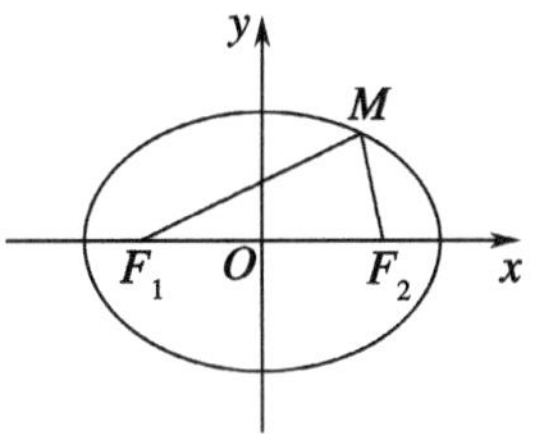	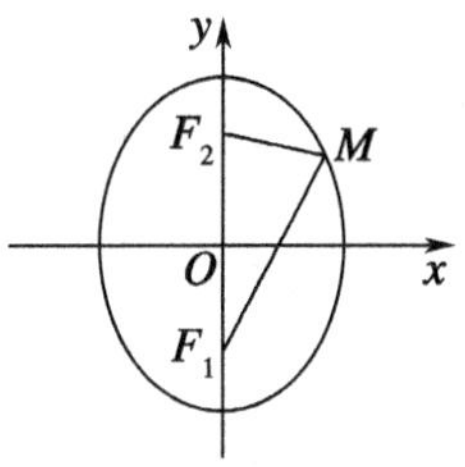
	标准方程	$\frac{x^2}{a^2}+\frac{y^2}{b^2}=1(a>b>0)$	$\frac{y^2}{a^2}+\frac{x^2}{b^2}=1(a>b>0)$
	焦点坐标	$F_1(-c,0)$，$F_2(c,0)$	$F_1(0,-c)$，$F_2(0,c)$
相同点	a,b,c 的关系	$a^2=c^2+b^2$	
	焦点位置的判断	哪个分母大，焦点就在哪个轴上	

(3) 求椭圆标准方程的解题步骤：

① 一定焦点位置。

② 二设椭圆方程。

③ 三求 a,b 的值(待定系数法)。

④ 写出椭圆的标准方程。

3. 椭圆的几何性质。

以焦点在 x 轴上的椭圆为例。

(1) 椭圆的范围(图 8－6)。

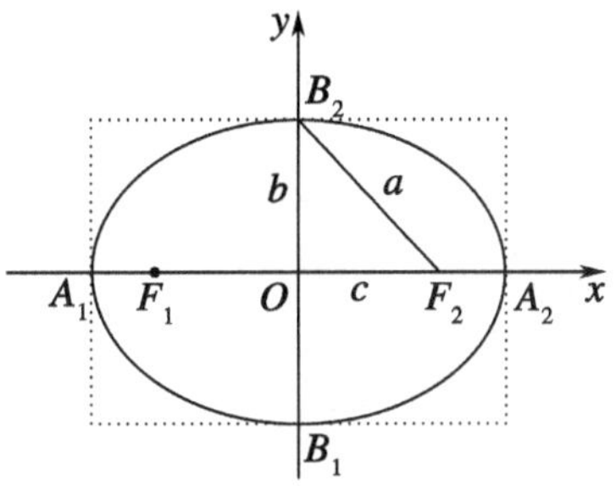

图 8－6

由$\frac{x^2}{a^2}+\frac{y^2}{b^2}=1\Rightarrow\frac{x^2}{a^2}\leqslant 1$和$\frac{y^2}{b^2}\leqslant 1$,即

$$-a\leqslant x\leqslant a,\ -b\leqslant y\leqslant b$$

说明:椭圆落在$x=\pm a, y=\pm b$围成的矩形中。

(2) 椭圆的对称性(图 8-7,8-8,8-9)。

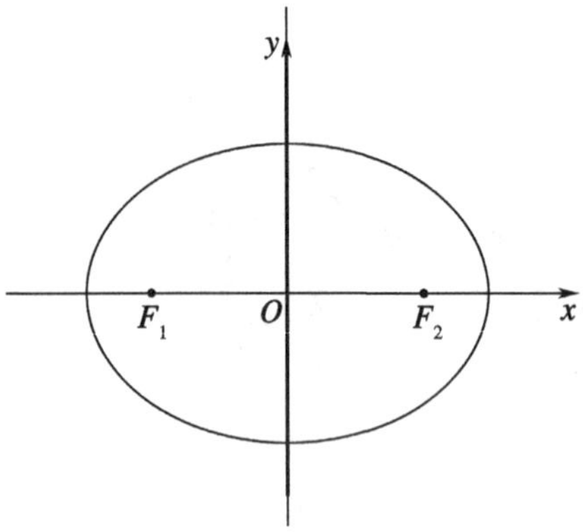

椭圆关于y轴对称

图 8-7

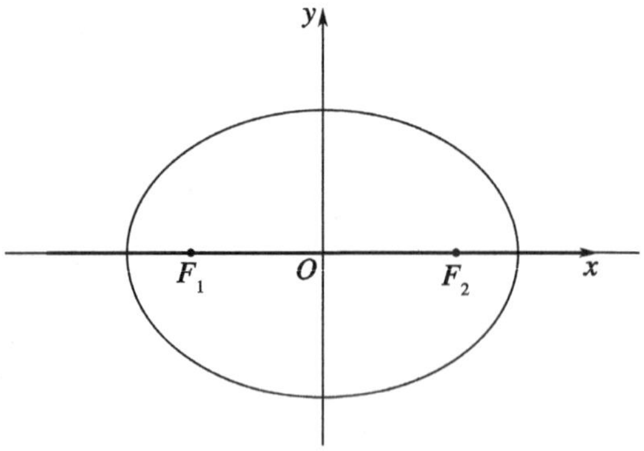

椭圆关于x轴对称

图 8-8

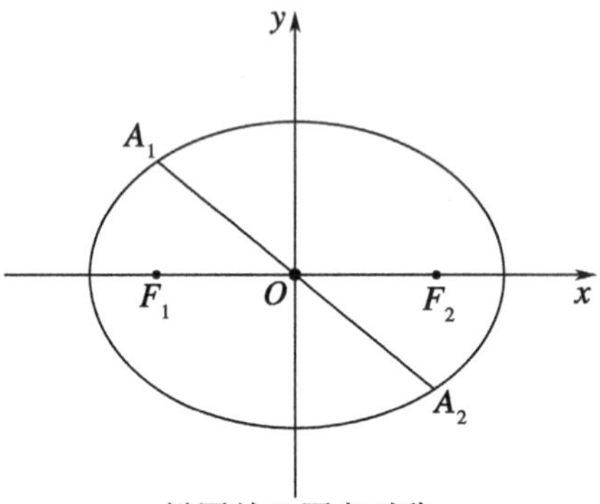

椭圆关于原点对称

图 8-9

(3) 椭圆的顶点与长短。

椭圆与它的对称轴的四个交点 —— 椭圆的顶点(图 8-10)。

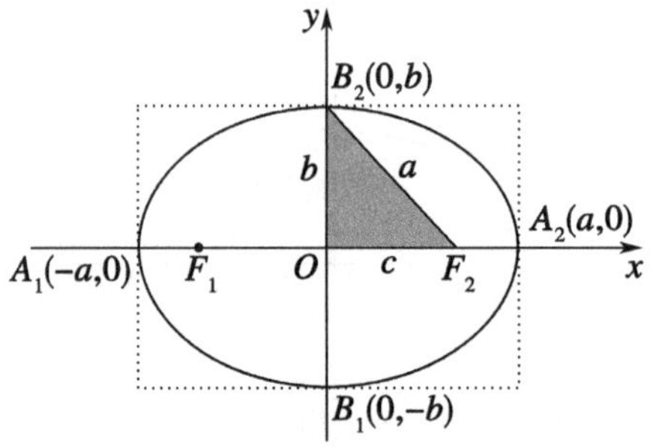

图 8-10

线段 A_1A_2，B_1B_2 分别叫作椭圆的长轴和短轴。

长轴：线段 A_1A_2，长轴长 $|A_1A_2| = 2a$。

短轴：线段 B_1B_2，短轴长 $|B_1B_2| = 2b$。

焦距 $|F_1F_2| = 2c$。

(4) 椭圆的离心率。

椭圆的焦距与长轴长的比 $\frac{c}{a}$，叫作椭圆的离心率，用 e 表示，即 $e = \frac{c}{a}$。

椭圆的几何性质如表 8－5。

表 8－5

图形	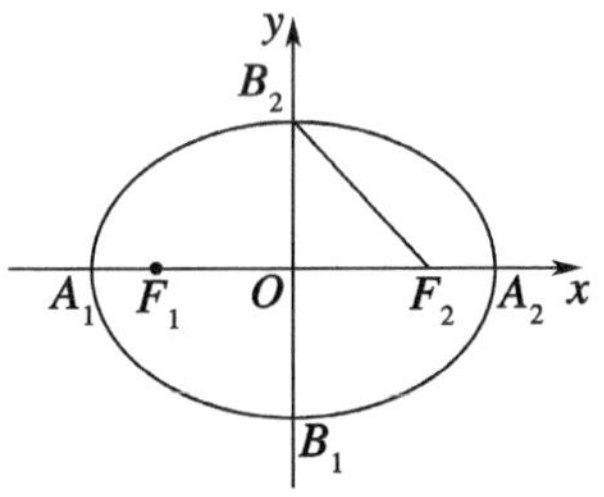	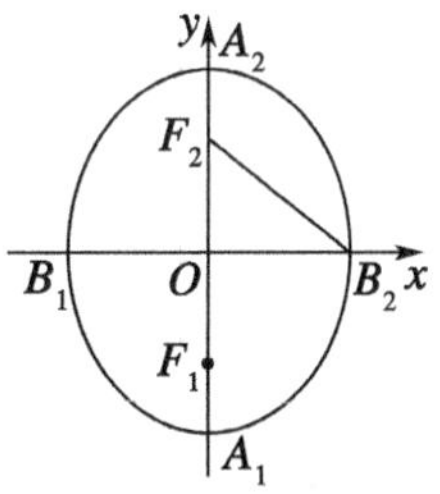
方程	$\frac{x^2}{a^2} + \frac{y^2}{b^2} = 1(a > b > 0)$	$\frac{y^2}{a^2} + \frac{x^2}{b^2} = 1(a > b > 0)$
范围	$\|x\| \leqslant a$，$\|y\| \leqslant b$	$\|x\| \leqslant b$，$\|y\| \leqslant a$
对称性	关于 x 轴，y 轴，原点对称	
焦点	$(c,0)$，$(-c,0)$	$(0,c)$，$(0,-c)$
顶点	$(\pm a,0)$，$(0,\pm b)$	$(\pm b,0)$，$(0,\pm a)$
离心率	$e = \frac{c}{a}(0 < e < 1)$	

三、典型例题

例 1　设 P 是椭圆 $\frac{x^2}{25} + \frac{y^2}{16} = 1$ 上的点，若 F_1，F_2 是椭圆的两个焦点，则 $|PF_1| + |PF_2| =$ ________。

解　由椭圆的第一定义知 $|PF_1| + |PF_2| = 2a = 10$。

例 2　如图 8－11，椭圆的两个焦点的坐标分别是 $(-4,0)$，$(4,0)$，椭圆上一点 M 到两焦点距离之和等于 10，求椭圆的标准方程。

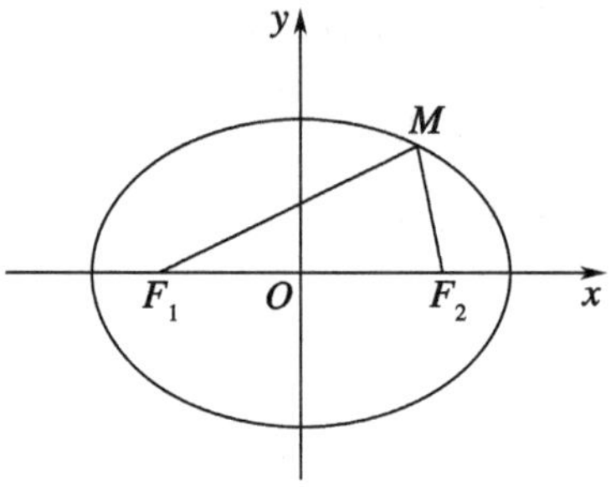

图 8 - 11

解　因为椭圆的焦点在 x 轴上，所以设它的标准方程为

$$\frac{x^2}{a^2}+\frac{y^2}{b^2}=1, a>b>0$$

因为 $2a=10, 2c=8$，所以

$$a=5, c=4$$

$$b^2=a^2-c^2=5^2-4^2=9$$

因此，所求椭圆的标准方程为

$$\frac{x^2}{25}+\frac{y^2}{9}=1$$

例 3　已知椭圆的中心在坐标原点，焦点在 x 轴上，且长轴长为 12，离心率为 $\frac{1}{3}$，则椭圆方程为(　　)。

A. $\frac{x^2}{144}+\frac{y^2}{128}=1$　　　　B. $\frac{x^2}{36}+\frac{y^2}{20}=1$

C. $\frac{x^2}{32}+\frac{y^2}{36}=1$　　　　D. $\frac{x^2}{36}+\frac{y^2}{32}=1$

答案　D。

解　由已知，设椭圆方程为 $\frac{x^2}{a^2}+\frac{y^2}{b^2}=1, a>b>0$，则 $2a=12, e=\sqrt{1-\frac{b^2}{a^2}}=\frac{1}{3}$，所以 $a=6, b=4\sqrt{2}$，因此椭圆的方程为 $\frac{x^2}{36}+\frac{y^2}{32}=1$。

例 4　求椭圆 $16x^2+25y^2=400$ 的长轴和短轴的长、离心率、焦点和顶点的坐标。

解　把已知方程化成标准方程 $\frac{x^2}{5^2}+\frac{y^2}{4^2}=1$，于是

$$a=5, b=4, c=\sqrt{25-16}=3$$

椭圆的长轴长和短轴长分别为 $2a=10, 2b=8$。

离心率为 $e=\frac{c}{a}=\frac{3}{5}$。

两个焦点的坐标分别为 $F_1(-3,0), F_2(3,0)$。

四个顶点的坐标分别为 $A_1(-5,0)$，$A_2(5,0)$，$B_1(0,-4)$，$B_2(0,4)$。

四、习题训练

1.（★★）已知椭圆 $C:\frac{x^2}{a^2}+\frac{y^2}{b^2}=1(a>b>0)$ 的左、右焦点为 F_1,F_2，离心率为$\frac{\sqrt{3}}{3}$，过 F_2 的直线 l 交 C 于 A,B 两点，若 $\triangle AF_1B$ 的周长为 $4\sqrt{3}$，则 C 的方程为（　　）。

A. $\frac{x^2}{3}+\frac{y^2}{2}=1$　　　　B. $\frac{x^2}{3}+y^2=1$

B. $\frac{x^2}{12}+\frac{y^2}{8}=1$　　　　D. $\frac{x^2}{12}+\frac{y^2}{4}=1$

2.（★）椭圆 C 的两个焦点分别为 F_1,F_2，若 C 上的点 P 满足 $|PF_1|=\frac{3}{2}|F_1F_2|$，则椭圆的离心率 e 的取值范围是（　　）。

A. $e\geqslant\frac{1}{4}$　　　　B. $e\leqslant\frac{1}{2}$

C. $\frac{1}{4}\leqslant e\leqslant\frac{1}{2}$　　　　D. $0<e\leqslant\frac{1}{4}$ 或 $\frac{1}{2}\leqslant e<1$

3.（★★★）椭圆$\frac{x^2}{25}+\frac{y^2}{9}=1$ 的焦点为 F_1,F_2，点 P 为椭圆上的一点，已知 $PF_1\perp PF_2$，则 $\triangle F_1PF_2$ 的面积为（　　）。

A. 9　　B. 12　　C. 10　　D. 8

4.（★★）离心率为$\frac{\sqrt{3}}{2}$，且过点 $(2,0)$ 的椭圆的标准方程是（　　）。

A. $\frac{x^2}{4}+y^2=1$

B. $\frac{x^2}{4}+y^2=1$ 或 $x^2+\frac{y^2}{4}=1$

C. $x^2+\frac{y^2}{\frac{1}{4}}=1$

D. $\frac{x^2}{4}+y^2=1$ 或 $\frac{x^2}{4}+\frac{y^2}{16}=1$

5.（★★）已知椭圆的长轴是 8，离心率是$\frac{3}{4}$，此椭圆的标准方程为（　　）。

A. $\frac{x^2}{16}+\frac{y^2}{9}=1$

B. $\frac{x^2}{16}+\frac{y^2}{7}=1$ 或 $\frac{x^2}{7}+\frac{y^2}{16}=1$

C. $\frac{x^2}{16}+\frac{y^2}{25}=1$

D. $\frac{x^2}{16}+\frac{y^2}{25}=1$ 或 $\frac{x^2}{25}+\frac{y^2}{16}=1$

6.（★★★）已知椭圆 $\frac{x^2}{25}+\frac{y^2}{m^2}=1(m>0)$ 的左焦点为 $F_1(-4,0)$，则 $m=$ ________。

7.（★★）已知椭圆 $C:\frac{x^2}{9}+\frac{y^2}{5}=1$，点 $A(1,1)$，判断点 A 与椭圆的位置关系。

8.（★★★）若方程 $\frac{x^2}{7-k}+\frac{y^2}{k-5}=1$ 表示椭圆，求实数 k 的取值范围。

9.（★★）求经过点 $P(3,0)$，$Q(0,2)$ 的椭圆的标准方程。

10.（★★）已知椭圆 $\frac{x^2}{25}+\frac{y^2}{16}=1$，过椭圆的右焦点 F 且垂直于 x 轴的直线与椭圆交于 A，B 两点，求 $|AB|$。

8.3 双曲线方程及性质

一、教学基本要求

1. 认识双曲线的标准方程。

2. 会根据双曲线的标准方程求出焦点坐标和离心率。

3. 会画双曲线的图像(标出顶点和焦点)。

二、内容总结

1. 定义:平面内到两个定点 F_1,F_2 的距离的差的绝对值等于常数(小于 $|F_1F_2|$)的点的轨迹叫作双曲线(图 8 - 12)。

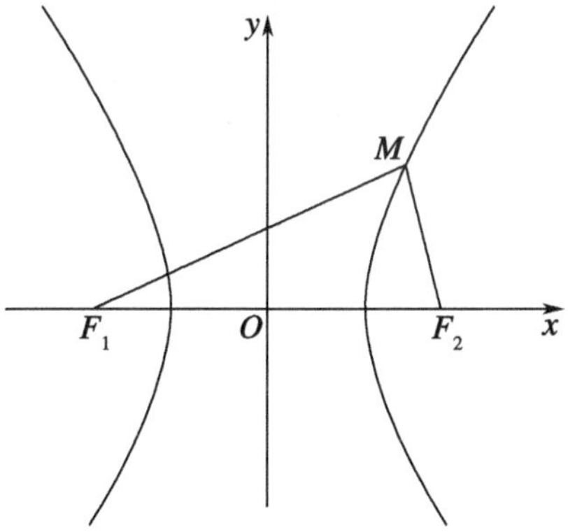

图 8 - 12

根据双曲线的定义,由图 8 - 12 可知 $||MF_1|-|MF_2||=2a$。

① 两个定点 F_1,F_2—— 双曲线的焦点;

② $|F_1F_2|=2c$—— 焦距。

2. 双曲线的标准方程(图 8 - 13,8 - 14)。

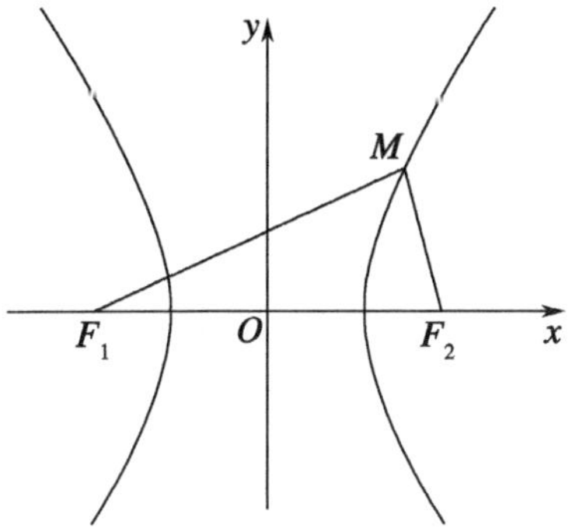

焦点在 x 轴上:$\frac{x^2}{a^2}-\frac{y^2}{b^2}=1$

$(a>0,b>0)$

图 8 - 13

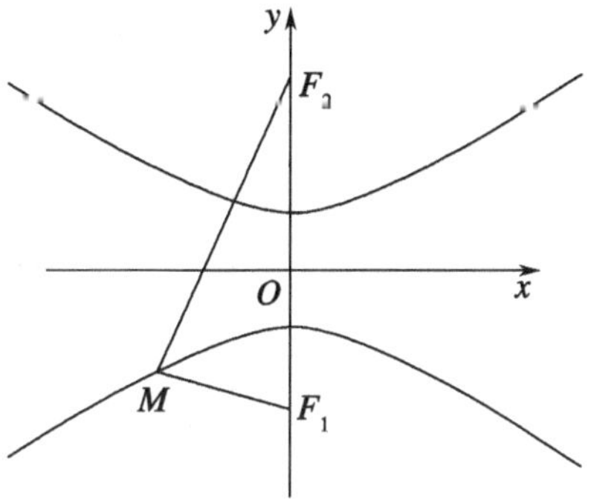

焦点在 y 轴上:$\frac{y^2}{a^2}-\frac{x^2}{b^2}=1$

$(a>0,b>0)$

图 8 - 14

3. 双曲线的几何性质。

(1) 焦点在 x 轴上的双曲线的几何性质(图 8－15)。

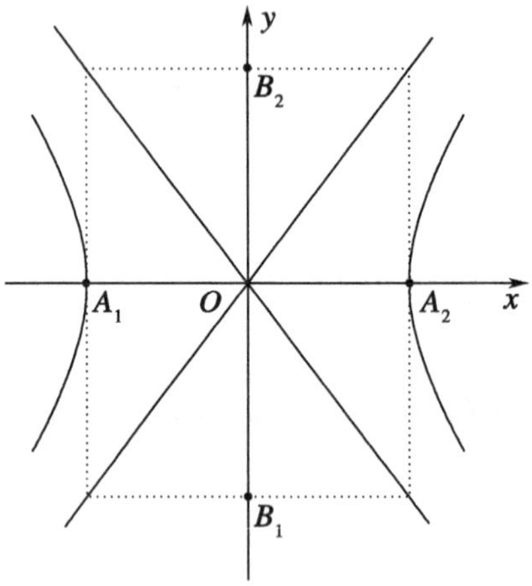

图 8－15

双曲线标准方程:$\frac{x^2}{a^2}-\frac{y^2}{b^2}=1(a>0,b>0)$。

① 范围:$x \geqslant a$ 或 $x \leqslant -a$。

② 对称性:关于 x 轴,y 轴,原点对称。

③ 顶点:$A_1(-a,0)$,$A_2(a,0)$。

④ 轴:实轴 A_1A_2,虚轴 B_1B_2。

⑤ 渐近线方程:$y=\pm\frac{b}{a}x$。

⑥ 离心率:$e=\frac{c}{a}$,$e>1$。

(2) 焦点在 y 轴上的双曲线的几何性质(图 8－16)。

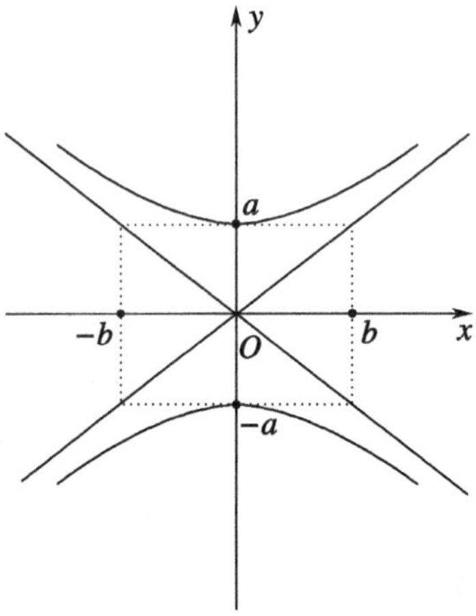

图 8－16

双曲线标准方程:$\frac{y^2}{a^2}-\frac{x^2}{b^2}=1(a>0,b>0)$。

① 范围：$y \geqslant a, y \leqslant -a$。

② 对称性：关于 x 轴，y 轴，原点对称。

③ 顶点：$A_1(0, -a), A_2(0, a)$。

④ 渐近线方程：$y = \pm \frac{a}{b}x$。

⑤ 离心率：$e = \frac{c}{a}, e > 1$。

总结如表 8 - 6。

表 8 - 6

双曲线	性质					
	图像	范围	对称性	顶点	渐近线	离心率
$\frac{x^2}{a^2} - \frac{y^2}{b^2} = 1$ $(a > 0, b > 0)$	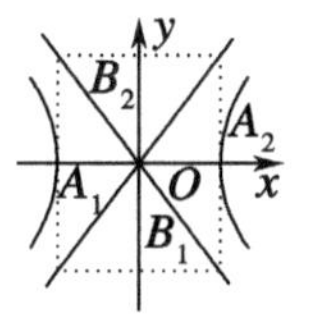	$x \geqslant a$ 或 $x \leqslant -a$	关于坐标轴和原点都对称	$(\pm a, 0)$	$y = \pm \frac{b}{a}x$	$e = \frac{c}{a}$ $c^2 = a^2 + b^2$
$\frac{y^2}{a^2} - \frac{x^2}{b^2} = 1$ $(a > 0, b > 0)$	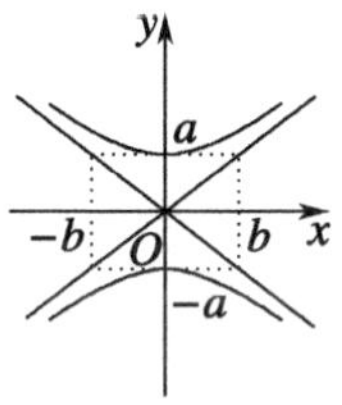	$y \geqslant a$ 或 $y \leqslant -a$		$(0, \pm a)$	$y = \pm \frac{a}{b}x$	

三、典型例题

例 1　已知两定点 $F_1(-5,0), F_2(5,0)$，动点 P 满足 $||PF_1| - |PF_2|| = 6$，求动点 P 的轨迹方程。

解　因为

$$|F_1F_2| = 10 > 6, ||PF_1| - |PF_2|| = 6$$

所以由双曲线的定义可知，点 P 的轨迹是双曲线。

因为焦点为 $F_1(-5,0), F_2(5,0)$，所以可设所求方程为

$$\frac{x^2}{a^2} - \frac{y^2}{b^2} = 1, a > 0, b > 0$$

因为 $2a = 6, 2c = 10$，所以 $a = 3, c = 5$，根据 $c^2 = a^2 + b^2$，可得 $b = 4$。

因此，动点 P 的轨迹方程为 $\frac{x^2}{9} - \frac{y^2}{16} = 1$。

例 2 已知两定点 $F_1(-5,0)$，$F_2(5,0)$，动点 P 满足 $|PF_1|-|PF_2|=2a$，则当 $a=3$ 和 5 时，点 P 的轨迹为(　　)。

A. 双曲线和一条直线　　B. 双曲线和一条射线

C. 双曲线的一支和一条射线　　D. 双曲线的一支和一条直线

答案 C。

解 由已知 $|F_1F_2|=10$。

① 当 $a=3$ 时，$|PF_1|-|PF_2|=2a=6<10$。

所以此时点 P 的轨迹是以 F_1，F_2 为焦点的双曲线。

② 当 $a=5$ 时，$|PF_1|-|PF_2|=2a=10=|F_1F_2|$。

所以此时点 P 的轨迹是以 F_2 为端点(除去 F_2)向右的一条射线。

例 3 若双曲线 $\frac{x^2}{8}-\frac{y^2}{m}=1$ 的渐近线方程为 $y=\pm 2x$，则实数 m 等于(　　)。

A. 4　　B. 8　　C. 16　　D. 32

答案 D。

解 由题意，得双曲线焦点在 x 轴上，且 $a^2=8$，$b^2=m$，所以 $a=2\sqrt{2}$，$b=\sqrt{m}$。又渐近线方程为 $y=\pm 2x$，所以 $\frac{m}{8}=4$。因此，$m=32$。

四、习题训练

1. (★) 已知双曲线 $\frac{x^2}{a^2}-\frac{y^2}{5}=1$ 的右焦点为 $(3,0)$，则该双曲线的离心率等于(　　)。

A. $\frac{3\sqrt{14}}{14}$　　B. $\frac{3\sqrt{2}}{4}$　　C. $\frac{3}{2}$　　D. $\frac{4}{3}$

2. (★★) 设双曲线 $\frac{x^2}{a^2}-\frac{y^2}{9}=1(a>0)$ 的渐近线方程为 $3x\pm 2y=0$，则 a 的值为(　　)。

A. 4　　B. 3　　C. 2　　D. 1

3. (★) 双曲线 $2x^2-y^2=8$ 的实轴长是(　　)。

A. 2　　B. $2\sqrt{2}$　　C. 4　　D. $4\sqrt{2}$

4. (★) 双曲线 $\frac{x^2}{3}-y^2=1$ 的焦点坐标是________。

5. (★★★) 已知 $\frac{x^2}{1-k}-\frac{y^2}{|k|-3}=-1$，当 k 为何值时：

(1) 方程表示双曲线？

(2) 方程表示焦点在 x 轴上的双曲线？

(3) 方程表示焦点在 y 轴上的双曲线？

6.（★★）若方程$\frac{x^2}{2-m}+\frac{y^2}{|m|-3}=1$表示双曲线，求实数 m 的取值范围。

7.（★★）在平面直角坐标系 xOy 中，求双曲线$\frac{x^2}{7}-\frac{y^2}{3}=1$的焦距。

8.（★★）设 m 为常数，若点 $F(0,5)$ 是双曲线$\frac{y^2}{m}-\frac{x^2}{9}=1$的一个焦点，求 m 的值。

9.（★）若双曲线$\frac{x^2}{a^2}-\frac{y^2}{4}=1(a>0)$的离心率为$\frac{\sqrt{5}}{2}$，求 a 的值。

10.（★★）已知双曲线的实轴和虚轴等长，且双曲线过点$(5,3)$，求该双曲线方程。

8.4 抛物线方程及性质

一、教学基本要求

1. 认识抛物线的标准方程。

2. 会根据抛物线的标准方程求出焦点坐标和准线方程。

3. 会画抛物线的图像(标出焦点和准线)。

二、内容总结

1. 定义:在平面内,与一个定点 F 和一条定直线 l(l 不经过点 F) 的距离相等的点的轨迹叫作抛物线(图 8 - 17)。

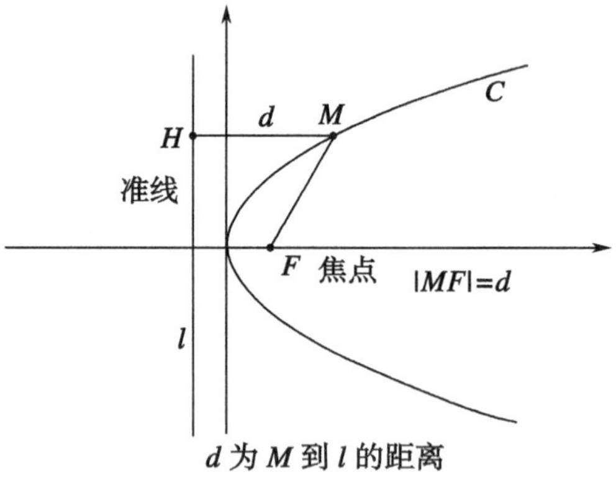

图 8 - 17

点 F 叫作抛物线的焦点,直线 l 叫作抛物线的准线。即,若 $|MF| = d$,则点 M 的轨迹是抛物线。

2. 抛物线的标准方程。

抛物线共有四种标准方程,其方程形式、焦点及准线可见表 8 - 7。

表 8－7

	图像	标准方程	焦点坐标	准线方程
(1)	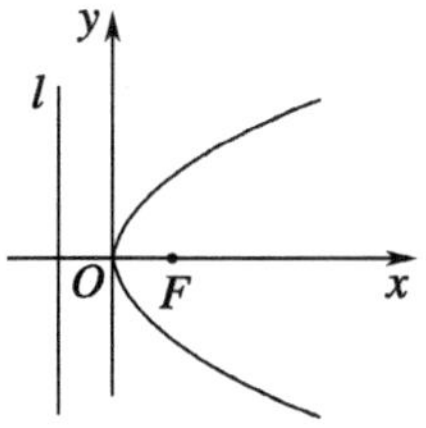	$y^2=2px$ $(p>0)$	$\left(\frac{p}{2},0\right)$	$x=-\frac{p}{2}$
(2)	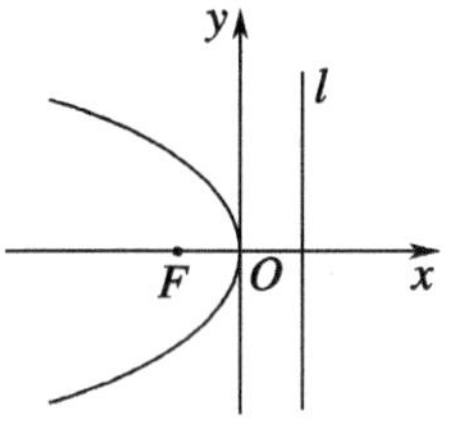	$y^2=-2px$ $(p>0)$	$\left(-\frac{p}{2},0\right)$	$x=\frac{p}{2}$
(3)	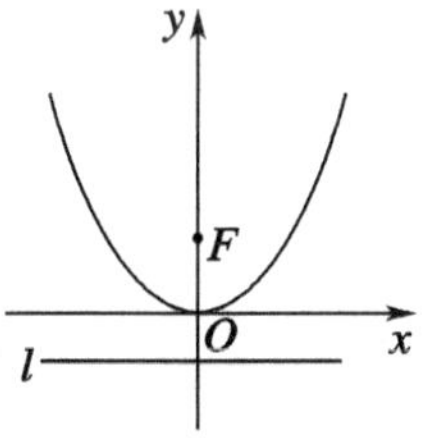	$x^2=2py$ $(p>0)$	$\left(0,\frac{p}{2}\right)$	$y=-\frac{p}{2}$
(4)	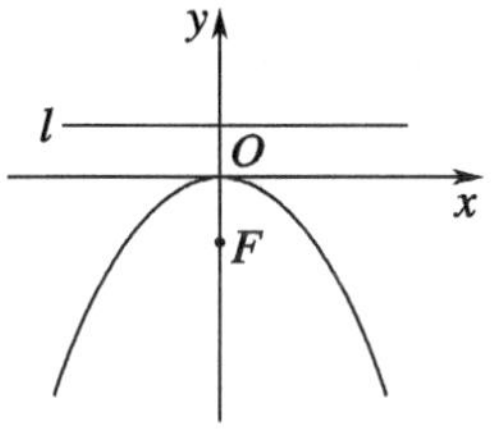	$x^2=-2py$ $(p>0)$	$\left(0,-\frac{p}{2}\right)$	$y=\frac{p}{2}$

3. 抛物线的几何性质。

(1) 范围。

因为 $p>0$，所以由上表方程(1) 可知，对于抛物线(1) 上的点 $M(x,y)$，$x\geq 0$，这条抛物线在 y 轴的右侧，开口方向与 x 轴正向相同。

当 x 的值增大时，$|y|$ 也增大，这说明抛物线向右上方和右下方无限延伸。

(2) 对称性。

以 $-y$ 代替 y，方程(1) 不变，所以这条抛物线关于 x 轴对称。我们把抛物线的对称轴叫作抛物线的轴。

(3) 顶点。

抛物线和它的轴的交点叫作抛物线的顶点。在方程(1) 中，当 $y=0$ 时，$x=0$，因此抛物线(1) 的顶点就是坐标原点。

(4) 离心率。

抛物线上的点M与焦点的距离和它到准线的距离的比,叫作抛物线的离心率,用e表示。由抛物线的定义可知,$e=1$。

(5) 焦半径。

联结抛物线上任意一点与焦点的线段叫作抛物线的焦半径。

抛物线几何性质总结见表8-8。

表8-8

方程	$y^2=2px$ $(p>0)$	$y^2=-2px$ $(p>0)$	$x^2=2py$ $(p>0)$	$x^2=-2py$ $(p>0)$
图像	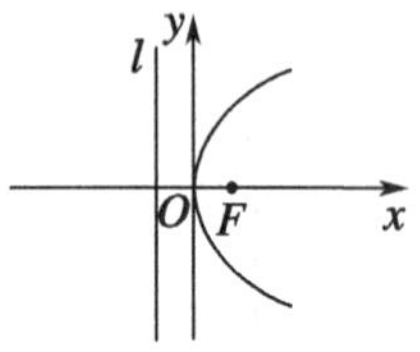	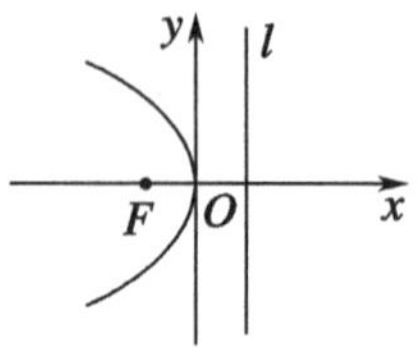	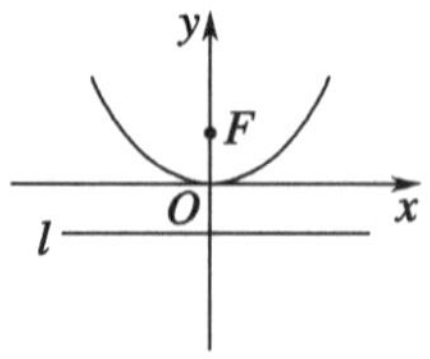	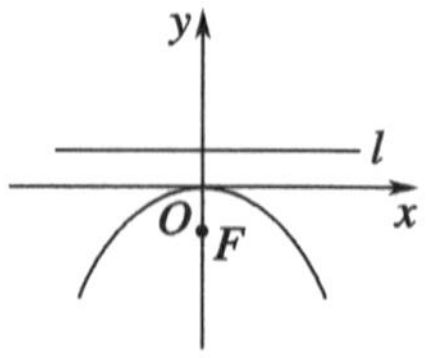
范围	$x\geqslant 0, y\in\mathbf{R}$	$x\leqslant 0, y\in\mathbf{R}$	$x\in\mathbf{R}, y\geqslant 0$	$x\in\mathbf{R}, y\leqslant 0$
对称性	关于x轴对称	关于x轴对称	关于y轴对称	关于y轴对称
顶点	$(0,0)$			
离心率	$e=1$			

三、典型例题

例1 已知抛物线的标准方程是$y^2=6x$,求它的焦点坐标和准线方程。

解 因为$2p=6$,所以$p=3$。

因此,抛物线的焦点坐标是$\left(\frac{3}{2},0\right)$,准线方程是$x=-\frac{3}{2}$。

例2 根据下列条件写出抛物线的标准方程。

(1) 焦点是$F(3,0)$。

(2) 准线方程是$x=-\frac{1}{4}$。

(3) 焦点到准线的距离是2。

解 (1)$y^2=12x$。

(2)$y^2=x$。

(3)$y^2=4x, y^2=-4x, x^2=4y, x^2=-4y$。

四、习题训练

1.(★)已知抛物线的焦点是 $F(0,-2)$,求它的标准方程。

2.(★★)在抛物线 $y^2=12x$ 上与焦点的距离等于 9 的点的坐标是________。

3.(★★)求满足焦点在直线 $x-2y-4=0$ 上的抛物线的标准方程。

4.(★★★)抛物线 $y^2=4x$ 的弦 AB 垂直于 x 轴,若 $|AB|=4\sqrt{3}$,则焦点到 AB 的距离为________。

5.(★★)顶点在原点,对称轴为 y 轴且过 $(4,1)$ 的抛物线方程是________________。

6.(★★)已知点 $(-2,3)$ 与抛物线 $y^2=2px,(p>0)$ 的焦点的距离是 5,则 $p=$ ________。

7.(★)抛物线 $y=2px^2,(p>0)$ 的对称轴为________。

8.(★★)过抛物线 $y^2=8x$ 的焦点,作倾斜角为 45° 的直线,则被抛物线截得的弦长为(　　)。

A. 8　　B. 16　　C. 32　　D. 61

9.(★★)若抛物线 $y=ax^2$ 的准线方程为 $y=2$,求 a 的值。

单元测试

一、单项选择题(20 题,每题 3 分,共 60 分)

1. 圆$(x-2)^2+(y+3)^2=2$的圆心和半径分别为(　　)。

A. $(-2,3)$,1　　B. $(2,-3)$,3　　C. $(-2,3)$,$\sqrt{2}$　　D. $(2,-3)$,$\sqrt{2}$

2. 已知椭圆的一个焦点坐标为$F(1,0)$,离心率为$e=\frac{1}{2}$,则椭圆的标准方程是(　　)。

A. $\frac{x^2}{2}+y^2=1$　　B. $x^2+\frac{y^2}{2}=1$　　C. $\frac{x^2}{4}+\frac{y^2}{3}=1$　　D. $\frac{x^2}{3}+\frac{y^2}{4}=1$

3. 双曲线$mx^2+y^2=1$的虚轴长是实轴长的 2 倍,则 m 的值为(　　)。

A. $-\frac{1}{4}$　　B. -4　　C. 4　　D. $\frac{1}{4}$

4. 圆$x^2+y^2-4x+2y+4=0$的圆心和半径分别为(　　)。

A. $(-2,1)$,1　　B. $(-2,1)$,2　　C. $(2,-1)$,1　　D. $(2,-1)$,2

5. 点$A(1,2)$与圆C:$(x+1)^2+(y-2)^2=1$的位置关系是(　　)。

A. 点 A 在圆 C 内　　B. 点 A 在圆 C 外

C. 点 A 在圆 C 上　　D. 不确定

6. 若点 P 到直线 $x=-1$ 的距离比它到点$(2,0)$的距离小 1,则点 P 的轨迹为(　　)。

A. 圆　　B. 椭圆　　C. 双曲线　　D. 抛物线

7. 在抛物线 $y^2=2px$,$(p>0)$上,横坐标为 4 的点到焦点的距离为 5,则 p 的值为(　　)。

A. $\frac{1}{2}$　　B. 1　　C. 2　　D. 4

8. 设双曲线$\frac{x^2}{a^2}-\frac{y^2}{b^2}=1$,$(a>0,b>0)$的虚轴长为 2,焦距为 $2\sqrt{3}$,则双曲线的渐近线方程为(　　)。

A. $y=\pm\frac{1}{2}x$　　B. $y=\pm\frac{\sqrt{2}}{2}x$　　C. $y=\pm\sqrt{2}x$　　D. $y=\pm 2x$

9. 已知双曲线 $C:\frac{x^2}{a^2}-\frac{y^2}{b^2}=1$ 的离心率 $e=\frac{5}{4}$，其右焦点为 $F_2(5,0)$，则双曲线 C 的方程为（　　）。

A. $\frac{x^2}{4}-\frac{y^2}{3}=1$　　B. $\frac{x^2}{16}-\frac{y^2}{9}=1$

C. $\frac{x^2}{9}-\frac{y^2}{16}=1$　　D. $\frac{x^2}{3}-\frac{y^2}{4}=1$

10. 已知椭圆 $\frac{x^2}{25}+\frac{y^2}{m^2}=1(m>0)$ 的左焦点为 $F_1(-4,0)$，则 m 的值为（　　）。

A. 2　　B. 3　　C. 4　　D. 9

11. 若直线 $y=kx$ 与圆 $(x-2)^2+y^2=1$ 的两个交点关于直线 $2x+y+b=0$ 对称，则 k,b 的值分别为（　　）。

A. $\frac{1}{2},-4$　　B. $-\frac{1}{2},4$　　C. $\frac{1}{2},4$　　D. $-\frac{1}{2},-4$

12. 离心率为 $\frac{\sqrt{3}}{2}$，且过点 $(2,0)$ 的椭圆的方程为（　　）。

A. $\frac{x^2}{4}+y^2=1$　　B. $\frac{x^2}{4}+y^2=1$ 或 $x^2+\frac{y^2}{4}=1$

C. $x^2+4y^2=1$　　D. $\frac{x^2}{4}+y^2=1$ 或 $\frac{x^2}{4}+\frac{y^2}{16}=1$

13. 与椭圆 $\frac{x^2}{16}+\frac{y^2}{12}=1$ 共焦点，离心率互为倒数的双曲线方程为（　　）。

A. $x^2-\frac{y^2}{3}=1$　　B. $\frac{x^2}{3}-y^2=1$

C. $\frac{3x^2}{4}-\frac{3y^2}{8}=1$　　D. $\frac{3y^2}{4}-\frac{3x^2}{8}=1$

14. 圆心为 $(1,1)$ 且过原点的圆的方程为（　　）。

A. $(x-1)^2+(y-1)^2=1$　　B. $(x+1)^2+(y+1)^2=1$

C. $(x+1)^2+(y+1)^2=2$　　D. $(x-1)^2+(y-1)^2=2$

15. 已知圆 $C:x^2+y^2-4x+2y+4=0$ 的普通方程，则其标准方程为（　　）。

A. $(x-1)^2+(y-2)^2=1$　　B. $(x+1)^2+(y-2)^2=1$

C. $(x-2)^2+(y+1)^2=1$　　D. $(x-1)^2+(y-1)^2=1$

16. 如果双曲线 $C:\frac{x^2}{4}-\frac{y^2}{12}=1$ 的一点 P 到它的右焦点的距离是8，那么点 P 到它的左焦点的距离是（　　）。

A. 4　　B. 12　　C. 4 或 12　　D. 6

17. 已知双曲线的一个焦点坐标(0,5),且其渐近线方程为$3x \pm 4y = 0$,则该双曲线的标准方程为(　　)。

A. $\frac{x^2}{9} - \frac{y^2}{16} = 1$　　B. $\frac{x^2}{16} - \frac{y^2}{9} = 1$

C. $\frac{y^2}{9} - \frac{x^2}{16} = 1$　　D. $\frac{y^2}{16} - \frac{x^2}{9} = 1$

18. 已知抛物线$y^2 = 2px,(p > 0)$的准线与曲线$x^2 + y^2 - 4x - 5 = 0$相切,则p的值为(　　)。

A. 2　　B. 1　　C. $\frac{1}{2}$　　D. $\frac{1}{4}$

19. 已知抛物线$y^2 = 2px,(p > 0)$的准线经过点$(-1,1)$,则抛物线的焦点坐标为(　　)。

A. $(-1,0)$　　B. $(1,0)$　　C. $(0,-1)$　　D. $(0,1)$

20. 方程$mx^2 - my^2 = n$中,若$mn < 0$,则方程表示的曲线是(　　)。

A. 焦点在x轴上的椭圆　　B. 焦点在x轴上的双曲线

C. 焦点在y轴上的椭圆　　D. 焦点在y轴上的双曲线

二、填空题(10 题,每题 2 分,共 20 分)

1. 圆心坐标为(1,1),且过坐标原点的圆的方程为________。

2. 已知椭圆$\frac{x^2}{25} + \frac{y^2}{m^2} = 1(m > 0)$的左焦点为$F(-4,0)$,则$m =$________。

3. 经过点(1,0),(0,2),且圆心在直线$y = 2x$上的圆的方程是________。

4. 在双曲线的标准方程中,如果$a = 6, b = 8$,则其标准方程为________。

5. 若抛物线$y^2 = 2px(p > 0)$的焦点与椭圆$\frac{x^2}{9} + \frac{y^2}{5} = 1$的右焦点重合,则该抛物线的准线方程为________。

6. 若直线$x + y = 0$与圆$(x - m)^2 + y^2 = 2$相切,则正数m的值为________。

7. 椭圆$\frac{x^2}{a^2} + \frac{y^2}{4} = 1$的一个焦点为(2,0),则该椭圆的离心率为________。

8. 若抛物线$y^2 = -2px(p > 0)$上有一点M,其横坐标为-9,且点M到焦点的距离为10,则点M的坐标是________。

9. 双曲线$\frac{x^2}{3} - y^2 = 1$的焦点坐标是________。

10. 以直线 $3x-4y-12=0$ 与 x 轴的交点为焦点的抛物线方程为________。

三、计算题(2 题,每题 10 分,共 20 分。要求写出计算过程,给出计算结果)

1. 已知方程 $C:x^2+y^2-2x-4y+m=0$。

(1) 若方程 C 表示圆,求实数 m 的取值范围。

(2) 若圆 C 与直线 $l:x+2y-4=0$ 相交于 M,N 两点,且 $|MN|=\frac{4}{\sqrt{5}}$,求实数 m 的值。

2. 已知抛物线 C 的顶点为坐标原点,焦点为 $F(0,1)$。

(1) 求抛物线 C 的方程。

(2) 已知直线 $y=2x-1$ 与抛物线交于 A,B 两点,求线段 AB 的长度。

部分参考答案

第1章 集　　合

习题训练

1. 解：一组对象是否能构成集合，就要看集合中元素的三个性质：确定性、互异性和无序性，满足即可构成集合。

(1)A。(2)D。

2. 解：A。

3. 解：(1)$\{0,2,4,6,8,10\}$。

(2)$\{x=3n+1,n\in\mathbf{N}\}$。设被3除余1的正整数为$x$，则$x=3n+1,n\in\mathbf{N}$，所以被3除余1的正整数集合是$\{x=3n+1,n\in\mathbf{N}\}$。

(3)$\{(0,1)\}$。将$x=0$代入$y=2x+1$，得$y=1$，即交点是$(0,1)$，故交点组成的集合是$\{(0,1)\}$。

4. 解：(1)$\{1,2,3,4,5,6,7,8\}$，$\{4,5\}$。

(2) 因为$A=\{1,3\}$，$B=\{1,-2\}$，所以$A\cup B=\{-2,1,3\}$，$A\cap B=\{1\}$。

(3) 因为$A=\{x\mid x\geqslant 4\}$，$B=\{x\mid -1\leqslant x\leqslant 5\}$，所以$A\cup B=\{x\mid x\geqslant -1\}$，$A\cap B=\{x\mid 4\leqslant x\leqslant 5\}$。

课后习题解答(教材①课后习题答案，以下同)

习题1.1(教材第8页)

1. 解：本题依据子集与真子集的定义。易错点：子集一定包含空集和集合本身；空集是任何非空集合的真子集。

子集：$\varnothing$，$\{a\}$，$\{b\}$，$\{c\}$，$\{a,b\}$，$\{a,c\}$，$\{b,c\}$，$\{a,b,c\}$。

真子集：$\varnothing$，$\{a\}$，$\{b\}$，$\{c\}$，$\{a,b\}$，$\{a,c\}$，$\{b,c\}$。

---

① 郭飞.数学[M].北京：北京语言大学出版社，2012.

2. 分析：本题属于元素与集合、集合与集合之间的所属关系判定。

解：(1) 错误。因为2是元素，而$\{x \mid x \leqslant 10\}$是一个集合，所以只能用$2 \in \{x \mid x \leqslant 10\}$。

(2) 正确。

(3) 错误。

(4) 错误。因为$\varnothing$本身是一个集合，所以应该为$\varnothing \subseteq \{x \mid x \leqslant 10\}$或$\varnothing \subset \{x \mid x \leqslant 10\}$。

3. 解：全集为整数集，A为偶数集，B为奇数集；偶数集和奇数集组成整数集，所以偶数集的补集即为奇数集，反之亦然。

因为$U = \mathbf{Z}$，所以$\complement_U A = B$，$\complement_U B = A$。

4. 解：(1)$A \cap B = \{x \mid 0 \leqslant x < 5\}$。

(2)$A \cup B = \{x \mid x \geqslant 3\}$。

5. 解：因为

$$U = \{1,2,3,4,5,6,7,8,9,10\}$$

所以

$$A \cap B = 4$$

$$A \cup B = \{1,2,4,5,6,7,8,9,10\}$$

又因为

$$\complement_U A = \{3,6,7,8,10\},\complement_U B = \{1,2,3,5,9\}$$

所以

$$(\complement_U A) \cap (\complement_U B) = \{3\}$$

$$(\complement_U A) \cup (\complement_U B) = \{1,2,3,5,6,7,8,9,10\}$$

$$(A \cap B) \cap C = \varnothing$$

$$(A \cup B) \cup C = U$$

单元测试题答案

一、单项选择题

1. C　2. A　3. A　4. B　5. A　6. C　7. A　8. B　9. C　10. A　11. D　12. D　13. B

14. 答案：B。

分析：因为$A \cup B = A$，所以$B \subseteq A$，所以$m = 3$或$m = \sqrt{m}$。

若$m = 3$，则$A = \{1,3,\sqrt{3}\}$，$B = \{1,3\}$，满足$A \cup B = A$。

若 $m=\sqrt{m}$，解得 $m=0$ 或 $m=1$；如果 $m=0$，那么 $A=\{1,3,0\}$，$B=\{1,0\}$，满足 $A\cup B=A$。如果 $m=1$，那么 $A=\{1,3,1\}$，$B=\{1,1\}$，不满足集合的互异性。所以 $m=0$ 或3，选B。

15. 答案：C。

分析：当 $x=0$ 时，$y=0,1,2$，$x-y=0,-1,-2$。

当 $x=1$ 时，$y=0,1,2$，$x-y=1,0,-1$。

当 $x=2$ 时，$y=0,1,2$，$x-y=2,1,0$。

综上可知，$x-y$ 的可能值为 $2,1,0,-1,-2$，所以 B 中元素个数为5。

16. 答案：D。

分析：分类讨论法。

由 $x-y\in A$，及 $A=\{1,2,3,4,5\}$，得 $x>y$。

当 $y=1$ 时，x 可取2,3,4,5，共4个。

当 $y=2$ 时，x 可取3,4,5，共3个。

当 $y=3$ 时，x 可取4,5，共2个。

当 $y=4$ 时，x 可取5，共1个。

综上可知，共有 $1+2+3+4=10$，选D。

17. 答案：D。

分析：可用Venn图求解，更快捷。

18. 答案：B。

分析：求两个集合的交集，无论集合中元素的符号是什么，只要在数轴上标注好，即可求得，注意两端点的取舍。

19. 答案：D。

分析：化简两个集合，可得 $M=\{-2,0\}$，$N=\{0,2\}$，则 $M\cup N=\{-2,0,2\}$。

20. 答案：B

二、填空题

1. 组成集合的对象。小写拉丁字母，大写拉丁字母。

2. 确定性，无序性，互异性。

3. $\in$；$\notin$。

4. $\mathbf{N}$；$\mathbf{Z}$；$\mathbf{N}^*$；$\mathbf{Q}$；$\mathbf{R}$。

5. $\varnothing$。

6. $\{b,o,k\}$。

7. $\{y\mid y=2x,x\in\mathbf{N}$ 且 $x\geqslant 3\}$（也可以用其他字母表示）。

8. 8，7。

9. $\{x\mid 2\leqslant x<5\}$。

10. 7。

三、计算题

1. 分析：这道题考查的是两个带参元素集合的关系问题及元素的互异性；要先分类讨论 a 的值，再检验是否满足元素的互异性。

解：因为 $9 \in (A \cap B)$，所以 $9 \in A$ 且 $9 \in B$，对于集合 A 来说，$2a - 1 = 9$ 或 $a^2 = 9$。所以 $a = 5$ 或 $a = \pm 3$。

讨论：当 $a = 5$ 时，$A = \{-4, 9, 25\}$，$B = \{0, -4, 9\}$，符合题意。

当 $a = 3$ 时，$A = \{-4, 5, 9\}$，$B = \{-2, -2, 9\}$，B 不满足集合中元素的互异性性质，所以舍去。

当 $a = -3$ 时，$A = \{-4, -7, 9\}$，$B = \{-8, 4, 9\}$，符合题意。

综上，$a = 5$ 或 $a = -3$。

2. 分析：本题考查带参元素集合之间的关系及运算。

解：(1) 若 $3 \in A$，则 3 为 A 中元素；将 3 带入，得 $(3a - 4) \cdot (3 - a) < 0$，即 $(3a - 4) \cdot (a - 3) > 0$，解得 $a > 3$ 或 $a < \frac{4}{3}$。

(2) $C = \{x \mid bx + 1 = 0\} \Rightarrow C = \{x \mid bx = -1\}$。

因为 $C \subseteq B$，此时对 C 中包含元素进行讨论：

① 当 $C = \varnothing$ 时，$b = 0$。

② 当 $C = \{-2\}$ 时，$b = \frac{1}{2}$。

③ 当 $C = \{2\}$ 时，$b = -\frac{1}{2}$。

所以 $b = 0$ 或 $\pm \frac{1}{2}$。

(3) 因为 $D \cap E = E \Rightarrow E \subseteq D$。

讨论：① 当 $E = \varnothing$ 时，$m + 1 > 2m - 1 \Rightarrow m < 2$。

② 当 $E \neq \varnothing$ 时，$\begin{cases} m + 1 \leqslant 2m - 1 \Rightarrow m \geqslant 2 \\ m + 1 \geqslant -2 \Rightarrow m \geqslant -3 \\ 2m - 1 \leqslant 5 \Rightarrow m \leqslant 3 \end{cases} \Rightarrow 2 \leqslant m \leqslant 3$。

综上可得 $m \leqslant 3$。

第2章 不 等 式

2.1 不等式性质

习题训练

1. 答案:A。

分析:不等式比较大小,可以利用不等式的性质或者作差、作商法。

解:A 选项中 $|a|-(-b)=-a+b=b-a>0 \Rightarrow |a|>-b$,所以选择 A。

2. 答案:C。

分析:根据已知条件,利用不等式的性质来比较大小。

解:根据不等式加法法则,将条件 ② 和 ③ 相加可以得到

$$a+b+a+d<b+c+c+d \Rightarrow 2a<2c \Rightarrow a<c$$

又因为条件 ② 中 $a+b=c+d$,而 $a<c$,所以 $b>d$。而条件 ① 中 $d>c$。

综上,$b>d>c>a$。

3. 分析:利用不等式的乘方法则进行比较。

解:因为 $a>b>0$,所以 $\frac{1}{b}>\frac{1}{a}>0$,所以 $\frac{1}{b^n}>\frac{1}{a^n}$。

4. 解:因为 $-1 \leqslant b \leqslant 2$,所以 $-2 \leqslant -b \leqslant 1$,所以 $-1 \leqslant a-b \leqslant 6$,所以 $a-b$ 的取值范围为 $[-1,6]$。

5. 答案:$\frac{x}{1+x^2}<\frac{1}{2}$。

解:作差得 $\frac{x}{1+x^2}-\frac{1}{2}=\frac{2x-x^2-1}{2(1+x^2)}=\frac{-(x-1)^2}{2(1+x^2)}<0$,所以 $\frac{x}{1+x^2}<\frac{1}{2}$。

6. 解:因为 $A=\sqrt{n}-\sqrt{n-1}$,$B=\sqrt{n+1}-\sqrt{n}$,所以

$$\frac{1}{A}=\frac{\sqrt{n}+\sqrt{n-1}}{(\sqrt{n}-\sqrt{n-1})(\sqrt{n}+\sqrt{n-1})}=\sqrt{n}+\sqrt{n-1}>0$$

$$\frac{1}{B}=\frac{\sqrt{n+1}+\sqrt{n}}{(\sqrt{n+1}-\sqrt{n})(\sqrt{n+1}+\sqrt{n})}=\sqrt{n+1}+\sqrt{n}>0$$

以上两式相减得 $\frac{1}{A}-\frac{1}{B}=\sqrt{n}+\sqrt{n-1}-(\sqrt{n+1}+\sqrt{n})=\sqrt{n-1}-\sqrt{n+1}<0$,于是 $0<$

$\frac{1}{A} < \frac{1}{B}$,故 $A > B$。

7. 证明:因为 $c < d < 0$,所以 $-c > -d > 0$。

又因为 $a > b > 0$,所以 $a - c > b - d > 0$。因此$\frac{1}{a-c} < \frac{1}{b-d}$。

而 $m < 0$,所以$\frac{m}{a-c} > \frac{m}{b-d}$。

8. 分析:这是关于不等关系的线性规划应用题,根据维生素 A 和 B 分别至少为 56 000 g 和 63 000 g 可列出不等式组。要理清题意,分清常量、变量之间的不等关系,选准不等号,做到不重不漏,并注意在实际问题中变量的取值范围。

解:x kg 食物甲含维生素 A $600x$ g,含维生素 B $800x$ g。

y kg 食物乙含维生素 A $700y$ g,含维生素 B $400y$ g。

因此,x kg 甲食物与 y kg 乙食物共含有维生素 A $600x + 700y$ g,含有维生素 B $800x + 400y$ g。

所以有下列不等式组存在

$$\begin{cases} 600x + 700y \geqslant 56\,000 \\ 800x + 400y \geqslant 63\,000 \\ x \geqslant 0 \\ y \geqslant 0 \end{cases} \Rightarrow \begin{cases} 6x + 7y \geqslant 560 \\ 4x + 2y \geqslant 315 \\ x \geqslant 0 \\ y \geqslant 0 \end{cases}$$

课后习题解答

习题 1.2(教材第 11 页)

1. 解:(1)√。根据性质 3 可以判断,不等式两边同时加(减)同一个数,不等号不变。

(2)×。本题根据不等式性质 4 的可乘性,只有当 $c > 0$ 时,才有$\frac{a}{c} > \frac{b}{c}$。

(3)×。同上。

(4)×。因为在本题中 $c^2 > 0$,所以根据不等式性质 4,有 $a < b$。

2. 解:(1)<。根据不等式性质 4 可以判断,不等式两边同时乘以同一个负数,不等号改变。

(2)>。因为 $a < 0, b < 0$,所以 $ab > 0$,$\frac{1}{ab} > 0$;根据不等式性质 4 在不等式 $a < b$ 两边同时乘以$\frac{1}{ab}$,不等式不变号,即$\frac{1}{a} > \frac{1}{b}$。

(3) <。根据不等式的倒数性质(1)或上题结论,可知$\frac{1}{a}<\frac{1}{b}$,$c>0$,所以在不等式两边同时乘以一个正数,不等式不变号,即$\frac{c}{a}<\frac{c}{b}$。

(4) >, >。因为$0<a<b<1$,根据不等式倒数性质,所以$\frac{1}{a}>\frac{1}{b}>1$。

根据不等式性质7,可得$\frac{1}{a^n}>\frac{1}{b^n}>1$。

3. 解:$46<x+y<66$。

因为$32<2y<48$,所以$-48<-2y<-32$,所以$-18<x-2y<10$。

又因为$\frac{1}{24}<\frac{1}{y}<\frac{1}{16}$,所以$\frac{30}{24}<\frac{x}{y}<\frac{42}{16}$,化简后可得$\frac{5}{4}<\frac{x}{y}<\frac{21}{8}$。

2.2 不等式的解法

习题训练

1. 解:(1) 因为

$$x^2-2x-3\leqslant 0\Leftrightarrow (x-3)(x+1)\leqslant 0\Leftrightarrow -1\leqslant x\leqslant 3$$

所以原不等式的解集为$\{x\mid -1\leqslant x\leqslant 3\}$。

(2) 因为

$$2x^2-5x-3>0\Leftrightarrow (2x+1)(x-3)>0\Leftrightarrow x<-\frac{1}{2}\text{或}x>3$$

所以原不等式的解集为$\{x\mid x<-\frac{1}{2}\text{或}x>3\}$。

(3) 因为

$$-3x^2+15x>12\Leftrightarrow x^2-5x+4<0\Leftrightarrow (x-4)(x-1)<0\Leftrightarrow 1<x<4$$

所以原不等式的解集为$\{x\mid 1<x<4\}$。

(4) 因为$-x^2+2x-3>0\Leftrightarrow x^2-2x+3<0$,方程$x^2-2x-3=0$的$\Delta=(-2)^2-4\times1\times3=-8<0$,所以方程$x^2-2x+3=0$无实根,所以不等式的解集为$\varnothing$。

2. 解:(1) 因为

$$\frac{x-1}{2x+1}\leqslant 0\Leftrightarrow\begin{cases}(x-1)(2x+1)\leqslant 0\\2x+1\neq 0\end{cases}\Leftrightarrow -\frac{1}{2}<x\leqslant 1$$

所以原不等式的解集为$\{x\mid -\frac{1}{2}<x\leqslant 1\}$。

(2) 因为

$$\frac{x^2-2x+1}{x^2-1}<0 \Leftrightarrow \frac{(x-1)^2}{(x+1)(x-1)}<0 \Leftrightarrow (x+1)(x-1)<0 \Leftrightarrow -1<x<1$$

所以原不等式的解集为$\{x \mid -1<x<1\}$。

(3) 因为

$$\frac{x^2-x-2}{x^2-3x+2} \leqslant 0 \Leftrightarrow \frac{(x-2)(x+1)}{(x-1)(x-2)} \leqslant 0 \Leftrightarrow \begin{cases}(x-1)(x+1) \leqslant 0 \\ x \neq 2 \text{ 且 } x \neq 1\end{cases} \Leftrightarrow -1 \leqslant x<1$$

所以原不等式的解集为$\{x \mid -1 \leqslant x<1\}$。

(4) 因为

$$\frac{3x^2-5x+2}{-x^2+7x-10} \geqslant 0 \Leftrightarrow \frac{(3x-2)(x-1)}{(x-2)(x-5)} \leqslant 0 \Leftrightarrow \begin{cases}(3x-2)(x-1)(x-2)(x-5) \leqslant 0 \\ x \neq 2 \text{ 且 } x \neq 5\end{cases}$$

根据上面不等式左边各个因式的符号,可得到表1。

表1

因式	区间				
	$(-\infty,\frac{2}{3})$	$(\frac{2}{3},1)$	$(1,2)$	$(2,5)$	$(5,+\infty)$
$x-1$	−	−	+	+	+
$x-2$	−	−	−	+	+
$x-5$	−	−	−	−	+
$3x-2$	−	+	+	+	+
$(3x-2)(x-1)(x-2)(x-5)$	+	−	+	−	+

最后得出解集为$\{x \mid \frac{2}{3} \leqslant x \leqslant 1$,或$2<x<5\}$。

3. 解:因为$(x^3-1)(x-1)(x+2)>0 \Leftrightarrow (x-1)(x^2+x+1)(x-1)(x+2)>0$,而$x^2+x+1=(x+\frac{1}{2})^2+\frac{3}{4}>0$,所以$(x-1)^2(x+2)>0 \Leftrightarrow x>-2$ 且 $x \neq 1$。

故原不等式解集为$\{x \mid x>-2$ 且 $x \neq 1\}$。

4. 解:讨论a的几种可能情况:

①$a=0$,原不等式解集成立,所以符合。

②$a \neq 0$,要满足题意,需有$\begin{cases}a>0 \\ a^2-4a<0\end{cases}$,解得$0<a<4$。

综上，实数 a 的取值范围是 $[0,4)$。

5. 解：原不等式变形 $\Leftrightarrow \begin{cases}(ax-1)(x+1)<0\\ a<-1\end{cases} \Leftrightarrow (x-\frac{1}{a})(x+1)>0$，解得 $x<-1$ 或

$x>\frac{1}{a}$。所以原不等式的解集为 $(-\infty,-1)\cup\left(\frac{1}{a},+\infty\right)$。

课后习题解答

（一）习题 1.3（教材第 19 页）

1. (1) 解：$\{x \mid x\leqslant -7$，或 $x\geqslant 7\}$。

(2) 解：$\{x \mid x<-2$，或 $1<x<3\}$。

(3) 解：$\{x \mid x>6$，或 $x<-2\}$。

(4) 解：$\{x \mid -3\leqslant x\leqslant 5\}$。

(5) 解：$\{x \mid x<-5$，或 $2<x<7\}$。

(6) 解：原不等式等价于 $\frac{(2x-5)(x-6)}{(x-3)(x-5)}<0$，解得 $\left\{x \mid \frac{5}{2}<x<3，或 5<x<6\right\}$。

(7) 解：$\{x \mid x<-3$ 或 $0<x<5\}$。

2. 解：要分 $x-2\geqslant 0$ 和 $x-2<0$ 两种情况讨论

$$\begin{cases}x-2\geqslant 0\\ 2x-1>0\\ 2x-1>(x-2)^2\end{cases} \quad 或 \quad \begin{cases}x-2<0\\ 2x-1\geqslant 0\end{cases}$$

解集为 $\{x \mid \frac{1}{2}\leqslant x<2$，或 $2\leqslant x<5\}$。

3. 解：$\left\{x \mid -\frac{1}{2}<x<0，或\frac{5}{2}<x<3\right\}$。

（二）参考复习题（教材第 19 页）

1. (1)D (2)C (3)B (4)D (5)D (6)A (7)A

2. (1) 解：因为

$$\frac{x-5}{x^2-2x-3}\leqslant 1 \Rightarrow \frac{x-5}{x^2-2x-3}-1\leqslant 0 \Rightarrow \frac{(x-2)(x-1)}{(x-3)(x+1)}\geqslant 0$$

按照典型分式不等式的形态可转化为

$\frac{(x-2)(x-1)}{(x-3)(x+1)}\geqslant 0 \Leftrightarrow (x-2)(x-1)(x-3)(x+1)\geqslant 0$ 且 $(x-3)(x+1)\neq 0$

根据上面不等式左边各个因式的符号，可以得到表 2。

表 2

因式	区间				
	$(-\infty,-1)$	$(-1,1)$	$(1,2)$	$(2,3)$	$(3,+\infty)$
$x-2$	−	−	−	+	+
$x-1$	−	−	+	+	+
$x-3$	−	−	−	−	+
$x+1$	−	+	+	+	+
$\frac{(x-2)(x-1)}{(x-3)(x+1)}$	+	−	+	−	+

可以得到不等式的解集为$\{x \mid x<-1$ 或 $1 \leqslant x \leqslant 2$ 或 $x>3\}$。

(2) 解:该不等式等价于 $-(x+2) \leqslant x^2-4 \leqslant x+2$,即解不等式$\begin{cases} x^2-4 \geqslant -(x+2) \\ x^2-4 \leqslant x+2 \end{cases}$,得到不等式的解集为$\{x \mid x \leqslant 3\}$。

3. (1) ×。根据不等式性质 4,只有 $c<0$ 时,$ac<bc$。

(2) ×。反例,$c=0$ 时,$ac^2=bc^2=0$。

(3) √。根据不等式性质 4 知。

(4) √。

(5) ×。作差可得:$\frac{b}{a}-\frac{a}{b}=\frac{b^2-a^2}{ab}$。因为 $a<b<0$,所以 $b^2-a^2<0$,$ab>0$,于是 $\frac{b^2-a^2}{ab}<0$,因此$\frac{b}{a}<\frac{a}{b}$。

(6) ×。同上

4. 解:因为$\frac{1}{a}<\frac{1}{b}<0 \Rightarrow a>b$,且 $a<0$,$b<0$,所以 $a+b<0$,$ab>0$,即①正确。又因为 $a>b$,且 $a<0$,$b<0$,$|a|=-a$,$|b|=-b$,所以 $-a<-b$,即$|a|<|b|$,②错误。由 $b<a<0$ 知,③错误。因为$\frac{a}{b}>0$,$\frac{a}{b} \neq \frac{b}{a}$,所以$\frac{b}{a}+\frac{a}{b}>2$,所以④正确。

单元测试答案

一、单项选择题

1. 答案:D。

分析:因为 A 中当 $a=b$ 时不成立;B 只有当 a,b 都为正数时才成立;C 当 $a<0$,$b<0$ 时不成立。

2. 答案:D。

分析:根据算数平均数和几何平均数的关系可知$\frac{a+b}{2} > \sqrt{ab}(a \neq b) \Rightarrow a+b > 2\sqrt{ab} \Rightarrow a^2+b^2 > 2ab$,可知$a+b$,$2\sqrt{ab}$,$2ab$这三个数中$a+b$最大。又因为$a^2+b^2-(a+b)=a(a-1)+b(b-1)<0$,所以$a^2+b^2<a+b$,最后可得$a+b$最大。

3. 答案:A。

4. 答案:B。

5. 答案:D。

6. 答案:A。

分析:因为$\frac{b}{a}-\frac{a}{b}=\frac{b^2-a^2}{ab}<0$,所以A正确;B中根据不等式的倒数性质可知$\frac{1}{a}>\frac{1}{b}$;必须$a>0,b>0$时C才成立;需要确定$c>0$还是$c<0$,D才能判断不等式是否变号。

7. 答案:D。

分析:因为A可用作差法判断知$\frac{a}{b}>1$;B中$b^2-a^2=(b+a)(b-a)<0$;C中正数的绝对值大的,此正数也大;所以选D。

8. 答案:C。

分析:首先判断a,c的符号。因为$c<b<a$,且$ac<0 \Rightarrow a>0,c<0$,所以A正确;又因为$c<b<a \Rightarrow b-a<0$,而$c<0 \Rightarrow c(b-a)>0$,所以B正确;D中$a-c>0,ac<0$,所以D正确;C答案中,如果$b=0$,那么不等式不能成立,所以选C。

9. 答案:D。

分析:$\frac{1}{a}<\frac{1}{b}<0 \Rightarrow a<0,b<0$且$a>b$;A中因为$a^2-b^2=(a+b)(a-b)<0$,所以$a^2<b^2$;B中因为$\frac{1}{a}<\frac{1}{b}<0$,所以$a<0,b<0$且$a>b$;C中$\frac{a}{b}+\frac{b}{a}-2=\frac{(a-b)^2}{ab}>0 \Rightarrow \frac{a}{b}+\frac{b}{a}>2$。所以选D。

注意:此题要求选错误的。

10. 答案:C。

分析:一元二次方程$ax^2+bx+1=0$的两个根,其实就是一元二次不等式$ax^2+bx+1>0$的解集的两个端点$x_1=-2,x_2=1$,利用根与系数的关系,列出方程可得

$$\begin{cases} x_1+x_2=-\frac{b}{a} \\ x_1x_2=\frac{c}{a} \end{cases} \Rightarrow \begin{cases} -\frac{b}{a}=-1 \\ \frac{1}{a}=-2 \end{cases} \Rightarrow a=b=-\frac{1}{2}$$

11. 答案:A。

分析:取特殊值可得。

12. 答案:B。

分析:$a^2+a<0 \Rightarrow -1<a<0$,则$-a>a^2>-a^2>a$。

13. 答案:D。

分析:因为 $a<b<0$,所以$\frac{1}{a}>\frac{1}{b}$,A 错;因为 $ab-b^2=b(a-b)>0\Rightarrow ab>b^2$,B 错;而$\frac{1}{a}>\frac{1}{b}$,且$\frac{1}{a}<0,\frac{1}{b}<0\Rightarrow -\frac{1}{a}<-\frac{1}{b}$,所以 D 正确。

14. 答案:C。

分析:因为 $a+b>0,b<0\Rightarrow a>-b>0,-a<b<0$。

15. 答案:B。

16. 答案:A。

分析:通过作差并凑平方可得

$$\begin{aligned}f(x)-g(x)&=3x^2-x+1-(2x^2+x-1)\\&=x^2-2x+2=(x-1)^2+1>1\end{aligned}$$

17. 答案:D。

分析:由 $c<d<0$,得 $-\frac{1}{d}>-\frac{1}{c}>0$;由 $a>b>0$,利用不等式同向同正可乘性质,可得 $-\frac{a}{d}>-\frac{b}{c}>0$,所以$\frac{a}{d}<\frac{b}{c}$。

18. 答案:D。

分析:$\frac{x-2}{x^2-1}<0\Leftrightarrow\begin{cases}x-2>0\\x^2-1<0\end{cases}$或$\begin{cases}x-2<0\\x^2-1>0\end{cases}\Leftrightarrow x<-1$ 或 $1<x<2$。

19. 答案:D。

分析:集合 $S=(-\infty,2]\cup[3,+\infty)$,结合数轴,可得 $S\cap T=(0,2]\cup[3,+\infty)$。

20. 答案:A。

二、填空题

1. (1)$a+b\geqslant 0$。(2)$v\leqslant 40$。

2. (1) $>$。(2) $<$。(3) $>$。(4) $<$。

3. (1)$\left\{x\mid x\neq\frac{1}{2}\right\}$。(2)$\varnothing$。(3)$\left\{x\mid -1\leqslant x\leqslant\frac{10}{3}\right\}$。(4)$\left\{x\mid x<-1 \text{ 或 } x>\frac{3}{2}\right\}$。

4. 答案:$\frac{1}{2}$。

分析:可以取特殊值,也可以利用作差法判断;得$\frac{1}{2}>a^2+b^2>a>2ab$。

5. $\begin{cases}x\geqslant 95\\y\geqslant 380\\z\geqslant 45\end{cases}$,注意不等式组的写法。

6. 答案:$C>A>B>D$。

分析:本题是利用不等式基本性质比较大小。可以设置特殊值法来比较,可取$a=-\frac{1}{4}$;也可以利用基本性质作差比较

$$C-A=\frac{1}{1+a}-(1+a^2)=\frac{-a\left[\left(a+\frac{1}{2}\right)^2+\frac{3}{4}\right]}{1+a}$$

因为$(a+\frac{1}{2})^2+\frac{3}{4}>0,1+a>0,-a>0$,所以$C-A>0$,即$C>A$;同理,$A>B$,$B>D$。

7. 答案:$\frac{b}{a}<\frac{b+1}{a+1}$。

分析:$\frac{b}{a}-\frac{b+1}{a+1}=\frac{b(a+1)-a(b+1)}{a(a+1)}=\frac{b-a}{a(a+1)}$。因为$a>b>0$,所以$b-a<0$,$\frac{b}{a}-\frac{b+1}{a+1}<0\Rightarrow\frac{b}{a}<\frac{b+1}{a+1}$。

8. 答案:$(-\infty,-4)$。

分析:$x^2-2x-3=(x-1)^2-4\geqslant-4\Rightarrow a\leqslant-4$。

9. $(-2,1)$。

10. $(-1,1)\cup\left(\frac{3}{2},+\infty\right)$。

三、证明及计算题

1. 证明:因为$a>b>0,c>d>0$,所以根据不等式乘法法则可得$ac-bd>0,cd>0$;同理可得$\frac{ac-bd}{cd}>0\Rightarrow\frac{a}{d}>\frac{b}{c}>0$,两边同时开方,可得$\sqrt{\frac{a}{d}}>\sqrt{\frac{b}{c}}$。

2. 解:原不等式移项化简后可得

$$\frac{x+1}{2x-3}-1<0\Rightarrow\frac{-x+4}{2x-3}<0$$

即

$$\begin{cases}(2x-3)(x-4)>0\\2x-3\neq0\end{cases}$$

可得原不等式的解集为$\left\{x\mid x<\frac{3}{2}\text{或}x>4\right\}$。

第3章　函　　数

3.1　映射与函数

习题训练

(一) 映射定义及性质习题

1. 答案:全部都是映射。

分析:因为对于(1)(2)(3)中的对应关系,都满足对于A中的任一元素,按照图中的对应关系,在B中都有唯一的元素与之对应。所以,(1)(2)(3)的对应关系,都是从A到B的映射。

2. 答案:满足映射定义中的条件,所以是映射。

3. 答案:不满足映射定义中的条件,所以不是映射。

分析:因为留学生中心的每个班级的学生都不可能只有一个,即与一个班级对应的集合 B 中的学生不止一个,不符合映射的定义。

4. 答案:D。

5. 答案:①③,①。

分析:① 既是映射,也是函数。

② 当 $x=1$ 时,$y=0$ 不在 B 中,所以不是映射,更不是函数。

③ 是映射,但因为不是数集,所以不是函数。

④,$x<0$,$y<0$ 不在 B 中,不是映射,也不是函数。

(二) 函数定义、定义域及值域习题

1. 解:(1) 不是。因为对于 A 中 x 为负数时,没有平方根,在 B 中没有元素与之对应;另外 $\sqrt{x}$ 不一定是整数,那就不一定在 B 的集合内。

(2) 不是。因为对于 x 为负数时,没有平方根,在 B 中没有元素与之对应;另外,对于 x 为正值,y 有两个值与之对应,不符合函数的定义。

2. 答案:(1) 同一函数。

(2) 不同,定义域不同。

(3) 同一函数。

(4) 不同,对应关系不同,后一个是 $|x|$。

分析:函数相等必须满足(1) 定义域相同;(2) 对应关系相等。

3. 答案:B。

分析:A 错,必须都是非空数集;B 正确;C 错;D 错。

4. 答案:$(-2,3)\cup(3,+\infty)$。

解:要使函数有意义,自变量 x 的取值必须满足

$$\begin{cases}x+2\geqslant 0\\ x^2-x-6\neq 0\end{cases},\text{即}\begin{cases}x\geqslant -2\\ x\neq -2\text{ 且 }x\neq 3\end{cases}$$

即 $x>-2$ 且 $x\neq 3$,所以所求函数的定义域为 $(-2,3)\cup(3,+\infty)$。

5. 答案:(1) $[-4,1)$;(2) $[0,5)$。

解:(1) 因为 $f(x)$ 的定义域是 $[-2,3)$,所以 $-2\leqslant x<3$. 要使 $f(x+2)$ 有意义,则必须满足 $-2\leqslant x+2<3$,得 $-4\leqslant x<1$,所以 $f(x+2)$ 的定义域是 $[-4,1)$。

(2) 因为 $f(x+2)$ 的定义域是 $[-2,3)$,所以 $-2\leqslant x<3$,所以 $0\leqslant x+2<5$,所以 $f(x)$ 的定义域为 $[0,5)$。

6. 答案:A。

解:由$f(x)$的定义域为$[-4,3]$,可得$-4 \leqslant x \leqslant 3$,故在函数$F(x)=f(x)-f(-x)$中,$-4 \leqslant x \leqslant 3$且$-4 \leqslant -x \leqslant 3$,即

$$\begin{cases}-4 \leqslant x \leqslant 3 \\ -3 \leqslant x \leqslant 4\end{cases}$$

解不等式组,可得$-3 \leqslant x \leqslant 3$,故选A。

7. 答案:A。

解:由对应关系$y=x^2-2x$得$0 \rightarrow 0, 1 \rightarrow -1, 2 \rightarrow 0, 3 \rightarrow 3$,所以值域为$\{-1,0,3\}$。

8. 答案:$\left[\frac{3}{2},4\right]$。

解:$y=x^2-3x-4=\left(x-\frac{3}{2}\right)^2-\frac{25}{4}$,函数的草图如图1所示。

结合函数图像分析$\frac{3}{2} \leqslant m \leqslant 4$。

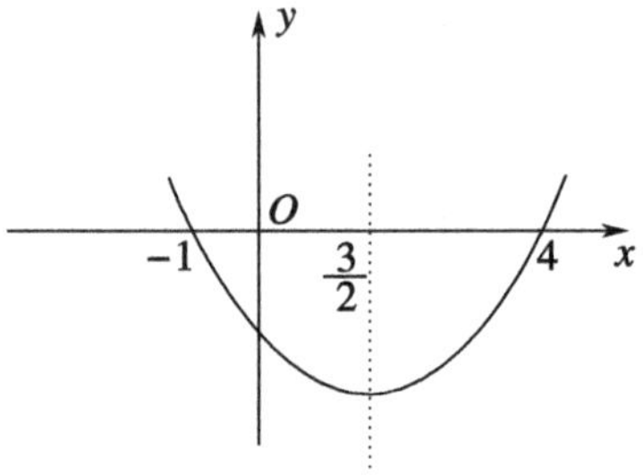

图1

9. 答案:B。

分析:A中定义域为$[-2,0]$,不符合题意;C中一个x的值有两个y值与之对应,不符合函数定义;D中值域不符合$[0,2]$。

(三)函数表示法及分段函数习题

1. 答案:(1)$f(x)=-\frac{18}{x}(x \neq 0)$。

(2)$f(x)=x+3$。

(3)$f(x)=x^2-1(x \geqslant 1)$。

(4)$f(x)=\frac{acx^2-bc}{(a^2-b^2)x}(x \in \mathbf{R}$,且$x \neq 0)$。

解:利用待定系数法、换元法、配凑法等。

(1)设反比例函数$f(x)=\frac{k}{x}(k \neq 0)$,因为$f(3)=-6$,所以$f(3)=\frac{k}{3}=-6 \Rightarrow k=-18$,所以$f(x)=-\frac{18}{x}(x \neq 0)$。

(2)利用待定系数法,设$f(x)=ax+b(a \neq 0)$,因为$3f(x+1)-f(x)=2x+9$,所以

$3a(x+1)+3b-ax-b=2x+9$,即$2ax+3a+2b=2x+9$。

根据恒等式性质可得$\begin{cases}2a=2\\3a+2b=9\end{cases}\Rightarrow\begin{cases}a=1\\b=3\end{cases}$,所以函数解析式为$f(x)=x+3$。

(3) 方法一(换元法):令$\sqrt{x}+1=t$,有

$$t\geqslant 1,\sqrt{x}=t-1,x=(t-1)^2$$

$$f(t)=(t-1)^2+2(t-1)=t^2-1$$

所以$f(x)=x^2-1(x\geqslant 1)$。

方法二(配凑法):因为

$$f(\sqrt{x}+1)=x+2\sqrt{x}=(\sqrt{x})^2+2\sqrt{x}+1-1=(\sqrt{x}+1)^2-1$$

所以$f(x)=x^2-1(x\geqslant 1)$。

(4) 因为$af(x)+bf\left(\frac{1}{x}\right)=cx$,将$x$换成$\frac{1}{x}$,则$\frac{1}{x}$就换成了$x$,从而得

$$\begin{cases}af(x)+bf\left(\frac{1}{x}\right)=cx & ①\\af\left(\frac{1}{x}\right)+bf(x)=\frac{c}{x} & ②\end{cases}$$

由式①②消去$f\left(\frac{1}{x}\right)$,即式①$\times a-$②$\times b$,得$(a^2-b^2)f(x)=acx-\frac{bc}{x}$,由于$a,b,c$都是非零常数且$a\neq\pm b$,所以$a^2-b^2\neq 0$。

从而$f(x)=\frac{acx}{a^2-b^2}-\frac{bc}{(a^2-b^2)x}=\frac{acx^2-bc}{(a^2-b^2)x}(x\in\mathbf{R}$且$x\neq 0)$。

2. 答案:B。

解:设$x+2=t$,则

$$x=t-2,g(t)=2(t-2)+3=2t-1,g(x)=2x-1$$

3. 答案:$a=3,b=1$。

解:由$f(x)=x+b$,得$f(ax+1)=ax+1+b$,所以$ax+1+b=3x+2$,解得$a=3$,$b=1$。

4. 答案:$\frac{1}{2}$。

解:因为$\frac{1}{2}>0$,所以$f(\frac{1}{2})=\log_2\frac{1}{2}=-1$,所以$f(f(\frac{1}{2}))=f(-1)=2^{-1}=\frac{1}{2}$。

课后习题解答

习题3.1(教材第31页)

1. 解:选D。判断函数是否相等,需要函数表达式及定义域都相等。

选项A函数表达式不同;$f(x)=1$是常函数。

选项B定义域不同;$g(x)=\frac{x^2}{x}-1$的定义域是$\{x\mid x\neq 0\}$。

选项 C 定义域不同;$f(x)=x^2$ 的定义域是 $\{x \mid x \in \mathbf{R}\}$,而 $g(x)=(\sqrt{x})^4$ 的定义域是 $\{x \mid x \geqslant 0\}$。

2. (1) 解:$D_f=\{x \mid x \neq 1$ 且 $x \neq 2\}=(-\infty,1)\cup(1,2)\cup(2,+\infty)$。

(2) 解:$D_f=\{x \mid x \geqslant -4$ 且 $x \neq -2\}=(-4,-2)\cup(-2,+\infty)$。

(3) 解:$D_f=\{x \mid x>-\frac{2}{3}\}=(-\frac{2}{3},+\infty)$。

(4) 解:$D_f=\{x \mid \frac{1}{3} \leqslant x \leqslant \frac{1}{2}\}=[\frac{1}{3},\frac{1}{2}]$。

(5) 解:$D_f=\{x \mid x \geqslant 3$ 或 $x \leqslant -3\}=(-\infty,-3]\cup[3,+\infty)$。

(6) 解:$D_f=\{x \mid -2 \leqslant x \leqslant 2$ 且 $x \neq 1\}=[-2,1)\cup(1,2]$

3.2　函数的单调性与极值

习题训练

(一) 函数单调性

1. 答案:(1)$[-4,-2]$,$[4,7]$;(2)$(-\infty,1)$,$(1,+\infty)$。

解:(1) 结合单调递增函数的概念及单调区间的概念可知,此函数的单调递增区间是 $[-4,-2]$,$[4,7]$。

(2)$y=\frac{1}{x-1}$ 的图像是由 $y=\frac{1}{x}$ 的图像向右平移 1 个单位得到的,所以单调减区间为 $(-\infty,1)$,$(1,+\infty)$。

2. 答案:$(-\infty,1)\cup(1,+\infty)$。

解:先求定义域为 $(-\infty,1)\cup(1,+\infty)$,再用定义法或图像平移知其单调增区间为 $(-\infty,1)\cup(1,+\infty)$。

3. 答案:$a<0$。

解:这是一道根据函数单调性来求函数参数的问题。

因为 $f(x)=\frac{a}{x}$ 在 $(0,+\infty)$ 是增函数,所以对任意 $0<x_1<x_2$,都有 $f(x_1)<f(x_2)$,于是 $\frac{a}{x_1}<\frac{a}{x_2} \Rightarrow \frac{a(x_2-x_1)}{x_1x_2}<0$,而 $x_2-x_1>0$,$x_1x_2>0$,即得 $a<0$。

4. 答案:D。

解:$y=\left(x-\frac{3}{2}\right)^2$ 图像开口向上,对称轴为 $x=\frac{3}{2}$,所以单调递减区间为 $\left(-\infty,\frac{3}{2}\right]$。

5. 解：(1) 因为$f(x)=3$，即$\frac{1}{x}-2=3$，所以$\frac{1}{x}=5$，即$x=\frac{1}{5}$。

(2) 设x_1,x_2是$(0,+\infty)$上的两个任意实数，且$x_1<x_2$，则$f(x_1)-f(x_2)=\frac{1}{x_1}-2-\left(\frac{1}{x_2}-2\right)=\frac{1}{x_1}-\frac{1}{x_2}=\frac{x_2-x_1}{x_1x_2}$。

因为$0<x_1<x_2$，所以$x_2-x_1>0$，$x_1x_2>0$，从而$f(x_1)-f(x_2)=\frac{x_2-x_1}{x_1x_2}>0$，即$f(x_1)>f(x_2)$。

因此$f(x)=\frac{1}{x}-2$是$(0,+\infty)$上的减函数。

(二) 函数最值

1. 答案：(1)$y=162-3x$($x\in\mathbf{N}$，且$0\leqslant x\leqslant 54$)；(2)$x=42$，$y=432$。

解：(1) 因为$f(x)$为一次函数，设$y=ax+b$，解方程组$\begin{cases}45a+b=27\\50a+b=12\end{cases}$，得$a=-3$，$b=162$，故$y=162-3x$为所求的函数关系式。

又因为$y\geqslant 0$，所以$0\leqslant x\leqslant 54$且$x\in\mathbf{N}$。

(2) 依题意得$P=(x-30)\cdot y=(x-30)\cdot(162-3x)=-3(x-42)^2+432$。

当$x=42$时，$y_{\max}=432$，即销售单价为42元/件时，获得最大日销售利润为432元。

2. 答案：D。

解：根据函数最小值的定义可知，对于定义域内的全部元素，无法找到一个M值，使得此函数的函数值都大于这个M值，所以最小值无法确定。

3. 答案：C。

解：函数$y=x^2$在$[-1,0]$上为减函数，在$(0,2]$上为增函数，当$x=-1$时，$y=1$；当$x=2$时，$y=4$，所以函数$y=x^2$在$[-1,2]$上的最大值为4。

4. 分析：根据列表法做出该函数的大致图像，可以发现函数$f(x)=\frac{2}{x-1}$在$x\in[2,6]$上递减，所以，函数$f(x)=\frac{2}{x-1}$在区间$[2,6]$的两个端点上分别有最大值和最小值。

解：设x_1,x_2是区间$[2,6]$上的任意两个实数，且$x_1<x_2$，则

$$f(x_1)-f(x_2)=\frac{2}{x_1-1}-\frac{2}{x_2-1}=\frac{2[(x_2-1)-(x_1-1)]}{(x_1-1)(x_2-1)}=\frac{2(x_2-x_1)}{(x_1-1)(x_2-1)}$$

因为$2\leqslant x_1<x_2\leqslant 6$，所以$x_2-x_1>0$，$(x_1-1)(x_2-1)>0$，所以$f(x_1)-f(x_2)>0\Rightarrow f(x_1)>f(x_2)$，因此函数$f(x)=\frac{2}{x-1}$在区间$[2,6]$上是减函数。

因此，函数$f(x)=\frac{2}{x-1}$在区间$[2,6]$的两个端点上分别有最大值和最小值：$x_1=2$，

$y_{\max} = f(x_1) = 2$；$x_1 = 6$，$y_{\min} = f(x_2) = \frac{2}{5}$。

5. 解：利用 $f(x)$ 在定义域 $[-3,4]$ 内为增函数，并且 $f(2m-1) > f(1-m)$ 可知：$-3 \leqslant 1-m < 2m-1 \leqslant 4$，可转化为如下不等式组

$$\begin{cases} 1-m < 2m-1 \\ 1-m \geqslant -3 \\ 2m-1 \leqslant 4 \end{cases} \Rightarrow \frac{2}{3} < m \leqslant \frac{5}{2}$$

课后习题解答

习题 3.2（教材第 34 页）

1. 解：设 x_1, x_2 是 $(-\infty, +\infty)$ 上的任意两个实数，且 $x_1 < x_2$，则

$$f(x_1) - f(x_2) = (mx_1 + b) - (mx_2 + b) = m(x_1 - x_2)$$

由 $x_1 < x_2$，得到 $x_1 - x_2 < 0$，而 m 是实数，所以，当 $m > 0$ 时，$f(x_1) - f(x_2) = m(x_1 - x_2) < 0$，即 $f(x_1) < f(x_2)$，此时函数 $y = mx + b$ 在 $(-\infty, +\infty)$ 上是增函数。

当 $m < 0$ 时，$f(x_1) - f(x_2) = m(x_1 - x_2) > 0$，即 $f(x_1) > f(x_2)$，此时函数 $y = mx + b$ 在 $(-\infty, +\infty)$ 上是减函数。

2. 证明：(1) 设 x_1, x_2 是 $(-\infty, 0)$ 上的任意两个实数，且 $x_1 < x_2$，则

$$f(x_1) - f(x_2) = (x_1^2 + 1) - (x_2^2 + 1) = x_1^2 - x_2^2 = (x_1 + x_2)(x_1 - x_2)$$

因为 $x_1 < x_2 < 0$，则 $x_1 + x_2 < 0$，$x_1 - x_2 < 0$，所以 $f(x_1) - f(x_2) > 0 \Rightarrow f(x_1) > f(x_2)$。

因此根据单调性定义可得，函数 $f(x) = x^2 + 1$ 在 $(-\infty, 0)$ 上是减函数。

(2) 设 x_1, x_2 是 $(-\infty, 0)$ 上的任意两个实数，且 $x_1 < x_2$，则

$$f(x_1) - f(x_2) = \left(1 - \frac{1}{x_1}\right) - \left(1 - \frac{1}{x_2}\right) = \frac{1}{x_2} - \frac{1}{x_1} = \frac{x_1 - x_2}{x_1 x_2}$$

因为 $x_1 < x_2 < 0$，则 $x_1 x_2 > 0$，$x_1 - x_2 < 0$，所以 $f(x_1) - f(x_2) < 0 \Rightarrow f(x_1) < f(x_2)$，因此根据单调性定义可得，函数 $f(x) = 1 - \frac{1}{x}$ 在 $(-\infty, 0)$ 上是增函数。

3.3 函数的奇偶性

习题训练

1. 答案：B。

解：由奇偶函数的定义得 $f(x) = 4x^4$ 为偶函数；$f(x) = -5x^7$ 为奇函数；$f(x) = |x| + 3$ 为偶函数；$f(x) = x + 1$ 为非奇非偶函数。

2. 答案：C。

解：根据在区间 $(0, +\infty)$ 上单调递减排除 D；根据奇偶性排除 AB。

3. 答案：A。

解：因为函数 $f(x)=ax^2+bx+c(a\neq 0)$ 是偶函数，所以 $b=0$，因此 $g(x)=ax^3+bx^2+cx$ 为奇函数。

4. 答案：$\frac{1}{2}$。

解：因为函数 $f(x)$ 是奇函数，所以 $f(-2)=-f(2)=3$，因此 $(-2)^2+(-2)m=3$，$m=\frac{1}{2}$。

5. 答案：C。

解：根据奇函数的定义可知，只有 $y=x^3$，$y=2\sin x$ 是奇函数。

6. 答案：D。

解：这道题考查函数的奇偶性和单调性两种性质，根据奇偶性定义，并结合相关函数图像可知：

A 选项为非奇非偶函数；B 选项为奇函数但是减函数；C 选项是奇函数且在 $(-\infty,+\infty)$ 是减函数；D 选项的函数为分段函数，可化为 $y=\begin{cases}x^2, x\geqslant 0\\ -x^2, x<0\end{cases}$，是奇函数并且单调递增。

7. 答案：D。

解：根据奇函数的性质，存在 $f(-x)=-f(x)$，所以当 $x=a$ 时，就有 $f(-a)=-f(a)$；此时的坐标点即为 $(-a,-f(a))$。

8. 分析：根据函数奇偶性的特点来判定，首先判定所给函数的定义域是否关于原点对称，然后确定 $f(-x)$ 与 $f(x)$ 的关系。

解：(1) $f(x)=2x^4+3x^2$ 的定义域是 $\mathbf{R}$，关于原点对称。

因为 $\forall x\in\mathbf{R}$，$f(-x)=2(-x)^4+3(-x)^2=2x^4+3x^2=f(x)$，所以 $f(x)=2x^4+3x^2$ 在定义域 $\mathbf{R}$ 上是偶函数。

(2) 奇函数。

(3) 奇函数。

(4) 偶函数。

9. 答案：A。

解：利用函数的单调性和奇偶性性质，逐项进行判断。

选项 A 中 $f(x)=\frac{1}{x^2}$ 的定义域是 $\{x\mid x\neq 0\}$，关于原点对称。

因为 $\forall x\in\mathbf{R}$，$f(-x)=\frac{1}{(-x)^2}=\frac{1}{x^2}=f(x)$，所以 $f(x)=\frac{1}{x^2}$ 在定义域 $\{x\mid x\neq 0\}$ 上是偶函数。

单调性可以根据函数大致图像或单调性定义判断。

任取 $x_1 \neq x_2 \neq 0$，且 $x_1 < x_2$，因为 $f(x_1) - f(x_2) = \frac{1}{x_1^2} - \frac{1}{x_2^2} = \frac{x_2^2 - x_1^2}{x_1^2 x_2^2} > 0$，所以函数 $f(x) = \frac{1}{x^2}$ 在 $\{x \mid x \neq 0\}$ 上为增函数。

综上，$f(x) = \frac{1}{x^2}$ 是偶函数，并且在 $\{x \mid x \neq 0\}$ 上为增函数，符合条件。

同理，选项 B 为偶函数，但在 $\{x \mid x \neq 0\}$ 上单调递减；选项 C 为奇函数；选项 D 为非奇非偶函数。

10. 答案：$\frac{5}{2}$。

解：本题考查函数奇偶性的综合应用，利用奇偶性和已知条件求函数值。根据本题所给条件，考虑使用递推法。

令 $x = -1$，则由 $f(x+2) = f(x) + f(2)$，且 $f(x)$ 为奇函数得

$$f(1) = f(-1) + f(2) = -f(1) + f(2)$$

所以 $\frac{1}{2} = -\frac{1}{2} + f(2) \Rightarrow f(2) = 1$。

令 $x = 1$，得 $f(3) = f(1) + f(2) = \frac{1}{2} + 1 = \frac{3}{2}$。

令 $x = 3$，得 $f(5) = f(3) + f(2) = \frac{3}{2} + 1 = \frac{5}{2}$。

课后习题解答

习题 3.3（教材第 37 页）

1. 分析：本题考查利用定义法来判断给定函数的奇偶性，需要先判断函数的定义域是否关于原点对称，然后根据关系 $f(x)$ 与 $f(-x)$ 来确定奇偶性。

解：(1) 定义域为 $\mathbf{R}$，关于原点对称。

因为 $\forall x \in \mathbf{R}$，都有 $f(-x) = -2(-x) = 2x = f(x)$，所以 $f(x) = -2x$ 为偶函数。

(2) 定义域为 $\mathbf{R}$，关于原点对称。

因为 $\forall x \in \mathbf{R}$，都有 $f(-x) = |-x| - 2 = |x| - 2 = f(x)$，所以 $f(x) = |x| - 2$ 为偶函数。

(3) 定义域为 $[-1,1]$，关于原点对称。

因为 $\forall x \in [-1,1]$，都有 $f(-x) = \sqrt{1-(-x)^2} = \sqrt{1-x^2} = f(x)$，所以 $f(x) = \sqrt{1-x^2}$ 为偶函数。

(4) 定义域为 $[-3,1]$，不关于原点对称，所以 $f(x) = -x^2 (x \in [-3,1])$ 在定义域内没有奇偶性。

(5) 定义域为 $[-2,2]$，关于原点对称。

因为 $\forall x \in [-2,2]$，都有 $f(-x) = \sqrt{4-(-x)^2} + (-x-2) \neq f(x) \neq f(-x)$，所以 $f(x) = \sqrt{4-x^2} + (x-2)$ 是非奇非偶函数。

(6) 定义域为 $\mathbf{R}$，关于原点对称。

因为 $\forall x \in \mathbf{R}$,都有$f(-x)=2(-x)-1=-2x-1 \neq f(x) \neq f(-x)$,所以$f(x)=2x-1$是非奇非偶函数。

3.4 反 函 数

习题训练

1. 答案:C。

解:求一个函数的反函数,(1) 先根据原函数 $y=f(x)$ 解出 x,得到 $x=f^{-1}(y)$;(2) 交换 x,y,得到 $y=f^{-1}(x)$;(3) 根据原函数的值域或直接求出反函数的定义域。

在 $y=2x^2(x \geqslant 0)$ 中,先求出 x,得到 $x=\dfrac{\sqrt{2y}}{2}$,交换后得 $y=\dfrac{\sqrt{2x}}{2}$;根据原函数值域得到其反函数定义域为 $x \geqslant 0$,所以,反函数为 $y=\dfrac{\sqrt{2x}}{2}(x \geqslant 0)$。

2. 答案:B。

解:要知道指数函数 $y=a^x(a>0$,且 $a \neq 1)$ 的反函数是对数函数 $y=\log_a x(a>0$,且 $a \neq 1)$。

又因为 $y=\log_a x$ 的图像过点$(\sqrt{a},a)$,所以 $a=\log_a \sqrt{a}=\dfrac{1}{2}$。

3. 答案:C。

解:由原函数的解析式解出自变量 x 的解析式,再将 x 和 y 互换位置。注明反函数的定义域(即原函数的值域)。

因为 $y=-x^2(x \leqslant 0)$,所以 $x=-\sqrt{-y}(y \leqslant 0)$,故反函数为 $y=-\sqrt{-x}(x \leqslant 0)$。

4. 答案:$y=-\sqrt{9-x^2}(0 \leqslant x \leqslant 3)$。

解:根据反函数的解析式及值域求出其反函数的解析式和定义域,可知,这是位于二、四象限的四分之一圆。解得

$$y=\sqrt{9-x^2},\ -3 \leqslant x \leqslant 0$$

所以 $x=-\sqrt{9-y^2}(0 \leqslant y \leqslant 3)$,故反函数为 $y=-\sqrt{9-x^2}(0 \leqslant x \leqslant 3)$。

5. 解:(1) 因为 $y=\dfrac{3x-5}{2x+1}\left(x \neq -\dfrac{1}{2}\right)$,所以 $y \neq \dfrac{3}{2}$。

由 $y=\dfrac{3x-5}{2x+1}$,得

$$(2y-3)x=-y-5$$

所以 $x=\dfrac{y+5}{3-2y}$,所求反函数为 $y=\dfrac{y+5}{3-2y}\left(x \neq \dfrac{3}{2}\right)$。

(2) 因为 $y=(x-1)^2+2, x \in(-\infty,0]$,其值域为 $y \in[2,+\infty)$。

由 $y=(x-1)^2+2(x \leqslant 0)$,得 $x-1=-\sqrt{y-2}$,即 $x=1-\sqrt{y-2}$,所以反函数为 $f^{-1}(x)=1-\sqrt{x-2}(x \geqslant 2)$。

(3) 因为 $y=\frac{1}{x^2+1}(x\leqslant 0)$,它的值域为 $0<y\leqslant 1$。

由 $y=\frac{1}{x^2+1}$,得 $x=-\sqrt{\frac{1-y}{y}}$,所以反函数为 $f^{-1}(x)=-\sqrt{\frac{1-x}{x}}(0<x\leqslant 1)$。

(4) 由 $y=\sqrt{x+1}(-1\leqslant x\leqslant 0)$,得值域为 $0\leqslant y\leqslant 1$,反函数为 $f^{-1}(x)=x^2-1(0\leqslant x\leqslant 1)$。

由 $y=-\sqrt{x}(0<x\leqslant 1)$,得值域为 $-1\leqslant y<0$,反函数为 $f^{-1}(x)=x^2(-1\leqslant x\leqslant 0)$。

故所求反函数为 $y=\begin{cases}x^2-1(0\leqslant x\leqslant 1)\\x^2(-1\leqslant x<0)\end{cases}$。

6. 解:因为已知函数的定义域是 $x\geqslant 1$,所以值域为 $y\geqslant -1$。

由 $y=\sqrt{x-1}-1$,得反函数为 $y=(x+1)^2+1(x\geqslant -1)$。

函数 $y=\sqrt{x-1}-1(x\geqslant 1)$ 与它的反函数 $y=(x+1)^2+1(x\geqslant -1)$ 的图像如图 2 所示。

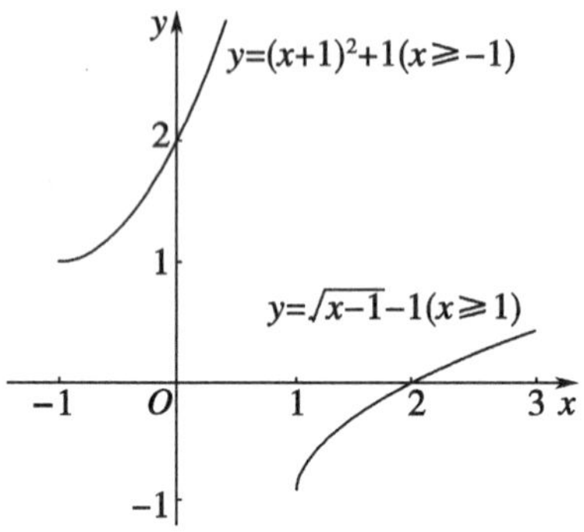

图 2

课后习题解答

习题 3.4(教材第 40 页)

(1) 解:由函数 $y=x^3+4(x<0)$,解得 $x=\sqrt[3]{y-4}$。

又因为原函数的值域 $y<4$,所以反函数的定义域 $x<4$,因此 $y=x^3+4(x<0)$ 的反函数为 $y=\sqrt[3]{x-4}(x<4)$。(仅列出(1) 的标准步骤,以下同。)

(2) 解:$y=-x^2(x<0)$ 的反函数为 $y=\sqrt{-x}(x<0)$。

(3) 解:$y=1-\frac{2}{x+3}(x\in\mathbf{R}$,且 $x\neq -3)$ 的反函数为 $y=\frac{3x-1}{1-x}(x\in\mathbf{R}$,且 $x\neq 1)$。

(4) 解:$y=x^2-2x+3(x\leqslant 0)$ 的反函数为 $y=\sqrt{x-2}+1(x\geqslant 2)$。

(5) 解:反函数为 $y=\frac{3x+3}{5x-4}\left(x\in\mathbf{R}\text{,且 }x\neq\frac{4}{5}\right)$。

(6) 解:反函数为 $y=\frac{1}{2}x^2+2(x\geqslant 0)$。

(7) 解:将函数 $y=x^2+4x+3$ 转化成 $y=(x+2)^2-1$,解得 $x=\sqrt{y+1}-2$。

又因为原函数的值域为$[-1,+\infty)$,所以反函数的定义域为$[-1,+\infty)$,因此反函数为$y=\sqrt{x+1}-2(x\in[-1,+\infty))$。

(8) 解:反函数为$y=x^2-2x+2(x\geqslant 1)$。

3.5 幂　函　数

习题训练

1. 答案:略。

2. 答案:C。

分析:根据幂函数的定义及判定条件,选项 C 满足系数为 1、底数是自变量、指数是常数及整个函数项只有一项。

3. 答案:A。

分析:根据幂函数图像的性质,可知当$\alpha>0$时,幂函数在区间$(0,+\infty)$上是增函数,在第一象限是增函数,舍去选项 C;在第一象限内,当$\alpha>1$时,图像是向下凹的,舍去选项 B;$y=x^{\frac{4}{3}}$是偶函数,关于y轴对称,舍去选项 D。所以选 A。

4. 答案:A。

分析:三个不具有相同底数及指数的幂函数值不容易比较大小,可以先对指数进行转换,然后利用幂函数性质比较大小。

三个函数值同时 3 次方,变成$y=x^3$的形式,去掉指数中的分母后,比较底数即可。

因为$(3^{\frac{2}{3}})^3=9<(2^{\frac{4}{3}})^3=16<(25^{\frac{1}{3}})^3=25$,所以$3^{\frac{2}{3}}<2^{\frac{4}{3}}<25^{\frac{1}{3}}$。

5. 答案:D。

分析:根据幂函数的定义及图像性质,可知:选项 A 中是常函数,但$x\neq 0$,所以不是一条直线;选项 B 中当$\alpha<0$时不过点$(0,0)$;选项 C 中当$\alpha<0$,如$y=x^{-1}$时,在定义域内的单调区间上是减函数。

6. 解:根据幂函数的定义及判定条件,得出以下方程组

$$\begin{cases}m^2-m-1=1\\m^2+m\neq 0\end{cases}$$

解此方程组得$m=2$。

7. 分析:(1) 选取幂函数$y=x^{\frac{6}{11}}$,在$(0,+\infty)$是增函数,因为$0.6<0.7$,所以$0.6^{\frac{6}{11}}<0.7^{\frac{6}{11}}$。

(2) 三个幂函数进行比较,可以找到一个都可与之比较的公共量或者先转化成具有相同指数的量,然后再根据定义进行比较。

这里我们选择三个幂函数指数同时乘以它们的公因数 6,转化成具有相同指数的函数值,由于都为正数,变化后的函数值大小顺序不变。

由$(2^{\frac{1}{2}})^6$,$(3^{\frac{1}{3}})^6$,$(6^{\frac{1}{6}})^6$,可选取幂函数$y=x^6$,在$(0,+\infty)$是增函数。

因为$(6^{\frac{1}{6}})^6=6<(2^{\frac{1}{2}})^6=8<(3^{\frac{1}{3}})^6=9$,所以$6^{\frac{1}{6}}<2^{\frac{1}{2}}<3^{\frac{1}{3}}$。

8. 分析:考查函数$y=x^{-\frac{1}{3}}$的单调性,需要讨论x的取值范围,利用幂函数单调性建立关于α的不等关系。

因为$(a+1)^{-\frac{1}{3}}<(3-2a)^{-\frac{1}{3}}$,幂函数$y=x^{-\frac{1}{3}}$在$(-\infty,0)\cup(0,+\infty)$单调递减,所以

$$\begin{cases}a+1>3-2a\\a+1>0\\3-2a>0\end{cases}\quad\text{或}\quad\begin{cases}a+1>3-2a\\a+1<0\\3-2a<0\end{cases}\quad\text{或}\quad\begin{cases}a+1<0\\3-2a>0\end{cases}$$

解得$\frac{2}{3}<a<\frac{3}{2}$或$a<-1$。

9. 答案:$y=x^{-3}$

分析:首先根据幂函数的定义,求出m的值,然后再根据该幂函数在$x\in(0,+\infty)$上是减函数进行验证。

解:因为$y=(m^2-m-1)\cdot x^{m^2-2m-3}$是幂函数,所以$m^2-m-1=1$,即$(m-2)(m+1)=0$,解得$m=2$或$m=-1$。

当$m=2$时,$m^2-2m-3=-3$,即$y=x^{-3}$是幂函数,且满足当$x\in(0,+\infty)$时,y随x的增大而减小。

当$m=-1$时,$m^2-2m-3=0$,$y=x^0$是幂函数,但不满足当$x\in(0,+\infty)$时,y随x的增大而减小,应舍去。

所以,此幂函数的解析式为$y=x^{-3}$。

课后习题解答

习题3.5(教材第44页)

1. 解:(1)$(-\infty,0)\cup(0,+\infty)$;(2)$(-\infty,+\infty)$;(3)$(0,+\infty)$;(4)$(-\infty,0)\cup(0,+\infty)$;(5)$[0,+\infty)$。

2. 解:(1) 选取幂函数$y=x^{\frac{3}{7}}$,在$(0,+\infty)$是增函数。

因为$1.2<1.5$,所以$1.2^{\frac{3}{7}}<1.5^{\frac{3}{7}}$。

以下方法同(1),略。

(2)$0.26^{\frac{3}{5}}<0.27^{\frac{3}{5}}$。

(3)$3.1^{-\frac{5}{2}}>6^{-\frac{5}{2}}$。

(4)$0.6^{-\frac{1}{3}}>1.7^{-\frac{1}{3}}$。

3.6 指数函数

习题训练

1. 略。

2. 答案：C。

解：根据指数函数的图像性质，可知：

当 $a>1$ 时，a 值越大，图像向上越靠近 y 轴，递增速度越快。

当 $0<a<1$ 时，a 值越小，图像向上越靠近 y 轴，递减速度越快。

所以可以判断，$c>d>1, b<a<1$。

3. 解：要使函数有意义，需满足 $x-1>0$，即 $x>1$，所以 $f(x)$ 的定义域为 $(1,+\infty)$。

4. 解：因为函数 $f(x)$ 是指数函数，所以设 $f(x)=a^x(a>0$，且 $a\neq 1)$，则根据已知条件得到：$a^{-\frac{3}{2}}=\frac{\sqrt{5}}{25}=5^{-\frac{3}{2}}\Rightarrow a=5$，所以 $f(3)=5^3=125$。

5. 解：因为函数 $y=a^2(2-a)^x$ 是指数函数，所以根据指数函数的定义及性质，可得

$$\begin{cases}a^2=1\\2-a>0\\2-a\neq 1\end{cases}\Rightarrow a=-1$$

课后习题解答

习题 3.6（教材第 47 页）

1. 解：(1) $\{x \mid x\in\mathbf{R}\}$。

(2) $\{x \mid x\in\mathbf{R}\}$。

(3) $\{x \mid x\in\mathbf{R}\}$。

(4) $\{x \mid x\in\mathbf{R}\}$。

2. 解：(1) 选取指数函数 $y=2.6^x$，由于底数 $2.6>1$，所以指数函数 $y=2.6^x$ 在 $\mathbf{R}$ 上是增函数。

因为 $0.8>0.7$，所以 $2.6^{0.8}>2.6^{0.7}$。

(2) $0.75^{-0.2}>0.75^{0.1}$。

(3) $1.02^{2.9}<1.02^{3.5}$。

(4) $0.6^{3.3}>0.6^{4.5}$。

3.7 对数函数

习题训练

(一) 对数定义及运算性质

1. 解：(1) 利用对数的运算性质可知

$$\lg\frac{25}{16}-2\lg\frac{5}{9}+\lg\frac{32}{81}=\lg\left(\frac{25}{16}\div\frac{25}{81}\times\frac{32}{81}\right)=\lg 2$$

（2）可利用对数恒等式的性质，得到

$$2^{\log_2 3}+2\log_3 1-3\log_7 7+3\ln 1=3+2\times 0-3+3\times 0=0$$

2. 解：（1）根据指数式转化为对数式的方法，由 $2^{-3}=\frac{1}{8}$，可得 $\log_2\frac{1}{8}=-3$。

（2）由 $\left(\frac{1}{7}\right)^a=b$，可得 $\log_{\frac{1}{7}}b=a$。

（3）由 $\lg\frac{1}{1\,000}=-3$，可得 $10^{-3}=\frac{1}{1\,000}$。

（4）由 $\ln 10=x$，可得 $e^x=10$。

3. 解：（1）原式可化简，然后利用完全平方公式，具体如下

$$\begin{aligned}&\lg 25+\frac{2}{3}\lg 8+\lg 5\times\lg 20+(\lg 2)^2\\&=2\lg 5+2\lg 2+\lg 5\times(2\lg 2+\lg 5)+(\lg 2)^2\\&=2+2\times\lg 2\times\lg 5+(\lg 5)^2+(\lg 2)^2\\&=2+(\lg 5+\lg 2)^2=3\end{aligned}$$

（2）

$$\frac{2\lg 2+\lg 3}{2+\lg 0.36+2\lg 2}=\frac{2\lg 2+\lg 3}{2+\lg\frac{36}{100}+2\lg 2}=\frac{2\lg 2+\lg 3}{2+2\lg 6-2+2\lg 2}$$

$$=\frac{2\lg 2+\lg 3}{2\lg 6+2\lg 2}=\frac{2\lg 2+\lg 3}{2\lg 3+4\lg 2}=\frac{1}{2}$$

（二）对数函数的图像和性质

4. 答案：D。

解：选项 A，B，C 中的函数都不具有 $y=\log_a x(a>0$ 且 $a\neq 1)$ 的形式，只有选项 D 符合。

5. 解：（1）要使函数有意义，需满足 $\begin{cases}x-2>0\\x-3\neq 0\end{cases}\Rightarrow x>2$ 且 $x\neq 3$，所以函数的定义域为 $(2,3)\cup(3,+\infty)$。

（2）要使函数有意义，需满足 $\begin{cases}16-4x>0\\x+1>0\\x+1\neq 1\end{cases}\Rightarrow -1<x<0$ 或 $0<x<4$，所以函数的定义域为 $(-1,0)\cup(0,4)$。

6. 答案：$a_4 > a_3 > 1 > a_2 > a_1$。

解：根据对数函数的图像性质，作一条直线 $y = 1$，它与各曲线的交点横坐标就是各对数函数的底数，由此就可以判断出各底数的大小。

7. 解：(1) 因为 $y = \log_3 x$ 在 $(0, +\infty)$ 上是增函数，所以 $\log_3 1.9 < \log_3 2$。

(2) 因为 $\log_2 3 > \log_2 1 = 0$，$\log_{0.3} 2 < \log_{0.3} 1 = 0$，所以 $\log_2 3 > \log_{0.3} 2$。

8. 解：首先求出 $f(x) = \log_2(\sqrt{x^2+1} + x)$ 的定义域为 $\mathbf{R}$，然后

$f(-x) + f(x) = \log_2(\sqrt{x^2+1} - x) + \log_2(\sqrt{x^2+1} + x) = \log_2(x^2 + 1 - x^2) = 0$

所以 $f(-x) = -f(x)$，因此 $f(x)$ 是奇函数。

课后习题解答

习题 3.7（教材第 51 页）

1. 解：(1)

$$\begin{aligned}原式 &= \left(\log_2 5 + \log_4 \frac{1}{5}\right)\left(\log_5 2 + \log_{25} \frac{1}{2}\right)\\ &= (\log_2 5 + \log_4 1 - \log_4 5)(\log_5 2 + \log_{25} 1 - \log_{25} 2)\\ &= \frac{1}{2}\log_2 5 \times \frac{1}{2}\log_5 2 = \frac{1}{4}\end{aligned}$$

(2)

$$\begin{aligned}原式 &= \frac{5}{12}\log_3 2\left(\log_2 3 + \frac{2}{2}\log_2 3 + \frac{3}{3}\log_2 3 + \frac{4}{4}\log_2 3 + \frac{5}{5}\log_2 3\right)\\ &= \frac{5}{12}\log_3 2 \times 5\log_2 3 = \frac{25}{12}\end{aligned}$$

2. 解：注意两点——根据反函数的定义，首先求出函数的表达式，接着求出反函数的定义域，才算是正确的；指数函数与对数函数互为反函数。

(1) 因为 $y = (\sqrt{2})^x (x \in \mathbf{R})$ 是指数函数，值域为 $y > 0$，所以它的反函数为对数函数 $x = 2\log_2 y (y > 0)$，交换后可得

$$y = 2\log_2 x, x > 0$$

(2) 因为 $y = \lg x(x > 0)$ 是对数函数,值域为 $\mathbf{R}$,所以反函数为指数函数 $y = 10^x$ $(x \in \mathbf{R})$。

(3) 因为 $y = 2\log_4 x(x > 0)$ 是对数函数,值域为 $\mathbf{R}$,所以反函数为指数函数 $y = 2^x(x \in \mathbf{R})$。

3. 解:因为 $\begin{cases}4x - 3 > 0\\ \log_{0.5}(4x - 3) \geqslant 0\end{cases} \Rightarrow \frac{3}{4} < x \leqslant 1$,所以函数 $y = \sqrt{\log_{0.5}(4x - 3)}$ 的定义域为 $(\frac{3}{4}, 1]$。

4. (1) A;(2) C。

参考复习题(教材第 51 页)

1. 解:根据映射的定义及特点,判断是否为映射,应该满足 A 中元素不可剩,B 中元素可剩;多对一行,一对多不行。

因此(1) 中的对应关系为映射;(2) 不是映射。

2. 解:用定义法来判断函数奇偶性。

(1) $y = |x^2 - x|$ 的定义域是 $\mathbf{R}$,关于原点对称。

因为 $\forall x \in \mathbf{R}, f(-x) = |x^2 + x| \neq f(x) \neq -f(x)$,所以 $f(x) = x^4$ 在定义域 $\mathbf{R}$ 上是非奇非偶函数。

(2) $y = x^2(x \in (1,8))$ 在定义域内不关于原点对称,所以是非奇非偶函数。

(3) $y = -x^2 + \sqrt{x}$ 在定义域 $[0, +\infty)$ 上是非奇非偶函数。

3. 解:(1) 结合函数图像,利用根与系数的关系,可知顶点为 $(\frac{1}{2}, -\frac{23}{4})$,所以该函数的定义域可分为 $(-\infty, \frac{1}{2}) \cup [\frac{1}{2}, +\infty)$ 来讨论单调性。

画出函数大概图像可知:

在区间 $(-\infty, \frac{1}{2})$ 上函数 $f(x) = -x^2 + x - 6$ 是增函数。

在区间 $[\frac{1}{2}, +\infty)$ 上函数 $f(x) = -x^2 + x - 6$ 是减函数。

(2) 设 x_1, x_2 是 $[0, +\infty)$ 上的任意两个实数,且 $x_1 < x_2$,则

$$f(x_1) - f(x_2) = -\sqrt{x_1} - (-\sqrt{x_2}) = \sqrt{x_2} - \sqrt{x_1}$$

因为 $0 \leqslant x_1 < x_2$,则 $x_2 - x_1 > 0 \Rightarrow \sqrt{x_2} - \sqrt{x_1} > 0$,所以 $f(x_1) - f(x_2) > 0 \Rightarrow f(x_1) >$

$f(x_2)$,因此根据单调性定义可得,函数$f(x) = -\sqrt{x}$在$[0, +\infty)$上是减函数。

(3) 将原函数化为$f(x) = \dfrac{2}{x} - 1(x \neq 0)$。

设x_1, x_2是$(-\infty, 0) \cup (0, +\infty)$上的任意两个实数,且$x_1 < x_2$,则

$$f(x_1) - f(x_2) = \frac{2}{x_1} - 1 - \left(\frac{2}{x_2} - 1\right) = \frac{2}{x_1} - \frac{2}{x_2} = \frac{2(x_2 - x_1)}{x_1 x_2}$$

讨论:

①$x_1 < x_2 < 0$。

因为$x_1 < x_2 < 0$,即$x_2 - x_1 > 0, x_1x_2 > 0$,所以$f(x_1) - f(x_2) > 0 \Rightarrow f(x_1) > f(x_2)$。

根据单调性定义可得,函数$f(x) = \dfrac{2-x}{x}$在$(-\infty, 0)$上是减函数。

②$0 < x_1 < x_2$。

因为$0 < x_1 < x_2$,即$x_2 - x_1 > 0, x_1x_2 > 0$,所以$f(x_1) - f(x_2) > 0 \Rightarrow f(x_1) > f(x_2)$。

根据单调性定义可得,函数$f(x) = \dfrac{2-x}{x}$在$(0, +\infty)$上是减函数。

③$x_1 < 0 < x_2$。

因为$x_1 < 0 < x_2$,即$x_2 - x_1 > 0, x_1x_2 < 0$,所以$f(x_1) - f(x_2) < 0 \Rightarrow f(x_1) < f(x_2)$。

根据单调性定义可得,函数$f(x) = \dfrac{2-x}{x}$在$(-\infty, 0) \cup (0, +\infty)$上是增函数。

(4)$f(x) = -x^3 + 2$。

设x_1, x_2是$\mathbf{R}$上的任意两个实数,且$x_1 < x_2$,则

$$\begin{aligned} f(x_1) - f(x_2) &= -x_1^3 + 2 - (-x_2^3 + 2) \\ &= x_2^3 - x_1^3 \\ &= (x_2 - x_1)(x_2^2 + x_1x_2 + x_1^2) \end{aligned}$$

同上讨论:

①$x_1 < x_2 < 0$。

因为$x_1 < x_2 < 0$,即$x_2 - x_1 > 0, x_1x_2 > 0$,所以$f(x_1) - f(x_2) > 0 \Rightarrow f(x_1) > f(x_2)$。

根据单调性定义可得,函数$f(x) = -x^3 + 2$在$(-\infty, 0)$上是减函数。

②$0 < x_1 < x_2$。

因为$0 < x_1 < x_2$,则$x_2 - x_1 > 0, x_1x_2 > 0$,所以$f(x_1) - f(x_2) > 0 \Rightarrow f(x_1) > f(x_2)$。

根据单调性定义可得,函数$f(x) = -x^3 + 2$在$(0, +\infty)$上是减函数。

③$x_1 < 0 < x_2$。

因为 $x_1 < 0 < x_2$,则 $x_2 - x_1 > 0, x_1x_2 < 0$,所以 $f(x_1) - f(x_2) < 0 \Rightarrow f(x_1) < f(x_2)$。

根据单调性定义可得,函数 $f(x) = -x^3 + 2$ 在 $\mathbf{R}$ 上是增函数。

4. 解:由函数 $y = \log_2 \frac{1}{x-1}$,可知 $\frac{1}{x-1} = 2^y (x > 1)$,值域为 $y \in \mathbf{R}$,所以函数 $y = \log_2 \frac{1}{x-1}$ 的反函数是 $y = \frac{1}{2^x} + 1 (x \in \mathbf{R})$。

5. 解:(1) 要使函数有意义,需

$$\begin{cases} -x \geqslant 0 \\ x + 4 \geqslant 0 \\ x + 3 \neq 0 \end{cases} \Rightarrow -4 \leqslant x \leqslant 0 \text{ 且 } x \neq -3$$

所以定义域为 $[-4, -3) \cup (-3, 0]$。

(2) 要使函数有意义,需 $6 - 5x - x^2 > 0$,即 $-6 < x < 1$。所以定义域为 $(-6, 1)$。

(3) 要使函数有意义,需 $2x - 1 \neq 0$,即 $x \neq \frac{1}{2}$。所以定义域为 $(-\infty, \frac{1}{2}) \cup (\frac{1}{2}, +\infty)$。

(4) 要使函数有意义,需 $1 - \left(\frac{1}{2}\right)^x \geqslant 0$,即 $x \geqslant 0$。所以定义域为 $[0, +\infty)$。

(5) 要使函数有意义,需 $2 - x > 0$,即 $x < 2$。所以定义域为 $(-\infty, 2)$。

6. 解:本题主要利用函数的奇偶性、对称性性质来求解。

因为 $f(x)$ 为奇函数,所以设 $x \in [-7, -1]$,则 $-x \in [1, 7]$。

当 $x \in [1, 7]$ 时,$f(x) = 7 - x^3$,则 $f(-x) = 7 + x^3$,而 $f(x)$ 为奇函数。

因此 $-f(x) = 7 + x^3$,故 $f(x) = -7 - x^3$。

综上,当 $x \in [-7, -1]$ 时,函数的表达式为 $f(x) = -7 - x^3$。

单元测试答案

一、单项选择题

1. D　2. B　3. A　4. B　5. C　6. D　7. B　8. A　9. B　10. D

11. B　12. C　13. A　14. B　15. B　16. C　17. C　18. C　19. B　20. B

二、填空题

1. $y = \frac{1}{2}x - \frac{1}{2} (x \in \mathbf{R})$。

2. 非空数集，对应关系，唯一确定，函数。

3. $(-2,3)\cup(3,+\infty)$。

4. 减函数。

5. $a<\frac{1}{3}$。

6. $\frac{1}{3}$,0。

7. 0。

8. 幂函数。

9. (1,1)。

10. 2。

三、计算题

1. 解：(1) 因为 $m=\log_2 10$，$n=\log_5 10$，所以

$$\frac{1}{m}+\frac{1}{n}=\frac{1}{\log_2 10}+\frac{1}{\log_5 10}=\lg 2+\lg 5=1$$

(2) $\begin{cases}a+1>0\\ a^2-2a-8=0\end{cases}\Rightarrow a=4$。

2. 解：(1) 要使函数有意义，则有

$$\begin{cases}x+1>0\\ x-1>0\end{cases}\quad 或\quad \begin{cases}x+1<0\\ x-1<0\end{cases}$$

解得 $x>1$ 或 $x<-1$。所以定义域为 $(-\infty,-1)\cup(1,+\infty)$。

(2) 由(1)中结果可知，$f(x)$ 的定义域关于原点对称。

因为 $f(-x)=\log_a\frac{-x+1}{-x-1}=-\log_a\frac{x+1}{x-1}=-f(x)$，所以 $f(x)$ 为奇函数，故

$$f(x)=\log_a\frac{x+1}{x-1}=\log_a\left(1+\frac{2}{x-1}\right)$$

设 $u=1+\frac{2}{x-1}$，可知当 $a>0$ 时，随着 x 增大，u 随之减小，同时 $\log_a u$ 增大。

讨论：

当 $a>1$ 时，因为 $\log_a u$ 在区间 $(-\infty,-1)\cup(1,+\infty)$ 上单调递增，所以 $f(x)$ 在区间 $(-\infty,-1)\cup(1,+\infty)$ 上单调递减。

当 $0<a<1$ 时，因为 $\log_a u$ 在区间 $(-\infty,-1)\cup(1,+\infty)$ 上单调递减，所以 $f(x)$ 在区间 $(-\infty,-1)\cup(1,+\infty)$ 上单调递增。

第4章　三角函数

4.1　角的概念

习题训练

1. 解：各个角度在坐标系中的位置如图1所示，由此可得。

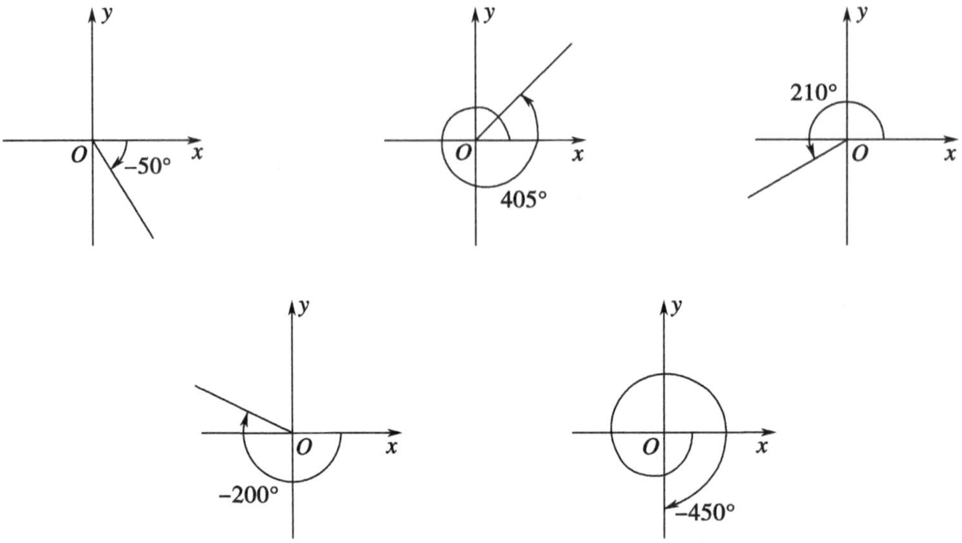

图1

2. 解：(1) 因为 $0<\frac{\pi}{5}<\frac{\pi}{2}$，所以 $\frac{\pi}{5}$ 是第一象限角。

(2) 因为 $\frac{11\pi}{5}=2\pi+\frac{\pi}{5}$，所以 $\frac{11\pi}{5}$ 是第一象限角。

(3) 因为 $-\frac{2\,000}{3}\pi=-668\pi+\frac{4\pi}{3}$，而 $\pi<\frac{4\pi}{3}<\frac{3\pi}{2}$，所以 $-\frac{2\,000}{3}\pi$ 是第三象限角。

(4) 因为 $0<1<\frac{\pi}{2}$，所以1是第一象限角。

(5) 因为 $\pi<4<\frac{3\pi}{2}$，所以4是第三象限角。

(6) 因为 $-8=-4\pi+(4\pi-8)$，而 $\pi<4\pi-8<\frac{3\pi}{2}$，所以 -8 是第三象限角。

3. 解：(1) $S=\{\beta\mid\beta=k\cdot360°+60°,k\in\mathbf{Z}\}$，$-300°,60°,420°$。

(2) $S=\{\beta\mid\beta=k\cdot360°-21°,k\in\mathbf{Z}\}$，$-21°,339°,699°$。

(3) $S=\{\beta\mid\beta=k\cdot360°+363°14',k\in\mathbf{Z}\}$，$-356°46',3°14',363°14'$。

4. 答案：C。

解：因为分针拨快 15 分钟，相当于顺时针旋转$\frac{\pi}{2}$，而顺时针角度即为负数，所以分针转过的弧度数为 $-\frac{\pi}{2}$。

5. 解：设扇形的半径为 r，弧长为 l，则有$\begin{cases}2r+l=8\\l=2r\end{cases}$，解得$\begin{cases}r=2\\l=4\end{cases}$。

因此扇形的面积为 $S=2rl=4(\text{cm}^2)$（图 2）。

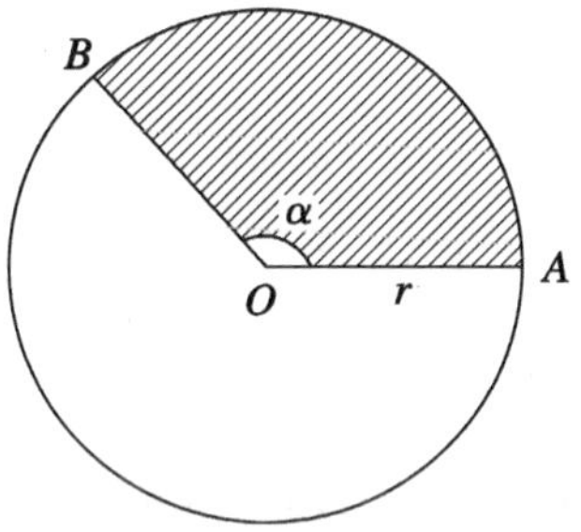

图 2

课后习题解答

习题 4.1（教材第 56 页）

1. (1) C；(2) A。

2. 解：(1) $-\frac{25\pi}{6}=-4\pi-\frac{\pi}{6}$，与 $-\frac{\pi}{6}$ 终边相同，落在第四象限。

(2) $400°=360°+40°$，与 $40°$ 终边相同，落在第一象限。

4.2 任意角的三角函数

习题训练

1. 解：(1) 因为 $250°$ 是第三象限角，所以 $\cos 250°<0$。

(2) 因为 $\tan(-672°)=\tan(-2\times360°+48°)=\tan 48°$，而 $48°$ 是第一象限角，所以 $\tan 48°>0$，故 $\tan(-672°)>0$。

(3) 因为 $-\frac{\pi}{4}$ 是第四象限角,所以 $\sin\left(-\frac{\pi}{4}\right)<0$。

2. 答案:B。

解:根据各三角函数值在各象限内的符号,可知

因为 $\tan\theta\cdot\sin\theta<0\Rightarrow\begin{cases}\tan\theta<0\\ \sin\theta>0\end{cases}$或$\begin{cases}\tan\theta>0\\ \sin\theta<0\end{cases}$,故 θ 为第二或第三象限角。

又因为

$$\tan\theta\cdot\cos\theta>0\Rightarrow\begin{cases}\tan\theta>0\\ \cos\theta>0\end{cases}\text{或}\begin{cases}\tan\theta<0\\ \cos\theta<0\end{cases}$$

推出 θ 为第一或第二象限。

综上,取交集可得 θ 为第二象限角。

3. 解:由已知可得

$$r=\sqrt{x^2+y^2}=\sqrt{(-12)^2+5^2}=13$$

所以

$$\sin\theta=\frac{y}{r}=\frac{5}{13},\cos\theta=\frac{x}{r}=-\frac{12}{13},\tan\theta=\frac{y}{x}=-\frac{5}{12}$$

4. 解:已知角 θ 的终边在直线 $y=2x$ 上,则设角 θ 的终边过点 $P(x,2x)$,可知

$$r=\sqrt{x^2+(2x)^2}=\sqrt{5x^2}=\sqrt{5}\cdot|x|=\pm\sqrt{5}x$$

所以

$$\sin\theta=\frac{y}{r}=\pm\frac{2x}{\sqrt{5}x}=\pm\frac{2\sqrt{5}}{5}$$

5. 解:因为角 α 属于第二象限角,即 $90^\circ+k\cdot360^\circ<\alpha<180^\circ+k\cdot360^\circ$,所以 $45^\circ+k\cdot180^\circ<\frac{\alpha}{2}<90^\circ+k\cdot180^\circ,k\in\mathbf{Z}$,因此角$\frac{\alpha}{2}$属于第一象限或第三象限角。

又因为 $\left|\sin\frac{\alpha}{2}\right|=-\sin\frac{\alpha}{2}$,知道 $\sin\frac{\alpha}{2}<0$,所以角$\frac{\alpha}{2}$属于第三象限角。

6. 答案:B。

解:由题意知,函数的定义域为 $\{x\mid x\neq k\pi,k\in\mathbf{Z}\}$,

根据各个象限中三角函数值的符号来确定函数值:

(1) 当 x 在第一象限时,因为 $\sin x>0,\cos x>0$,所以 $y=2$。

(2) 当 x 在第二象限时,因为 $\sin x>0,\cos x<0$,所以 $y=0$。

(3) 当 x 在第三象限时,因为 $\sin x<0,\cos x<0$,所以 $y=-2$。

(4) 当 x 在第四象限时,因为 $\sin x<0,\cos x>0$,所以 $y=0$。

综上,函数 $y=\frac{|\sin x|}{\sin x}+\frac{\cos x}{|\cos x|}$ 的值域是$\{-2,0,2\}$

课后习题解答

习题4.2(教材第60页)

1. (1)B。

2. 解:因为 $x=-8,y=-6$,所以

$$r=\sqrt{(-8)^2+(-6)^2}=10$$

因此

$$\sin a=\frac{y}{r}=-\frac{6}{10}=-\frac{3}{5}$$

$$\cos a=\frac{x}{r}=-\frac{8}{10}=-\frac{4}{5}$$

$$\tan a=\frac{y}{x}=\frac{-6}{-8}=\frac{3}{4}$$

$$\cot a=\frac{x}{y}=\frac{-8}{-6}=\frac{4}{3}$$

3. 解:(1) 原式 $=5\times1+2\times0-3\times(-1)+10\times(-1)=-2$。

(2) 原式 $=7\times0+2\times0+8\times1=8$。

(3) 原式 $=\frac{1}{2}-1+\frac{3}{4}\times\left(\frac{\sqrt{3}}{3}\right)^2-\frac{1}{2}+\left(\frac{\sqrt{3}}{2}\right)^2-1=-1$。

(4) 原式 $=\left(\frac{\sqrt{2}}{2}\right)^4-0+6\times1^3=\frac{25}{4}$。

4. 解:(1) 因为 153° 角是第二象限角,所以 $\tan 153°<0$。333° 角是第四象限角,因此 $\sin 333°<0$。故 $\tan 153°\cdot\sin 333°>0$。

(2) 因为97° 角是第二象限角,所以 $\tan 97°<0$。287° 角是第四象限角,因此 $\cos 287°>0$。故$\frac{\tan 97°}{\cos 287°}<0$。

(3) 因为 $\pi<\frac{7}{5}\pi<\frac{3}{2}\pi$ 是第三象限角,所以 $\sin\frac{5}{7}\pi<0$。

因为$\frac{\pi}{2}<\frac{4}{5}\pi<\pi$ 是第二象限角,所以 $\cos\frac{4}{5}\pi<0$。

因为 $\frac{3}{2}\pi < \frac{11}{6}\pi < 2\pi$ 是第四象限角，所以 $\tan\frac{11}{6}\pi < 0$。

因此 $\sin\frac{7}{5}\pi \cdot \cos\frac{4}{5}\pi \cdot \tan\frac{11}{6}\pi < 0$。

(4) 因为 $\frac{\pi}{2} < \frac{5}{7}\pi < \pi$ 是第二象限角，所以 $\cos\frac{5}{7}\pi < 0$。

因为 $\frac{3}{2}\pi < \frac{11}{7}\pi < 2\pi$ 是第四象限角，所以 $\tan\frac{11}{7}\pi < 0$。

因为 $\frac{\pi}{2} < \frac{4}{5}\pi < \pi$ 是第二象限角，所以 $\sin\frac{4}{5}\pi > 0$。

因此 $\dfrac{\cos\frac{5}{7}\pi \cdot \tan\frac{11}{7}\pi}{\sin\frac{4}{5}\pi} > 0$

4.3　同角三角函数的基本关系式

习题训练

1. 答案：B。

解：因为 $\sin\alpha = \frac{5}{13}$，$\alpha$ 是第二象限角，所以 $\cos\alpha = -\sqrt{1-\sin^2\alpha} = -\frac{12}{13}$。

2. 答案：C。

解：因为 $\alpha \in (-\frac{\pi}{2}, 0)$，$\alpha$ 是第四象限角，所以

$$\sin\alpha = \sqrt{1-\cos^2\alpha} = -\frac{2}{3}\sqrt{2}$$

因此 $\tan\alpha = \frac{\sin\alpha}{\cos\alpha} = -2\sqrt{2}$。

3. 答案：D。

解：因为 $\sin\left(\frac{\pi}{2}+\alpha\right) = \frac{3}{5}$，所以 $\cos\alpha = \frac{3}{5}$。

又因为 $\alpha \in (0, \frac{\pi}{2})$，所以 $\sin\alpha = \frac{4}{5}$。

因此 $\sin(\pi+\alpha) = -\sin\alpha = -\frac{4}{5}$。

4. 解：本题属于求含参三角函数值的问题，需要讨论参数取值。

因为 $\tan\alpha = \frac{\sin\alpha}{\cos\alpha} = \frac{1}{m}$，且 $\sin^2\alpha + \cos^2\alpha = 1$，所以

$$\cos^2\alpha = \frac{m^2}{1+m^2}$$

接下来讨论 m 的值,判断所在象限。

当 $m>0$ 时,α 为第三象限角,$\cos\alpha<0$,所以

$$\cos\alpha = -\sqrt{\frac{m^2}{1+m^2}} = -\frac{m\sqrt{1+m^2}}{1+m^2}$$

当 $m<0$ 时,α 为第四象限角,$\cos\alpha>0$,所以

$$\cos\alpha = \sqrt{\frac{m^2}{1+m^2}} = -\frac{m\sqrt{1+m^2}}{1+m^2}$$

综上,$\cos\alpha = -\frac{m\sqrt{1+m^2}}{1+m^2}$。

5. 解:由 $2\tan\alpha\cdot\sin\alpha=3$,得$\frac{2\sin^2\alpha}{\cos\alpha}=3$,即

$$2\cos^2\alpha+3\cos\alpha-2=0$$

又 $\alpha\in\left(-\frac{\pi}{2},0\right)$,所以 $\cos\alpha=\frac{1}{2}$($\cos\alpha=-2$,舍去)。

因此 $\sin\alpha=-\frac{\sqrt{3}}{2}$。

6. 解:原式 $=\frac{\sin^2\alpha\cdot(-\cos\alpha)\cdot\cos\alpha}{\tan\alpha\cdot\cos^3\alpha\cdot(-\sin\alpha)}=\frac{\sin^2\alpha\cdot\cos^2\alpha}{\sin^2\alpha\cdot\cos^2\alpha}=1$。

7. 解:由题意可知,因为角 θ 的顶点在坐标原点,始边与 x 轴正半轴重合,所以

$$\tan\theta=2$$

因此原式 $=\frac{-\cos\theta-\cos\theta}{\cos\theta-\sin\theta}=\frac{-2}{1-\tan\theta}=2$。

课后习题解答

习题 4.3(教材第 63 页)

1. 解:(1) 首先要先求出 $\cos\alpha$ 的值,并根据角所在象限判断符号。

因为 $\sin^2\alpha+\cos^2\alpha=1$,所以

$$\cos^2\alpha=1-\sin^2\alpha=1-\left(-\frac{\sqrt{3}}{2}\right)^2=\frac{1}{4}$$

又因为 α 为第四象限角,有 $\cos\alpha>0$,所以

$$\cos\alpha=\frac{1}{2},\tan\alpha=\frac{\sin\alpha}{\cos\alpha}=-\sqrt{3},\cot\alpha=\frac{1}{\tan\alpha}=-\frac{\sqrt{3}}{3}$$

(2) 由公式得

$$\sin^2\alpha = 1 - \cos^2\alpha = 1 - \left(-\frac{5}{13}\right)^2 = \left(\frac{12}{13}\right)^2$$

又因为 α 为第二象限角,所以 $\sin\alpha = \frac{12}{13}$, $\tan\alpha = \frac{\sin\alpha}{\cos\alpha} = -\frac{12}{5}$, $\cot\alpha = -\frac{5}{12}$。

(3) 需要讨论角所在象限,判断符号。

因为 $\cos^2\alpha = \frac{1}{1+\tan^2\alpha} = \frac{16}{25}$,而 $\tan\alpha = -\frac{3}{4}$,所以 α 为第二象限或第四象限角。

讨论:若 α 在第二象限,则

$$\cos\alpha = -\frac{4}{5}$$

$$\sin\alpha = \cos\alpha\cdot\tan\alpha = \left(-\frac{4}{5}\right)\left(-\frac{3}{4}\right) = \frac{3}{5}$$

$$\cot\alpha = \frac{1}{\tan\alpha} = -\frac{4}{3}$$

若 α 在第四象限,则

$$\cos\alpha = \frac{4}{5}$$

$$\sin\alpha = \cos\alpha\cdot\tan\alpha = \frac{4}{5}\times\left(-\frac{3}{4}\right) = -\frac{3}{5}$$

$$\cot\alpha = \frac{1}{\tan\alpha} = -\frac{4}{3}$$

2. 解:因为 $\tan\alpha = \sqrt{3}$, $\pi < \alpha < \frac{3}{2}\pi$,所以

$$\alpha = \frac{4}{3}\pi$$

因此

$$\cos\alpha - \sin\alpha = \cos\frac{4}{3}\pi - \sin\frac{4}{3}\pi = \left(-\frac{1}{2}\right) - \left(-\frac{\sqrt{3}}{2}\right) = \frac{\sqrt{3}-1}{2}$$

3. 解:先化简,后求值

$$\frac{\sin\alpha+\cos\alpha}{\sin\alpha-\cos\alpha} = \frac{(\sin\alpha+\cos\alpha)^2}{(\sin\alpha+\cos\alpha)(\sin\alpha-\cos\alpha)}$$

$$= \frac{\sin^2\alpha+\cos^2\alpha+2\sin\alpha\cos\alpha}{\sin^2\alpha-\cos^2\alpha}$$

分子、分母同时除以 $\cos^2\alpha$,则

$$\frac{\sin\alpha+\cos\alpha}{\sin\alpha-\cos\alpha}=\frac{\tan^2\alpha+1+2\tan\alpha}{\tan^2\alpha-1}$$

将 $\tan\alpha=2$ 代入化简后的式子,得到

$$\frac{\sin\alpha+\cos\alpha}{\sin\alpha-\cos\alpha}=\frac{2\times2+1+2^2}{2^2-1}=\frac{9}{3}=3$$

4. 解:先化简,后求值

$$2\sin^2\alpha+\sin\alpha\cos\alpha-3\cos^2\alpha=2\times(1-\cos^2\alpha)+\tan\alpha\cos^2\alpha-3\cos^2\alpha$$

$$=\tan\alpha\cos^2\alpha-5\cos^2\alpha+2=\cos^2\alpha(\tan\alpha-5)+2$$

$$=\frac{\tan\alpha-5}{1+\tan^2\alpha}+2$$

将 $\tan\alpha=-\frac{4}{3}$ 代入化简后的式子,可知

$$2\sin^2\alpha+\sin\alpha\cos\alpha-3\cos^2\alpha=-\frac{7}{25}$$

4.4 诱导公式

习题训练

1. 解:(1) $\tan\frac{3}{4}\pi=\tan\left(\pi-\frac{\pi}{4}\right)=-\tan\frac{\pi}{4}=-1$。

(2) $\cos(-150°15')=\cos150°15'=\cos(180°-29°45')=-\cos29°45'$。

(3) $\sin\frac{11}{6}\pi=\sin\left(2\pi-\frac{\pi}{6}\right)=-\sin\frac{\pi}{6}=-\frac{1}{2}$。

2. 解:因为 $\cos(\pi+\alpha)=-\cos\alpha=-\frac{1}{2}\Rightarrow\cos\alpha=\frac{1}{2}$,所以 α 为第 或第四象限角。

因此

$$\tan(\alpha-9\pi)=-\tan(\pi-\alpha)=\tan\alpha=\pm\sqrt{\frac{1}{\cos^2\alpha}-1}=\pm\sqrt{3}$$

3. 解:利用诱导公式时,注意联系已知条件和待求量的关系

$$\cos\left(\alpha-\frac{\pi}{3}\right)=\cos\left(\frac{\pi}{3}-\alpha\right)=\cos\left[\frac{\pi}{2}-\left(\frac{\pi}{6}+\alpha\right)\right]=\sin\left(\frac{\pi}{6}+\alpha\right)=\frac{\sqrt{3}}{3}$$

4. 解: $\frac{\cos(2\pi-\alpha)\sin(\pi+\alpha)}{\sin\left(\frac{\pi}{2}+\alpha\right)\tan(3\pi-\alpha)}=\frac{\cos\alpha(-\sin\alpha)}{\cos\alpha(-\tan\alpha)}=\cos\alpha=-\frac{1}{3}$。

5. 解：原式 $=\dfrac{\sin(\pi+\alpha)(-\cos\alpha)\tan\left(\dfrac{3\pi}{2}+\alpha\right)}{\cos\dfrac{\pi}{3}\cos\alpha\cos\alpha}=-2$。

课后习题解答

习题4.4（教材第66页）

1. 解：(1) $\cos 210°=\cos(180°+30°)=-\cos 30°=-\dfrac{\sqrt{3}}{2}$。

(2) $\cos\left(-\dfrac{\pi}{6}\right)=\cos\dfrac{\pi}{6}=\dfrac{\sqrt{3}}{2}$。

(3) $\sin\left(-\dfrac{5\pi}{3}\right)=-\sin\dfrac{5\pi}{3}=-\sin\left(\pi+\dfrac{2\pi}{3}\right)=\sin\dfrac{2\pi}{3}=\sin\dfrac{\pi}{3}=\dfrac{\sqrt{3}}{2}$。

(4) $\cos\left(-\dfrac{17\pi}{4}\right)=\cos\dfrac{17\pi}{4}=\cos\left(4\pi+\dfrac{\pi}{4}\right)=\cos\dfrac{\pi}{4}=\dfrac{\sqrt{2}}{2}$。

(5) $\sin\left(-\dfrac{26\pi}{3}\right)=-\sin\dfrac{26\pi}{3}=-\sin\left(8\pi+\dfrac{2\pi}{3}\right)=-\sin\dfrac{\pi}{3}=-\dfrac{\sqrt{3}}{2}$。

2. 解：(1)

$$\begin{aligned}&\sin(-1\,071°)\cdot\sin 99°+\sin(-171°)\cdot\sin(-261°)\\&=[-\sin(1\,080°-9°)]\cdot\sin 81°+[-\sin(180°-9°)]\cdot[-\sin(180°+81°)]\\&=\sin 9°\cdot\sin 81°+(-\sin 9°)\sin 81°=0\end{aligned}$$

(2)

$$\begin{aligned}&1+\sin(\alpha-2\pi)\cdot\sin(\pi+\alpha)-2\cos^2(-\alpha)\\&=1+\sin\alpha\cdot(-\sin\alpha)-2\cos^2(-\alpha)\\&=1-\sin^2\alpha-2\cos^2\alpha=-\cos^2\alpha\end{aligned}$$

4.5 正弦函数、余弦函数的图像及性质

习题训练

1. 略。

2. 答案：C。

解：在同一坐标系中做出函数 $y=\dfrac{x}{\pi}$ 及 $y=\sin x$ 的图像如图3所示。

由图像知 $y=\frac{x}{\pi}$ 与 $y=\sin x$ 有 3 个交点，所以方程 $x=\pi\sin x$ 有 3 个解。

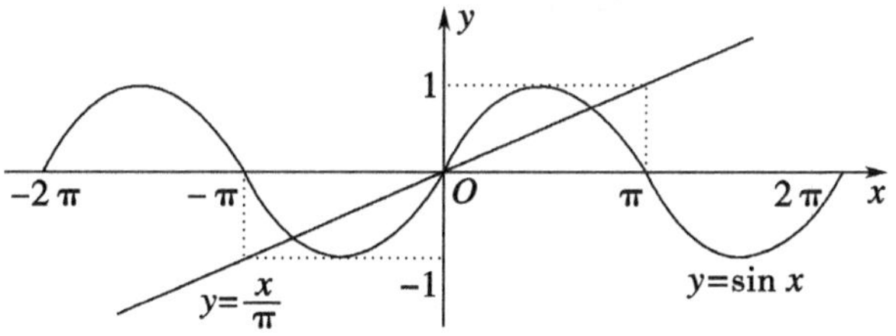

图 3

3. 解：为使函数有意义，需使 $\sin x-1\geqslant 0$，即 $\sin x\geqslant 1$，而 $-1\leqslant\sin x\leqslant 1$，所以取交集得 $\sin x=1$，因此 $y=\sqrt{\sin x-1}$ 的定义域为 $\{x\mid x=2k\pi+\frac{\pi}{2},k\in\mathbf{Z}\}$。

4. 解：(1) $y=\cos(\frac{3}{2}\pi-\frac{2}{3}x)$ 的周期 $T=\frac{2\pi}{\omega}=3\pi$。

(2) 求 $y=\left|\sin\left(-\frac{1}{2}x+\frac{\pi}{3}\right)\right|$ 的周期，常直接利用 $T=\frac{2\pi}{|\omega|}\times\frac{1}{2}=2\pi$。

5. 解：$f\left(-\frac{5\pi}{6}\right)=f\left(-\frac{5\pi}{6}+\frac{\pi}{2}\right)=f\left(-\frac{\pi}{3}\right)=-f\left(\frac{\pi}{3}\right)=-1$。

6. 解：因为 $f(x+a)=-f(x)$，所以

$$f(x+2a)=f[(x+a)+a]=-f(x+a)=-[-f(x)]=f(x)$$

$$f(x+2a)=f(x)$$

因此 $y=f(x)$ 是周期函数，且 $2a$ 是它的一个周期。

7. 解：(1) $f(x)=\sin\left(-\frac{1}{2}x+\frac{\pi}{2}\right)$ 的定义域为 $\mathbf{R}$，关于原点对称。因为

$$f(x)=\sin\left(-\frac{1}{2}x+\frac{\pi}{2}\right)=\cos\frac{1}{2}x,f(-x)=\cos\left(-\frac{1}{2}x\right)=\cos\frac{1}{2}x=f(x)$$

所以 $f(x)=\sin\left(-\frac{1}{2}x+\frac{\pi}{2}\right)$ 是偶函数。

(2) $f(x)=\lg(1-\sin x)-\lg(1+\sin x)$ 的定义域为

$$\begin{cases}1-\sin x>0\\1+\sin x>0\end{cases}\Rightarrow -1<\sin x<1\Rightarrow\{x\mid x\in\mathbf{R},\text{且 }x\neq k\pi+\frac{\pi}{2},k\in\mathbf{Z}\}$$

关于原点对称。

因为

$$f(-x)=\lg(1+\sin x)-\lg(1-\sin x)=-f(x)$$

所以$f(x)=\lg(1-\sin x)-\lg(1+\sin x)$是奇函数。

(3)$f(x)=\dfrac{1+\sin x-\cos^2 x}{1+\sin x}$的定义域为

$$1+\sin x\neq 0\Rightarrow \sin x\neq -1\Rightarrow \left\{x\mid x\neq 2k\pi-\frac{\pi}{2},k\in\mathbf{Z}\right\}$$

不关于原点对称,所以$f(x)=\lg(1-\sin x)-\lg(1+\sin x)$是非奇非偶函数。

8. 答案:D。

解:根据正弦函数单调性,可知$f(x)=\sin x$在单调区间$\left[\frac{\pi}{2},\frac{3}{2}\pi\right]$递减,所以$\frac{\pi}{2}\leqslant x+\frac{\pi}{6}\leqslant\frac{3}{2}\pi$,解得$\frac{\pi}{3}\leqslant x\leqslant\frac{4}{3}\pi$。

9. 答案:D。

解:选项 A 化简后再进行比较$\sin\left(-\frac{\pi}{8}\right)<\sin\left(-\frac{\pi}{10}\right)$。

选项 B 因为$\sin 3=\sin(\pi-3)$,$\sin 2=\sin(\pi-2)$,且$(\pi-3)-(\pi-2)=-1<0$,所以$0<\pi-3<\pi-2<\frac{\pi}{2}$,故$\sin 3<\sin 2$。

选项 C 先化成$0\sim 2\pi$角后利用单调性比较,得到

$$\sin\frac{7\pi}{5}=\sin\left(\pi+\frac{2\pi}{5}\right)=-\sin\frac{2\pi}{5}=\sin\left(-\frac{2\pi}{5}\right)$$

10. 解:先化成单个三角函数的标准形式,然后结合单调性求解

$$\begin{aligned}y&=\cos^2x+4\sin x=1-\sin^2x+4\sin x\\&=-\sin^2x+4\sin x+1=-(\sin x-2)^2+5\end{aligned}$$

所以当$\sin x=1$,即$x=2k\pi+\frac{\pi}{2},k\in\mathbf{Z}$时,$y_{\max}=4$。

当$\sin x=-1$,即$x=2k\pi-\frac{\pi}{2},k\in\mathbf{Z}$时,$y_{\min}=-4$。

课后习题解答

习题 4.5(教材第 72 页)

1. 解:(1) 当$x=2k\pi-\frac{\pi}{2},k\in\mathbf{Z}$时,函数$y=\sin x$取得最小值$-1$;此时,$y=-5\sin x$,$x\in\mathbf{R}$取得最大值$y_{\max}=5$。

当$x=2k\pi+\frac{\pi}{2},k\in\mathbf{Z}$时,函数$y=\sin x$取得最大值 1;此时,$y=-5\sin x,x\in\mathbf{R}$取得

最小值 $y_{\min}=-5$。

(2) 当 $x=2k\pi+\pi, k\in\mathbf{Z}$ 时，函数 $y=\cos x$ 取得最小值 -1；此时，$y=1-\frac{1}{2}\cos x$，$x\in\mathbf{R}$ 取得最大值 $y_{\max}=1-\frac{1}{2}\times(-1)=\frac{3}{2}$。

当 $x=2k\pi, k\in\mathbf{Z}$ 时，函数 $y=\cos x$ 取得最大值 1；此时，$y=1-\frac{1}{2}\cos x, x\in\mathbf{R}$ 取得最小值 $y_{\min}=1-\frac{1}{2}\times 1=\frac{1}{2}$。

(3) 令 $z=2x+\frac{\pi}{3}$，那么当 $z=2k\pi+\frac{\pi}{2}, k\in\mathbf{Z}$ 时，函数 $y=\sin z$ 取得最大值 1，即当 $x=k\pi+\frac{\pi}{12}, k\in\mathbf{Z}$ 时，函数 $y=3\sin\left(2x+\frac{\pi}{3}\right), x\in\mathbf{R}$ 取得最大值 $y_{\max}=3$。

当 $z=2k\pi-\frac{\pi}{2}, k\in\mathbf{Z}$ 时，函数 $y=\sin z$ 取得最小值 -1，即当 $x=k\pi-\frac{5\pi}{12}, k\in\mathbf{Z}$ 时，函数 $y=3\sin\left(2x+\frac{\pi}{3}\right), x\in\mathbf{R}$ 取得最小值 $y_{\min}=-3$。

(4) 令 $z=\frac{1}{2}x+\frac{\pi}{4}$，那么当 $z=2k\pi+\frac{\pi}{2}, k\in\mathbf{Z}$ 时，函数 $y=\sin z$ 取得最大值 1，即当 $x=4k\pi+\frac{\pi}{2}, k\in\mathbf{Z}$ 时，函数 $y=\frac{1}{2}\sin\left(\frac{1}{2}x+\frac{\pi}{4}\right), x\in\mathbf{R}$ 取得最大值 $y_{\max}=\frac{1}{2}$。

当 $z=2k\pi-\frac{\pi}{2}, k\in\mathbf{Z}$ 时，函数 $y=\sin z$ 取得最小值 -1，即当 $x=4k\pi-\frac{3}{2}\pi, k\in\mathbf{Z}$ 时，函数 $y=\frac{1}{2}\sin\left(\frac{1}{2}x+\frac{\pi}{4}\right), x\in\mathbf{R}$ 取得最小值 $y_{\min}=-\frac{1}{2}$。

2. 解：(1) $T=\frac{2\pi}{\omega}=\frac{2\pi}{5}=\frac{2}{5}\pi$。

(2) $T=\frac{2\pi}{\omega}=4\pi$。

3. (1) A；(2) A。

4. 解：化简

$$\cos\left(-\frac{47}{10}\pi\right)=\cos\frac{47}{10}\pi=\cos\left(4\pi+\frac{7}{10}\pi\right)=\cos\frac{7}{10}\pi$$

$$\cos\left(-\frac{44}{9}\pi\right)=\cos\frac{44}{9}\pi=\cos\left(4\pi+\frac{8}{9}\pi\right)=\cos\frac{8}{9}\pi$$

因为 $0<\frac{7}{10}\pi<\frac{8}{9}\pi<\pi$，且 $y=\cos x$ 在 $[0,\pi]$ 上单调递减，所以

$$\cos\left(-\frac{47}{10}\pi\right) > \cos\left(-\frac{44}{9}\pi\right)$$

5. 解：(1) 函数 $y = 1 + \sin x$ 的单调区间与 $y = \sin x$ 相同，即

单调递增区间为$\left[2k\pi - \frac{\pi}{2}, 2k\pi + \frac{\pi}{2}\right]$。

单调递减区间为$\left[2k\pi + \frac{\pi}{2}, 2k\pi + \frac{3}{2}\pi\right]$。

(2) 当函数 $y = \cos x$ 递增时，$y = -\cos x, x \in \mathbf{R}$ 递减；反之亦然，所以函数 $y = -\cos x$，$x \in \mathbf{R}$ 的单调区间：

单调递增区间为$[2k\pi, 2k\pi + \pi]$。

单调递减区间为$[2k\pi - \pi, 2k\pi]$。

6. 解：(1) $\begin{cases} \sin x \geqslant \dfrac{\sqrt{3}}{2} \\ -1 \leqslant \sin x \leqslant 1 \end{cases} \Rightarrow \dfrac{\sqrt{3}}{2} \leqslant \sin x \leqslant 1$，即解集为 $2kx + \dfrac{\pi}{3} \leqslant x \leqslant 2k\pi + \dfrac{2}{3}\pi, k \in \mathbf{Z}$。

(2) $\begin{cases} \sqrt{2} + 2\cos x \geqslant 0 \\ -1 \leqslant \cos x \leqslant 1 \end{cases} \Rightarrow -\dfrac{\sqrt{2}}{2} \leqslant \cos x \leqslant 1$，即解集为 $2k\pi - \dfrac{3}{4}\pi \leqslant x \leqslant 2k\pi + \dfrac{3}{4}\pi, k \in \mathbf{Z}$。

7. 解：(1) 使得函数 $y = \dfrac{1}{1 + \sin x}$ 有意义，需 $1 + \sin x \neq 0$，所以 $x \neq 2k\pi - \dfrac{\pi}{2}, k \in \mathbf{Z}$。

因此函数 $y = \dfrac{1}{1 + \sin x}$ 的定义域为$\left\{x \mid x \neq 2k\pi - \dfrac{\pi}{2}, k \in \mathbf{Z}\right\}$。

(2) 使得函数 $y = \dfrac{1}{1 - \cos x}$ 有意义，需 $1 - \cos x \neq 0$，所以 $x \neq 2k\pi, k \in \mathbf{Z}$。

因此函数 $y = \dfrac{1}{1 - \cos x}$ 的定义域为$\{x \mid x \neq 2k\pi, k \in \mathbf{Z}\}$。

(3) 使得函数 $y = \sqrt{\cos x}$ 有意义，需 $\cos x \geqslant 0$，所以 $2k\pi - \dfrac{\pi}{2} \leqslant x \leqslant 2k\pi + \dfrac{\pi}{2}, k \in \mathbf{Z}$。

因此函数 $y = \sqrt{\cos x}$ 的定义域为$\left\{x \mid 2k\pi - \dfrac{\pi}{2} \leqslant x \leqslant 2k\pi + \dfrac{\pi}{2}, k \in \mathbf{Z}\right\}$。

(4) 使得函数 $y = \sqrt{-2\sin x}$ 有意义，需 $-2\sin x \geqslant 0 \Rightarrow -1 \leqslant \sin x \leqslant 0$，所以 $2k\pi + \pi \leqslant x \leqslant 2k\pi + 2\pi, k \in \mathbf{Z}$。

因此函数 $y = \sqrt{-2\sin x}$ 的定义域为$\{x \mid 2k\pi + \pi \leqslant x \leqslant 2k\pi + 2\pi, k \in \mathbf{Z}\}$。

4.6 正切函数、余切函数的图像及性质

习题训练

1. 解:(1) 定义域:要使函数有意义,需满足

$$2x+\frac{\pi}{4}\neq k\pi+\frac{\pi}{2},k\in\mathbf{Z}$$

即

$$x\neq\frac{k\pi}{2}+\frac{\pi}{8},k\in\mathbf{Z}$$

所以定义域为$\{x\mid x\neq\frac{k\pi}{2}+\frac{\pi}{8},k\in\mathbf{Z}\}$。

(2) 周期 $T=\frac{\pi}{\omega}=\frac{\pi}{2}$。

(3) 由 $-\frac{\pi}{2}+k\pi<2x+\frac{\pi}{4}<\frac{\pi}{2}+k\pi,k\in\mathbf{Z}$,解得

$$-3\frac{\pi}{8}+\frac{k\pi}{2}<x<\frac{\pi}{8}+\frac{k\pi}{2},k\in\mathbf{Z}$$

所以原函数的单调递增区间为$\left(-3\frac{\pi}{8}+\frac{k\pi}{2},\frac{\pi}{8}+\frac{k\pi}{2}\right),k\in\mathbf{Z}$。

2. 解:比较正切函数的大小,应将角转化为同一个单调区间;然后利用正切函数的单调性来比较。

(1) 因为

$$\tan 138°=\tan(180°-42°)=\tan(-42°)$$
$$\tan 143°=\tan(180°-37°)=\tan(-37°)$$

因为 $-90°<-42°<-37°<0°$,而在$(-90°,90°)$上 $y=\tan\alpha$ 单调递增,所以

$$\tan(-42°)<\tan(-37°)$$

即

$$\tan 138°<\tan 143°$$

(2) 因为

$$\tan\left(-\frac{13}{4}\pi\right)=\tan\left(-3\pi-\frac{\pi}{4}\right)=\tan\left(-\frac{\pi}{4}\right)$$

$$\tan\left(-\frac{17}{5}\pi\right)=\tan\left(-3\pi-\frac{2}{5}\pi\right)=\tan\left(-\frac{2}{5}\pi\right)$$

又因为 $-\frac{\pi}{2}<-\frac{2}{5}\pi<-\frac{\pi}{4}<0$,而在$\left(-\frac{\pi}{2},\frac{\pi}{2}\right)$上 $y=\tan\alpha$ 单调递增,所以

$$\tan\left(-\frac{2}{5}\pi\right)<\tan\left(-\frac{\pi}{4}\right)$$

即

$$\tan\left(-\frac{13}{4}\pi\right)<\tan\left(-\frac{17}{5}\pi\right)$$

3. 解：(1) 如图 4 所示，要使 $\tan x > 0$，需 $x \in \left(k\pi, \frac{\pi}{2} + k\pi\right), k \in \mathbf{Z}$。

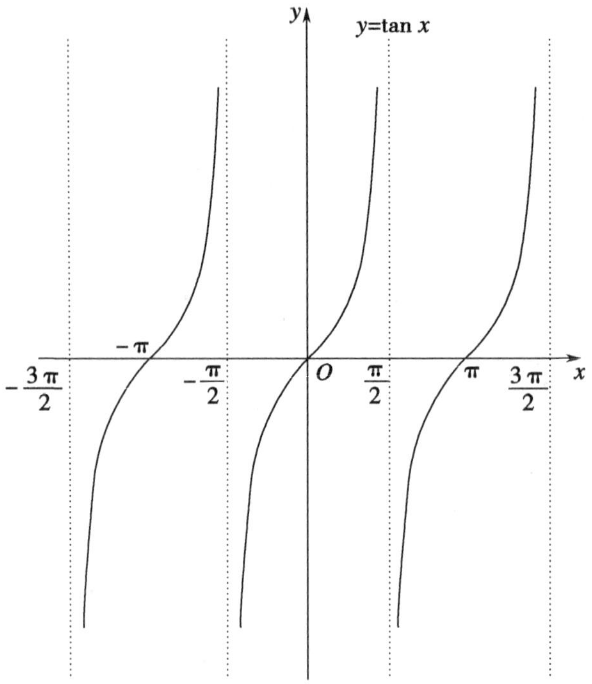

图 4

(2) 要使 $\tan x = 0$，需 $x = k\pi, k \in \mathbf{Z}$。

(3) 要使 $\tan x > 0$，需 $x \in \left(-\frac{\pi}{2} + k\pi, k\pi\right), k \in \mathbf{Z}$。

4. 解：(1) 要使函数 $y = \frac{\lg(\tan x - 1)}{\sqrt{1 - 2\sin x}}$ 有意义，则 x 需同时满足 $\tan x > 1$ 和 $\sin x < \frac{1}{2}$，即求

$$\begin{cases} k\pi + \frac{\pi}{4} < x < k\pi + \frac{\pi}{2}, k \in \mathbf{Z} \\ 2k\pi - \frac{7\pi}{6} < x < 2k\pi + \frac{\pi}{6}, k \in \mathbf{Z} \end{cases}$$

的交集。

分 k 为偶数和奇数两种情况讨论。

① 当 $k = 2n, n \in \mathbf{Z}$ 时，有

$$\begin{cases} 2n\pi + \frac{\pi}{4} < x < 2n\pi + \frac{\pi}{2} \\ 4n\pi - \frac{7\pi}{6} < x < 4n\pi + \frac{\pi}{6} \end{cases}$$

此时交集为

$$2n\pi + \frac{5\pi}{4} < x < 2n\pi + \frac{3\pi}{2}, n \in \mathbf{Z}$$

② 当 $k = 2n + 1, n \in \mathbf{Z}$ 时，有

$$\begin{cases}(2n+1)\pi+\dfrac{\pi}{4}<x<(2n+1)\pi+\dfrac{\pi}{2}\\2(2n+1)\pi-\dfrac{7\pi}{6}<x<2(2n+1)\pi+\dfrac{\pi}{6}\end{cases}$$

此时没有交集。

综上,函数 $y=\dfrac{\lg(\tan x-1)}{\sqrt{1-2\sin x}}$ 的定义域为 $\{x\mid 2k\pi+\dfrac{5\pi}{4}<x<2k\pi+\dfrac{3\pi}{2},k\in\mathbf{Z}\}$。

(2) 要使 $y=\dfrac{1}{\lg\tan x}$ 有意义,需 $\begin{cases}\tan x>0\\\tan x\neq 1\end{cases}$,解得

$$\begin{cases}x\neq\dfrac{\pi}{4}+k\pi\\k\pi<x<\dfrac{\pi}{2}+k\pi\end{cases},k\in\mathbf{Z}$$

所以 $y=\dfrac{1}{\lg\tan x}$ 的定义域为

$$\left\{x\mid k\pi<x<\frac{\pi}{2}+k\pi\text{ 且 }x\neq\frac{\pi}{4}+k\pi,k\in\mathbf{Z}\right\}$$

5. 解:(1) 令 $z=2x-\dfrac{\pi}{6}$, 则 $\tan z\geqslant\sqrt{3}$ 的解集为 $\left\{z\mid z\geqslant\dfrac{\pi}{3}+k\pi,k\in\mathbf{Z}\right\}$, 所以 $\tan(2x-\dfrac{\pi}{6})\geqslant\sqrt{3}$ 的解集为 $\left\{x\mid x\geqslant\dfrac{\pi}{4}+\dfrac{k\pi}{2},k\in\mathbf{Z}\right\}$。

(2) 令 $z=\dfrac{x}{2}+\dfrac{\pi}{4}$,则 $\tan z<1$ 的解集为

$$\left\{z\mid -\frac{\pi}{2}+k\pi<z<\frac{\pi}{4}+k\pi,k\in\mathbf{Z}\right\}$$

所以 $\tan(\dfrac{x}{2}+\dfrac{\pi}{4})<1$ 的解集为 $\left\{x\mid -\dfrac{3}{2}\pi+2k\pi<x<2k\pi,k\in\mathbf{Z}\right\}$。

6. 解:(1) 当 $k\pi-\dfrac{\pi}{2}<\dfrac{1}{2}x-\dfrac{\pi}{6}<k\pi+\dfrac{\pi}{2}(k\in\mathbf{Z})$,即

$$2k\pi-\frac{2\pi}{3}<x<2k\pi+\frac{4\pi}{3},k\in\mathbf{Z}$$

$y=\tan\left(\dfrac{1}{2}x-\dfrac{\pi}{6}\right)$时,单调递增。

所以 $y=\tan\left(\dfrac{1}{2}x-\dfrac{\pi}{6}\right)$的单调递增区间为

$$\left(2k\pi-\frac{2\pi}{3},2k\pi+\frac{4\pi}{3}\right),k\in\mathbf{Z}$$

(2) 因为 $y=-\cot\left(2x-\dfrac{\pi}{4}\right)$,所以当 $k\pi<2x-\dfrac{\pi}{4}<k\pi+\pi(k\in\mathbf{Z})$,即

$$\frac{k\pi}{2}+\frac{\pi}{8}<x<\frac{k\pi}{2}+\frac{5\pi}{8},k\in\mathbf{Z}$$

时,$y=-\cot\left(2x-\dfrac{\pi}{4}\right)$单调递增。

所以 $y=\cot\left(\frac{\pi}{4}-2x\right)$ 的单调递增区间为

$$\left(\frac{k\pi}{2}+\frac{\pi}{8},\frac{k\pi}{2}+\frac{5\pi}{8}\right),k\in\mathbf{Z}$$

课后习题解答

习题4.7(教材第84页)

1. 解:要使正切函数 $y=-\tan\left(x+\frac{\pi}{6}\right)+2$ 有意义,必须满足

$$x+\frac{\pi}{6}\neq k\pi+\frac{\pi}{2},k\in\mathbf{Z}$$

即

$$x\neq k\pi+\frac{\pi}{3},k\in\mathbf{Z}$$

所以函数 $y=-\tan\left(x+\frac{\pi}{6}\right)+2$ 的定义域可以表示为 $\left\{x \mid x\neq k\pi+\frac{\pi}{3}(k\in\mathbf{Z})\right\}$。

2. 解:函数 $y=\tan\left(2x-\frac{\pi}{4}\right),x\neq\frac{3}{8}\pi+\frac{k\pi}{2}(k\in\mathbf{Z})$ 的周期为 $T=\frac{\pi}{|\omega|}=\frac{\pi}{2}$。

3. (1)D;(2)C;(3)A。

单元测试答案

一、单项选择题

1. A　2. B　3. D　4. D　5. D　6. B　7. D　8. A　9. A　10. C

11. B　12. C　13. D　14. D　15. A　16. B　17. A　18. D　19. A　20. B

二、填空题

1. $\left[0,\frac{\pi}{3}\right]$

2. 5, $-\frac{3\pi}{4}+2k\pi(k\in\mathbf{Z})$

3. 2或3

4. $\left(\frac{k\pi}{2}-\frac{\pi}{8},0\right)$

5. $-\tan\alpha$

6. $\sin 2>\sin 1>\sin 3>\sin 4$

7. $2k\pi-\frac{\pi}{6}<\alpha\leqslant 2k\pi+\frac{\pi}{3},k\in\mathbf{Z}$

8. -1

9. $\frac{11}{16}$

10. $\left(\frac{3\pi}{8}+k\pi,k\pi+\frac{7\pi}{8}\right),k\in\mathbf{Z}$

三、计算题

1. 解：(1) $f(x)=\sin 2x+\cos 2x=\sqrt{2}\sin\left(2x+\frac{\pi}{4}\right)$，

令 $2k\pi-\frac{\pi}{2}\leqslant 2x+\frac{\pi}{4}\leqslant 2k\pi+\frac{\pi}{2},k\in\mathbf{Z}$，得

$$k\pi-\frac{3\pi}{8}\leqslant x\leqslant k\pi+\frac{\pi}{8},k\in\mathbf{Z}$$

故 $f(x)$ 的单调递增区间为 $\left[k\pi-\frac{3\pi}{8},k\pi+\frac{\pi}{8}\right],k\in\mathbf{Z}$。

(2) 因为 $x\in\left[\frac{\pi}{4},\frac{3\pi}{4}\right]$，所以 $\frac{3\pi}{4}\leqslant 2x+\frac{\pi}{4}\leqslant\frac{7\pi}{4}$，所以 $-1\leqslant\sin\left(2x+\frac{\pi}{4}\right)\leqslant\frac{\sqrt{2}}{2}$，故 $-\sqrt{2}\leqslant f(x)\leqslant 1$。

因此当 $x\in\left[\frac{\pi}{4},\frac{3\pi}{4}\right]$ 时，函数 $f(x)$ 的最大值为 1，最小值为 $-\sqrt{2}$。

2. 解：(1) 原式 $=\sin\frac{\pi}{6}+\cos\frac{2}{3}\pi-\tan\frac{\pi}{4}-\sin\frac{\pi}{3}\cos\frac{\pi}{6}=\frac{1}{2}-\frac{1}{2}-1-\frac{\sqrt{3}}{2}\times\frac{\sqrt{3}}{2}=-\frac{7}{4}$。

(2) $\frac{\cos(4\pi-\alpha)\cdot\sin(-\alpha)}{\sin(\frac{\pi}{2}+\alpha)\cdot\tan(\pi-\alpha)}=\frac{-\cos\alpha\cdot\sin\alpha}{-\cos\alpha\cdot\tan\alpha}=\cos\alpha=-\frac{2}{3}$。

第五章　两角和与差的三角函数

5.1　两角和与差的三角函数公式

习题训练

1. 解：(1) 原式 $=\cos[(x+27°)-(x-18°)]=\cos 45°=\frac{\sqrt{2}}{2}$

(2)

$$原式=\sin x\cos\frac{\pi}{3}+\cos x\sin\frac{\pi}{3}+2\sin x\cos\frac{\pi}{3}-2\cos x\sin\frac{\pi}{3}-\sqrt{3}\cos\frac{2\pi}{3}\cos x-\sqrt{3}\sin\frac{2\pi}{3}\sin x$$

$$=\left(\cos\frac{\pi}{3}+2\cos\frac{\pi}{3}-\sqrt{3}\sin\frac{2\pi}{3}\right)\sin x+\left(\sin\frac{\pi}{3}-2\sin\frac{\pi}{3}-\sqrt{3}\cos\frac{2\pi}{3}\right)\cos x$$

$$=\left(\frac{1}{2}+1-\sqrt{3}\times\frac{\sqrt{3}}{2}\right)\sin x+\left(\frac{\sqrt{3}}{2}-\sqrt{3}+\frac{\sqrt{3}}{2}\right)\cos x=0$$

2. 解：(1)

$$\cos\frac{\pi}{12}+\sqrt{3}\sin\frac{\pi}{12}=2\left(\frac{1}{2}\cos\frac{\pi}{12}+\frac{\sqrt{3}}{2}\sin\frac{\pi}{12}\right)$$

$$=2\left(\cos\frac{\pi}{3}\cos\frac{\pi}{12}+\sin\frac{\pi}{3}\sin\frac{\pi}{12}\right)$$

$$=2\cos\left(\frac{\pi}{3}-\frac{\pi}{12}\right)$$

$$=2\cos\frac{\pi}{4}$$

$$=\sqrt{2}$$

(2)

$$\sin 20^\circ\cos 10^\circ-\cos 160^\circ\sin 10^\circ=\sin 20^\circ\cos 10^\circ+\cos 20^\circ\sin 10^\circ$$

$$=\sin(20^\circ+10^\circ)=\sin 30^\circ$$

$$=\frac{1}{2}$$

3. 解：因为

$$\cos(\alpha+\beta)=\cos\alpha\cos\beta-\sin\alpha\sin\beta=\frac{4}{5} \quad ①$$

$$\cos(\alpha-\beta)=\cos\alpha\cos\beta+\sin\alpha\sin\beta=-\frac{4}{5} \quad ②$$

所以式①+②得

$$2\cos\alpha\cos\beta=0$$

即 $\cos\alpha\cos\beta=0$。

4. 解：因为 $\alpha,\beta\in\left(\frac{3\pi}{4},\pi\right)$，$\sin(\alpha+\beta)=-\frac{3}{5}$，$\sin\left(\beta-\frac{\pi}{4}\right)=\frac{12}{13}$，所以

$$\alpha+\beta\in\left(\frac{3\pi}{2},2\pi\right),\beta-\frac{\pi}{4}\in\left(\frac{\pi}{2},\frac{3\pi}{4}\right)$$

$$\cos(\alpha+\beta)=\frac{4}{5},\cos\left(\beta-\frac{\pi}{4}\right)=-\frac{5}{13}$$

则

$$\begin{aligned}\cos\left(\alpha+\frac{\pi}{4}\right)&=\cos\left[(\alpha+\beta)-\left(\beta-\frac{\pi}{4}\right)\right]\\&=\cos(\alpha+\beta)\cos\left(\beta-\frac{\pi}{4}\right)+\sin(\alpha+\beta)\sin\left(\beta-\frac{\pi}{4}\right)\\&=\frac{4}{5}\times\left(-\frac{5}{13}\right)+\left(-\frac{3}{5}\right)\times\frac{12}{13}\\&=-\frac{56}{65}\end{aligned}$$

5. 证明:因为

$$\begin{aligned}\frac{\sin(\alpha-\beta)+2\cos\alpha\sin\beta}{\cos(\alpha-\beta)-2\sin\alpha\sin\beta}&=\frac{\sin\alpha\cos\beta-\cos\alpha\sin\beta+2\cos\alpha\sin\beta}{\cos\alpha\cos\beta+\sin\alpha\sin\beta-2\sin\alpha\sin\beta}\\&=\frac{\sin\alpha\cos\beta+\cos\alpha\sin\beta}{\cos\alpha\cos\beta-\sin\alpha\sin\beta}\\&=\frac{\sin(\alpha+\beta)}{\cos(\alpha+\beta)}\\&=\tan(\alpha+\beta)\end{aligned}$$

所以原式成立。

6. 证明:因为

$$\begin{aligned}\text{等式左边}&=\frac{\sin 2\alpha\cos\beta+\cos 2\alpha\sin\beta-2\sin 2\alpha\cos\beta}{2\sin 2\alpha\sin\beta+\cos 2\alpha\cos\beta-\sin 2\alpha\sin\beta}\\&=\frac{\sin\beta\cos 2\alpha-\cos\beta\sin 2\alpha}{\cos 2\alpha\cos\beta+\sin 2\alpha\sin\beta}\\&=\frac{\sin(\beta-2\alpha)}{\cos(\beta-2\alpha)}\\&=\tan(\beta-2\alpha)\\&=\text{等式右边}\end{aligned}$$

所以原式成立。

7. 答案:$\frac{\pi}{2}$。

解:因为 $\alpha-\beta\in\left(\frac{\pi}{2},\pi\right)$,$\alpha+\beta\in\left(\frac{3\pi}{2},2\pi\right)$,所以 $2\beta\in\left(\frac{\pi}{2},\frac{3\pi}{2}\right)$。

又因为 $\cos(\alpha-\beta)=-\frac{12}{13}$，$\cos(\alpha+\beta)=\frac{12}{13}$，所以

$$\sin(\alpha-\beta)=\sqrt{1-\left(-\frac{12}{13}\right)^2}=\frac{5}{13},\sin(\alpha+\beta)=-\sqrt{1-\left(\frac{12}{13}\right)^2}=-\frac{5}{13}$$

因此，可得到

$$\begin{aligned}\cos 2\beta&=\cos[(\alpha+\beta)-(\alpha-\beta)]\\&=\cos(\alpha+\beta)\cos(\alpha-\beta)+\sin(\alpha+\beta)\sin(\alpha-\beta)\\&=\frac{12}{13}\times\left(-\frac{12}{13}\right)+\left(-\frac{5}{13}\right)\times\frac{5}{13}\\&=-1\end{aligned}$$

$$2\beta=\pi\Rightarrow\beta=\frac{\pi}{2}$$

8. 答案：$\sqrt{3}$。

解：

$$\begin{aligned}\frac{2\cos 10^\circ-\sin 20^\circ}{\cos 20^\circ}&=\frac{2\cos(30^\circ-20^\circ)-\sin 20^\circ}{\cos 20^\circ}\\&=\frac{2\cos 30^\circ\cos 20^\circ+2\sin 30^\circ\sin 20^\circ-\sin 20^\circ}{\cos 20^\circ}\\&=\frac{2\times\frac{\sqrt{3}}{2}\cos 20^\circ+\sin 20^\circ-\sin 20^\circ}{\cos 20^\circ}\\&=\sqrt{3}\end{aligned}$$

9. 答案：(1) $\frac{1}{2}$；(2) $\frac{1}{2}$。

解：(1)

$$\begin{aligned}\text{原式}&=\cos[(\alpha-35^\circ)-(25^\circ+\alpha)]\\&=\cos(-60^\circ)=\frac{1}{2}\end{aligned}$$

(2)

$$\begin{aligned}\text{原式}&=\cos 83^\circ\cos 23^\circ+\sin 83^\circ\sin 23^\circ\\&=\cos(83^\circ-23^\circ)\\&=\cos 60^\circ=\frac{1}{2}\end{aligned}$$

10. 答案：A。

解：将所给的三角不等式两边取平方后变为

$$\sin^2\alpha+\sin^2\beta-2\sin\alpha\sin\beta=\frac{3}{4} \quad ①$$

$$\cos^2\alpha+\cos^2\beta-2\cos\alpha\cos\beta=\frac{1}{4} \quad ②$$

式 ① + ② 得到

$$2-2\cos(\alpha-\beta)=1$$

所以 $\cos(\alpha-\beta)=\frac{1}{2}$。

课后习题解答

习题 5.1（教材第 100 页）

1. 解：因为 $\alpha,\beta\in\left(\frac{\pi}{2},\pi\right)$，$\sin\alpha=\frac{15}{17}$，$\cos\beta=-\frac{5}{13}$，所以

$$\cos\alpha=-\sqrt{1-\left(\frac{15}{17}\right)^2}=-\frac{8}{17},\sin\beta=\sqrt{1-\left(-\frac{5}{13}\right)^2}=\frac{12}{13}$$

$$\sin(\alpha+\beta)=\sin\alpha\cos\beta+\cos\alpha\sin\beta=\frac{15}{17}\times\left(-\frac{5}{13}\right)+\left(-\frac{8}{17}\right)\times\frac{12}{13}=-\frac{171}{221}$$

$$\cos(\alpha-\beta)=\cos\alpha\cos\beta+\sin\alpha\sin\beta=\left(-\frac{8}{17}\right)\times\left(-\frac{5}{13}\right)+\frac{15}{17}\times\frac{12}{13}=\frac{220}{221}$$

$$\cos(\alpha+\beta)=\cos\alpha\cos\beta-\sin\alpha\sin\beta=\left(-\frac{8}{17}\right)\times\left(-\frac{5}{13}\right)-\frac{15}{17}\times\frac{12}{13}=\frac{140}{221}$$

$$\tan(\alpha+\beta)=\frac{\sin(\alpha+\beta)}{\cos(\alpha+\beta)}=\frac{171}{140}$$

2. 解：(1) $\tan(\theta+\varphi)=\frac{\tan\theta+\tan\varphi}{1-\tan\theta\tan\varphi}=1$，且 θ,φ 都为锐角，所以 $0<\theta+\varphi<\pi$，$\theta+\varphi=\frac{\pi}{4}$。

(2) $\tan(\alpha+\beta)=\frac{\tan\alpha+\tan\beta}{1-\tan\alpha\tan\beta}=\frac{2+3}{1-2\times3}=-1$，且 α,β 都为锐角，所以 $0<\alpha+\beta<\pi$，$\alpha+\beta=\frac{3\pi}{4}$。

3. 解：因为 $\alpha,\beta\in(0,\frac{\pi}{2})$，所以

$$\sin(\alpha+\beta)=\sqrt{1-\left(-\frac{11}{14}\right)^2}=\frac{5\sqrt{3}}{14},\sin(\alpha-\beta)=\sqrt{1-\left(\frac{4}{5}\right)^2}=\frac{3}{5}$$

$$\begin{aligned}\cos 2\beta &= \cos[(\alpha+\beta)-(\alpha-\beta)] \\ &= \cos(\alpha+\beta)\cos(\alpha-\beta)+\sin(\alpha+\beta)\sin(\alpha-\beta) \\ &= \left(-\frac{11}{14}\right)\times\frac{4}{5}+\frac{5\sqrt{3}}{14}\times\frac{3}{5} \\ &= \frac{15\sqrt{3}-44}{70}\end{aligned}$$

4. 解:因为

$$y=\sin x+\cos x=\sqrt{2}\left(\frac{\sqrt{2}}{2}\sin x+\frac{\sqrt{2}}{2}\cos x\right)=\sqrt{2}\sin\left(\frac{\pi}{4}+x\right)$$

所以当 $x+\frac{\pi}{4}=2k\pi+\frac{\pi}{2}\Rightarrow x=2k\pi+\frac{\pi}{4}$ 时

$$y_{\max}=\sqrt{2}$$

当 $x+\frac{\pi}{4}=2k\pi-\frac{\pi}{2}\Rightarrow x=2k\pi-\frac{3\pi}{4}$ 时

$$y_{\min}=-\sqrt{2}$$

5.2 二倍角公式

习题训练

1. 分析:此题是二倍角公式的直接运用。

解:因为 $\sin\alpha=\frac{5}{13}$,$\alpha\in\left(\frac{\pi}{2},\pi\right)$,所以

$$\cos\alpha=-\sqrt{1-\sin^2\alpha}-\sqrt{1-\left(\frac{5}{13}\right)^2}=-\frac{12}{13}$$

$$\sin 2\alpha=2\sin\alpha\cos\alpha=2\times\frac{5}{13}\times\left(-\frac{12}{13}\right)=-\frac{120}{169}$$

$$\cos 2\alpha=1-2\sin^2\alpha=1-2\times\left(\frac{5}{13}\right)^2=\frac{119}{169}$$

$$\tan 2\alpha=\frac{\sin 2\alpha}{\cos 2\alpha}=-\frac{120}{119}$$

2. 解:(1)$\sin 67°30'\cos 67°30'=\frac{1}{2}\sin 135°=\frac{\sqrt{2}}{4}$。

(2)$2\cos^2\frac{\pi}{12}-1=\cos\frac{\pi}{6}=\frac{\sqrt{3}}{2}$。

3. 解：(1) 因为 $\cos\frac{\alpha}{2}+\sin\frac{\alpha}{2}=-\frac{\sqrt{5}}{2}$，$\alpha$ 为第二象限角，等式两边平方后可得

$$1+2\cos\frac{\alpha}{2}\sin\frac{\alpha}{2}=\frac{5}{4}\Rightarrow\sin\alpha=\frac{1}{4}$$

所以

$$\cos\alpha=-\sqrt{1-\left(\frac{1}{4}\right)^2}=-\frac{\sqrt{15}}{4}$$

$$\sin\frac{\alpha}{2}-\cos\frac{\alpha}{2}=-\frac{\cos^2\frac{\alpha}{2}-\sin^2\frac{\alpha}{2}}{\cos\frac{\alpha}{2}+\sin\frac{\alpha}{2}}=\frac{\cos\alpha}{\frac{\sqrt{5}}{2}}=-\frac{\sqrt{3}}{2}$$

(2)

原式 $=2\sin\alpha\cos\alpha+\cos^2\alpha-\sin^2\alpha=2\times\frac{1}{4}\times\left(-\frac{\sqrt{15}}{4}\right)+\left(-\frac{\sqrt{15}}{4}\right)^2-\left(\frac{1}{4}\right)^2=\frac{7-\sqrt{15}}{8}$

4. 答案：(1) $\frac{\sqrt{6}+\sqrt{2}}{4}$；(2) $\frac{\sqrt{2}}{2}$；(3) $\frac{2-\sqrt{3}}{2}$。

解：(1) 原式 $=\sin(2\times37.5°)=\sin75°=\frac{\sqrt{6}+\sqrt{2}}{4}$。

(2) 原式 $=-\cos135°=\cos45°=\frac{\sqrt{2}}{2}$。

(3) 原式 $=\frac{1}{2}\tan15°=\frac{1}{2}\tan(60°-45°)=\frac{1}{2}\times\frac{\sqrt{3}-1}{1+\sqrt{3}}=\frac{2-\sqrt{3}}{2}$。

5. 解：(1) 原式 $=\frac{1}{2}\left(2\sin\frac{\pi}{24}\cos\frac{\pi}{24}\right)\cos\frac{\pi}{12}=\frac{1}{2}\sin\frac{\pi}{12}\cos\frac{\pi}{12}=\frac{1}{4}\sin\frac{\pi}{6}=\frac{1}{8}$。

(2) 原式 $=\frac{2\sin\frac{\pi}{5}\cos\frac{\pi}{5}\cos\frac{2\pi}{5}}{2\sin\frac{\pi}{5}}=\frac{\sin\frac{2\pi}{5}\cos\frac{2\pi}{5}}{2\sin\frac{\pi}{5}}=\frac{\sin\frac{4\pi}{5}}{4\sin\frac{\pi}{5}}=\frac{\sin\frac{\pi}{5}}{4\sin\frac{\pi}{5}}=\frac{1}{4}$。

(3)

$$\text{原式}=\frac{\cos50°+\sqrt{3}\sin50°}{\sin50°\cos50°}$$

$$=\frac{2\left(\frac{1}{2}\cos50°+\frac{\sqrt{3}}{2}\sin50°\right)}{\frac{1}{2}\times2\sin50°\cos50°}$$

$$=\frac{2\sin80°}{\frac{1}{2}\sin100°}$$

$$= \frac{2\sin 80°}{\frac{1}{2}\sin 80°}$$

$$= 4$$

6. 答案:A。

解:

$$\begin{aligned}\sin^4\alpha - \cos^4\alpha &= (\sin^2\alpha + \cos^2\alpha)(\sin^2\alpha - \cos^2\alpha)\\ &= -\cos 2\alpha\\ &= 2\sin^2\alpha - 1\\ &= 2\times\left(\frac{\sqrt{5}}{5}\right)^2 - 1\\ &= -\frac{3}{5}\end{aligned}$$

7. 解:(1) 因为 $\tan\left(\frac{\pi}{4}+\alpha\right) = \frac{\tan\frac{\pi}{4}+\tan\alpha}{1-\tan\frac{\pi}{4}\cdot\tan\alpha} = \frac{1+\tan\alpha}{1-\tan\alpha} = \frac{1}{2}$,所以 $\tan\alpha = -\frac{1}{3}$。

(2) 原式 $= \frac{2\sin\alpha\cos\alpha - \cos^2\alpha}{2\cos^2\alpha} = \tan\alpha - \frac{1}{2} = -\frac{1}{3} - \frac{1}{2} = -\frac{5}{6}$。

8. 解:(1)

$$\begin{aligned}\text{原式} &= \sqrt{4\cos^2 4} - 2\sqrt{2\sin 4\cos 4 + \sin^2 4 + \cos^2 4}\\ &= 2|\cos 4| - 2|\sin 4 + \cos 4|\end{aligned}$$

因为 $\pi < 4 < \frac{3\pi}{2}$,所以 $\cos 4 < 0$。

因此,原式 $= -2\cos 4 + 2\sin 4 + 2\cos 4 = 2\sin 4$。

(2)

$$\begin{aligned}\text{原式} &= \frac{2\cos^2\alpha - 1}{2\frac{\sin\left(\frac{\pi}{4}-\alpha\right)}{\cos\left(\frac{\pi}{4}-\alpha\right)}\cdot\cos^2\left(\frac{\pi}{4}-\alpha\right)}\\ &= \frac{\cos 2\alpha}{2\sin\left(\frac{\pi}{4}-\alpha\right)\cos\left(\frac{\pi}{4}-\alpha\right)}\\ &= \frac{\cos 2\alpha}{\sin\left(\frac{\pi}{2}-2\alpha\right)}\\ &= \frac{\cos 2\alpha}{\cos 2\alpha}\\ &= 1\end{aligned}$$

课后习题解答

习题 5.2(教材第 103 页)

1. 解:因为 $\theta \in \left(\pi,\frac{3\pi}{2}\right)$,$2\theta \in (2\pi,3\pi)$,所以

$$\sin\theta = -\sqrt{1-\left(-\frac{3}{5}\right)^2} = -\frac{4}{5}$$

$$\sin 2\theta = 2\sin\theta\cos\theta = 2\times\left(-\frac{4}{5}\right)\times\left(-\frac{3}{5}\right) = \frac{24}{25}$$

$$\cos 2\theta = 1-2\sin^2\theta = 1-2\times\left(-\frac{4}{5}\right)^2 = -\frac{7}{25}$$

$$\tan 2\theta = \frac{\sin 2\theta}{\cos 2\theta} = -\frac{24}{7}$$

2. 答案:(1)B　(2)B　(3)A

3. 解:因为 α 是第二象限角,所以

$$\cos\alpha < 0$$

$$\begin{aligned}\frac{\sqrt{1+\sin\alpha}}{\sqrt{1-\sin\alpha}}-\frac{\sqrt{1-\sin\alpha}}{\sqrt{1+\sin\alpha}} &= \frac{\sqrt{1+\sin\alpha}-\sqrt{1-\sin\alpha}}{\sqrt{1-\sin\alpha}\sqrt{1+\sin\alpha}} \\ &= \frac{(1+\sin\alpha)-(1-\sin\alpha)}{\sqrt{\cos^2\alpha}} \\ &= -\frac{2\sin\alpha}{\cos\alpha} \\ &= -2\tan\alpha\end{aligned}$$

5.3　半角公式

习题训练

1. 此题考查半角公式的理解与运用。

解:(1) ×。α 在第一象限时,$\frac{\alpha}{2}$ 在第一或第三象限。

当 $\frac{\alpha}{2}$ 在第一象限时,$\sin\frac{\alpha}{2} = \sqrt{\frac{1-\cos\alpha}{2}}$。

当 $\frac{\alpha}{2}$ 在第三象限时,$\sin\frac{\alpha}{2} = -\sqrt{\frac{1-\cos\alpha}{2}}$。

(2) ×。此式子必须使 $\tan\frac{\alpha}{2}$ 有意义,即 $\frac{\alpha}{2}\neq k\pi+\frac{\pi}{2}(k\in\mathbf{Z})$,$\alpha\neq(2k+1)\pi(k\in\mathbf{Z})$。

(3)√。由半角公式推导过程可知正确。

(4)√。$\tan\frac{\alpha}{2}=\frac{\sin\frac{\alpha}{2}}{\cos\frac{\alpha}{2}}=\frac{\sin\frac{\alpha}{2}\cdot 2\cos\frac{\alpha}{2}}{\cos\frac{\alpha}{2}\cdot 2\cos\frac{\alpha}{2}}=\frac{\sin\alpha}{1+\cos\alpha}$。

(5) 正确。$\sqrt{\frac{1}{2}+\frac{1}{2}\cos 2\alpha}=\sqrt{\frac{1}{2}(1+2\cos^2\alpha-1)}=\sqrt{\cos^2\alpha}=|\cos\alpha|$,而

$$\frac{3}{2}\pi<\alpha<2\pi$$

故原式 $=\cos\alpha$。

2. 证明:(1)

$$\begin{aligned}
\text{左边}&=\frac{1}{2}\tan(90^\circ-2\alpha)\cdot\frac{\frac{1}{2}\sin 2\alpha}{\cos 2\alpha}\\
&=\frac{\sin(90^\circ-2\alpha)}{2\cos(90^\circ-2\alpha)}\cdot\frac{\frac{1}{2}\sin 2\alpha}{\cos 2\alpha}\\
&=\frac{\cos 2\alpha}{2\sin 2\alpha}\cdot\frac{\sin 2\alpha}{2\cos 2\alpha}\\
&=\frac{1}{4}=\text{右边}
\end{aligned}$$

(2)

$$\begin{aligned}
\text{左边}&=\frac{\frac{1}{2}(4\cos^4x-4\cos^2x+1)}{2\cdot\frac{\sin\left(\frac{\pi}{4}-x\right)}{\cos\left(\frac{\pi}{4}-x\right)}\cos^2\left(\frac{\pi}{4}-x\right)}\\
&=\frac{(2\cos^2x-1)^2}{4\sin\left(\frac{\pi}{4}-x\right)\cos\left(\frac{\pi}{4}-x\right)}\\
&=\frac{\cos^2 2x}{2\sin\left(\frac{\pi}{2}-2x\right)}\\
&=\frac{\cos^2 2x}{2\cos 2x}\\
&=\frac{1}{2}\cos 2x\\
&=\frac{1}{2}(2\cos^2x-1)
\end{aligned}$$

$$= \cos^2 x - \frac{1}{2}$$

$$= \text{右边}$$

所以原式成立。

3. 解:利用半角公式及二倍角公式可知

$$1 + \sin\alpha = \sin^2\frac{\alpha}{2} + \cos^2\frac{\alpha}{2} + 2\sin\frac{\alpha}{2}\cos\frac{\alpha}{2} = \left(\sin\frac{\alpha}{2} + \cos\frac{\alpha}{2}\right)^2$$

$$2(1 + \cos\alpha) = 2\left(1 + 2\cos^2\frac{\alpha}{2} - 1\right) = 4\cos^2\frac{\alpha}{2}$$

所以

$$\text{原式} = 2\left|\sin\frac{\alpha}{2} + \cos\frac{\alpha}{2}\right| + 2\left|\cos\frac{\alpha}{2}\right|$$

因为 $\alpha \in \left(\pi, \frac{3\pi}{2}\right)$,所以 $\frac{\alpha}{2} \in \left(\frac{\pi}{2}, \frac{3\pi}{4}\right)$,故

$$\sin\frac{\alpha}{2} + \cos\frac{\alpha}{2} > 0, \cos\frac{\alpha}{2} < 0$$

$$2\left|\sin\frac{\alpha}{2} + \cos\frac{\alpha}{2}\right| + 2\left|\cos\frac{\alpha}{2}\right|$$

$$= 2\sin\frac{\alpha}{2} + 2\cos\frac{\alpha}{2} - 2\cos\frac{\alpha}{2}$$

$$= 2\sin\frac{\alpha}{2}$$

4. 解:因为 $\sin\alpha = \frac{1}{2} + \cos\alpha$,所以

$$\sin\alpha - \cos\alpha - \frac{1}{2}$$

$$(\sin\alpha - \cos\alpha)^2 = \frac{1}{4}$$

$$1 - 2\sin\alpha\cos\alpha = \frac{1}{4}$$

$$1 + 2\sin\alpha\cos\alpha = \frac{7}{4}$$

因为 $\alpha \in \left(0, \frac{\pi}{2}\right)$,所以

$$\sin\alpha + \cos\alpha = \frac{\sqrt{7}}{2}$$

$$\frac{\cos 2\alpha}{\sin\left(\alpha-\frac{\pi}{4}\right)}=\frac{\cos^2\alpha-\sin^2\alpha}{\frac{\sqrt{2}}{2}\sin\alpha-\frac{\sqrt{2}}{2}\cos\alpha}$$

$$=-\sqrt{2}(\sin\alpha+\cos\alpha)$$

$$=-\frac{\sqrt{14}}{2}$$

5. 答案:C。

解:$\cos(\pi-2\alpha)=-\cos 2\alpha=-(1-2\sin^2\alpha)=-\left[1-2\times\left(\frac{2}{3}\right)^2\right]=-\frac{1}{9}$。

课后习题解答

习题 5.3(教材第 106 页)

1. 解:因为 $\pi<A<\frac{3\pi}{2}$,所以

$$\frac{\pi}{2}<\frac{A}{2}<\frac{3\pi}{4}$$

$$\cos A=-\sqrt{1-\sin^2 A}=-\sqrt{1-\left(-\frac{3}{5}\right)^2}=-\frac{4}{5}$$

$$\sin\frac{A}{2}=\sqrt{\frac{1-\cos A}{2}}=\frac{3\sqrt{10}}{10}$$

$$\cos\frac{A}{2}=-\sqrt{\frac{1+\cos A}{2}}=-\frac{\sqrt{10}}{10}$$

2. 解:因为 $270°<\alpha<360°$,所以 $135°<\frac{\alpha}{2}<180°$,于是

$$\cos\frac{\alpha}{2}<0$$

$$原式=\frac{\left(1+2\sin\frac{\alpha}{2}\cos\frac{\alpha}{2}+2\cos^2\frac{\alpha}{2}-1\right)\left(\sin\frac{\alpha}{2}-\cos\frac{\alpha}{2}\right)}{\sqrt{\frac{4(1+\cos\alpha)}{2}}}$$

$$=\frac{2\cos\frac{\alpha}{2}\left(\sin\frac{\alpha}{2}+\cos\frac{\alpha}{2}\right)\left(\sin\frac{\alpha}{2}-\cos\frac{\alpha}{2}\right)}{2\sqrt{\frac{1+\cos\alpha}{2}}}$$

$$=\frac{\cos\frac{\alpha}{2}\left(\sin^2\frac{\alpha}{2}-\cos^2\frac{\alpha}{2}\right)}{\left|\cos\frac{\alpha}{2}\right|}=\frac{-\cos\frac{\alpha}{2}\cos\alpha}{-\cos\frac{\alpha}{2}}$$

$$=\cos\alpha$$

参考复习题(教材第 109 页)

1. 选择题

(1)D (2)A (3)D (4)D (5)C (6)D (7)A

2. 解:

$$原式=\frac{2\sin\alpha\cos^2\alpha-\sin\alpha}{2\sin\alpha\cos^2\alpha}=\frac{\sin\alpha(2\cos^2\alpha-1)}{2\sin\alpha\cos^2\alpha}=\frac{2\cos^2\alpha-1}{2\cos^2\alpha}$$

$$=1-\frac{1}{2\cos^2\alpha}=\frac{1-\tan^2\alpha}{2}=\frac{3}{8}$$

3. 解:因为 $\tan\left(\alpha+\frac{\pi}{4}\right)=\frac{\tan\alpha+1}{1-\tan\alpha}=-\frac{1}{2}$,所以

$$\tan\alpha=-3$$

$$\sin\alpha=-3\cos\alpha$$

$$原式=\frac{2\sin\alpha\cos\alpha-2\cos^2\alpha}{1+\tan\alpha}=\frac{-6\cos^2\alpha-2\cos^2\alpha}{1+\tan\alpha}$$

$$=\frac{-8\cos^2\alpha}{1+\tan\alpha}=\frac{\frac{-8}{1+\tan^2\alpha}}{1+\tan\alpha}=\frac{2}{5}$$

单元测试答案

一、单项选择题

1. D 2. A 3. C 4. A 5. B 6. B 7. C 8. C 9. D 10. D 11. A 12. D

13. C 14. A 15. A 16. D 17. C 18. B 19. B 20. A

二、填空题

1. $\sqrt{3}$

2. $2\sin 5°$

3. $\sqrt{10}-3$ 或 $-\sqrt{10}-3$

4. 1

5. $\left(2k\pi,2k\pi+\frac{\pi}{6}\right]\cup\left[2k\pi+\frac{5\pi}{6},2k\pi+\pi\right],k\in\mathbf{Z}$

6. $\frac{\pi}{2}$

7. $2a$

8. $-\frac{8\sqrt{3}}{47}$

9. $-\frac{1}{2}$

10. $<$

三、计算题

1. 解：(1) 因为

$$\sin(3\pi+\alpha)=2\sin\left(\frac{3\pi}{2}+\alpha\right)\Rightarrow\sin\alpha=2\cos\alpha\Rightarrow\tan\alpha=2$$

所以

$$\frac{\sin\alpha-4\cos\alpha}{5\sin\alpha+2\cos\alpha}=\frac{2\cos\alpha-4\cos\alpha}{10\cos\alpha+2\cos\alpha}=\frac{-2\cos\alpha}{12\cos\alpha}=-\frac{1}{6}$$

(2) $\sin^2\alpha+\sin 2\alpha=\frac{\sin^2\alpha+2\sin\alpha\cos\alpha}{\sin^2\alpha+\cos^2\alpha}=\frac{\tan^2\alpha+2\tan\alpha}{\tan^2\alpha+1}=\frac{4+4}{4+1}=\frac{8}{5}$。

2. 证明：(1)

$$\begin{aligned}\text{左边}&=\frac{\sin\alpha\cos(\alpha+\beta)+\cos\alpha\sin(\alpha+\beta)-2\cos(\alpha+\beta)\sin\alpha}{\sin\alpha}\\&=\frac{\sin(\alpha+\beta)\cos\alpha-\cos(\alpha+\beta)\sin\alpha}{\sin\alpha}\\&=\frac{\sin(\alpha+\beta-\alpha)}{\sin\alpha}\\&=\frac{\sin\beta}{\sin\alpha}\\&=\text{右边}\end{aligned}$$

所以原式得证。

(2) 因为

$$\begin{aligned}\text{左边}&=\frac{\sin\alpha\cos\beta-\cos\alpha\sin\beta+2\cos\alpha\sin\beta}{\cos\alpha\cos\beta+\sin\alpha\sin\beta-2\sin\alpha\sin\beta}\\&=\frac{\sin\alpha\cos\beta+\cos\alpha\sin\beta}{\cos\alpha\cos\beta-\sin\alpha\sin\beta}\\&=\frac{\sin(\alpha+\beta)}{\cos(\alpha+\beta)}\\&=\tan(\alpha+\beta)\\&=\text{右边}\end{aligned}$$

所以原式得证。

第6章　数　　列

6.1　数　　列

习题训练

1. 答案:(1)(6);(2)(3)(4)(5);(1)(2);(3);(6);(4)(5)。

解:(1) 是有穷递增数列。

(2) 是无穷递增数列(因为$\frac{n-1}{n}=1-\frac{1}{n}$)。

(3) 是无穷递减数列。

(4) 既是摆动数列,也是无穷数列。

(5) 既是摆动数列,也是无穷数列。

(6) 既是常数列,也是有穷数列。

2. 解:(1)$a_n=\frac{1+(-1)^{n+1}}{2}$,$n\in\mathbf{N}^*$。

(2)$a_n=\frac{7}{9}\times(10^n-1)$,$n\in\mathbf{N}^*$。

3. 解:(1)$a_n=\frac{(-1)^n}{2^n}$,$n\in\mathbf{N}^*$。

(2)$a_n=\frac{1}{n}-\frac{1}{n+1}=\frac{1}{n(n+1)}$,$n\in\mathbf{N}^*$。

(3)$a_n=\sqrt{2n-1}$,$n\in\mathbf{N}^*$。

4. 答案:A。

解:因为

$$a_n=\frac{n-1}{n+1}=\frac{n+1-2}{n+1}=1-\frac{2}{n+1}$$

$$a_n-a_{n-1}=\frac{2}{n}-\frac{2}{n+1}=\frac{2}{n(n+1)}>0$$

所以$\{a_n\}$是递增数列。

5. 解:(1) 因为$a_1=0$,$a_{n+1}=a_n+(2n-1)$,所以

$$a_2=a_1+(2\times1-1)=0+1=1$$

$$a_3 = a_2 + (2\times 2 - 1) = 1 + 3 = 4$$

$$a_4 = a_3 + (2\times 3 - 1) = 4 + 5 = 9$$

$$a_5 = a_4 + (2\times 4 - 1) = 9 + 7 = 16$$

故该数列的一个通项公式是 $a_n = (n-1)^2$。

(2) 因为 $a_1 = 1, a_{n+1} = \dfrac{2a_n}{2+a_n}$,所以

$$a_2 = \frac{2a_1}{2+a_1} = \frac{2}{3}, a_3 = \frac{2a_2}{2+a_2} = \frac{1}{2}$$

$$a_4 = \frac{2a_3}{2+a_3} = \frac{2}{5}, a_5 = \frac{2a_4}{2+a_4} = \frac{1}{3}$$

因此,它的前 5 项依次是

$$1, \frac{2}{3}, \frac{1}{2}, \frac{2}{5}, \frac{1}{3}$$

它的前 5 项又可写成

$$\frac{2}{1+1}, \frac{2}{2+1}, \frac{2}{3+1}, \frac{2}{4+1}, \frac{2}{5+1}$$

故它的一个通项公式为 $a_n = \dfrac{2}{n+1}$。

课后习题解答

习题 6.1(教材第 113 页)

1. 解:(1) $a_n = \dfrac{(-1)^n}{3n+1}, n \in \mathbf{N}^*$。

(2) $a_n = \dfrac{(-1)^{n+1}}{n\cdot 2^n}, n \in \mathbf{N}^*$。

2. 解:因为 $a_1 = 1, a_2 = 2, a_n = 2(a_{n-1} - a_{n-2}), n \geqslant 3$,所以

$$a_3 = 2(a_2 - a_1) = 2\times(2-1) = 2$$

$$a_4 = 2(a_3 - a_2) = 2\times(2-2) = 0$$

$$a_5 = 2(a_4 - a_3) = 2\times(0-2) = -4$$

因此,它的前 5 项依次是 1,2,2,0,−4。

6.2 等差数列

习题训练

1. 解:(1) 不是等差数列。

(2) 是等差数列,公差 $d=0$。

(3) 是等差数列,公差 $d=2x$。

2. 解:因为 $a_1=2, 2a_{n+1}=2a_n+1(n\in \mathbf{N}^*)$,所以

$$2a_{n+1}-2a_n=1 \Rightarrow a_{n+1}-a_n=\frac{1}{2}$$

即该数列为等差数列,且公差 $d=\frac{1}{2}$;将 $a_1=2, d=\frac{1}{2}, n=101$ 代入 $a_n=a_1+(n-1)d$,可得

$$a_{101}=2+(101-1)\times\frac{1}{2}=52$$

3. 解法一:因为 $\{a_n\}$ 是等差数列,所以根据等差数列的通项公式 $a_n=a_1+(n-1)d$,可得

$$\begin{cases} a_{15}=a_1+14d \\ a_{60}=a_1+59d \end{cases}$$

解得 $a_1=\frac{64}{15}, d=\frac{4}{15}$。

因此,$a_{75}=\frac{64}{15}+74\times\frac{4}{15}=24$。

解法二:因为 $a_{60}=a_{15}+45d$,所以 $d=\frac{4}{15}$。

因此,$a_{75}=a_{60}+15d=20+4=24$。

4. 分析:根据等差数列的通项公式 $a_n=a_1+(n-1)d$,可将已知等式化成所求等式。

解·可得

$$\begin{aligned} & a_3+a_6+a_9+\cdots+a_{99} \\ =& (a_1+2d)+(a_4+2d)+(a_7+2d)+\cdots+(a_{97}+2d) \\ =& (a_1+a_4+\cdots+a_{97})+2d\times 33 \\ =& 50+2\times(-2)\times 33 \\ =& -82 \end{aligned}$$

5. 解:根据等差数列的通项公式 $a_n=a_1+(n-1)d$,可设这四个数分别为 $a-3d, a-d, a+d, a+3d$,根据已知条件可得

$$\begin{cases} (a-3d)+(a-d)+(a+d)+(a+3d)=26 \\ (a-d)(a+d)=40 \end{cases}$$

解得

$$\begin{cases}a=\dfrac{13}{2}\\ d=\dfrac{3}{2}\end{cases} \text{或} \begin{cases}a=\dfrac{13}{2}\\ d=-\dfrac{3}{2}\end{cases}$$

综上,这四个数为2,5,8,11或11,8,5,2。

6. 解:根据等差数列的通项公式 $a_n=a_1+(n-1)d$,可设这7个数分别为 $a_2,a_3,a_4,a_5,a_6,a_7,a_8$,公差为 d,则根据已知条件可知 $a_1=3,a_9=27$,所以

$$27=3+8d\Rightarrow d=3$$

$$a_5=3+4\times3=15$$

7. 答案:1。

解:因为 $a_1+a_3+a_5=105$,所以

$$3a_3=105,a_3=35$$

$$a_2+a_4+a_6=3a_4=99$$

$$a_4=33$$

$$d=a_4-a_3=-2$$

$$a_{20}=a_4+16d=33+16\times(-2)=1$$

8. 答案:D。

解:由等差数列的性质得 $a_1+a_7+a_{13}=3a_7=4\pi$,所以

$$a_7=\frac{4\pi}{3}$$

$$\tan(a_2+a_{12})=\tan(2a_7)=\tan\frac{8\pi}{3}=\tan\frac{2\pi}{3}=-\sqrt{3}$$

9. 解:因为数列 $\{a_n\}$ 是等差数列,所以 $S_{10},S_{20}-S_{10},S_{30}-S_{20}$ 仍成等差数列,有

$$2(S_{20}-S_{10})=S_{10}+(S_{30}-S_{20})$$

$$2\times20=10+S_{30}-30$$

$$S_{30}=60$$

10. 解法一:设 $\{a_n\}$ 的公差为 d,则

$$S_n=na_1+\frac{n(n-1)}{2}d$$

由已知条件,得

$$\begin{cases}12a_1+\dfrac{12\times 11}{2}d=84\\20a_1+\dfrac{20\times 19}{2}d=460\end{cases}$$

整理得

$$\begin{cases}2a_1+11d=14\\2a_1+19d=46\end{cases}$$

解得

$$\begin{cases}a_1=-15\\d=4\end{cases}$$

所以

$$S_n=-15n+\frac{n(n-1)}{2}\times 4=2n^2-17n$$

$$S_{28}=2\times 28^2-17\times 28=1\ 092$$

解法二:设 $S_n=an^2+bn$。因为 $S_{12}=84,S_{20}=460$,所以

$$\begin{cases}12^2a+12b=84\\20^2a+20b=460\end{cases}$$

整理得

$$\begin{cases}12a+b=7\\20a+b=23\end{cases}$$

解得

$$\begin{cases}a=2\\b=-17\end{cases}$$

所以 $S_n=2n^2-17n,S_{28}=1\ 092$。

解法三:因为 $\{a_n\}$ 为等差数列,所以$\left\{\dfrac{S_n}{n}\right\}$是等差数列。

因为 12,20,28 成等差数列,所以$\dfrac{S_{12}}{12},\dfrac{S_{20}}{20},\dfrac{S_{28}}{28}$成等差数列,有

$$2\times\frac{S_{20}}{20}=\frac{S_{12}}{12}+\frac{S_{28}}{28}$$

解得 $S_{28}=1\ 092$。

11. 解:(1) 由等差数列的性质知

$$a_1 + a_{20} = a_4 + a_{17} = 20$$

所以

$$S_{20} = \frac{20}{2}(a_1 + a_{20}) = \frac{20}{2}(a_4 + a_{17}) = \frac{20}{2} \times 20 = 200$$

(2)$S_4 = 1, S_8 - S_4 = 3$，而 $S_4, S_8 - S_4, S_{12} - S_8, S_{16} - S_{12}, S_{20} - S_{16}$ 成等差数列，即 1,3,5,7,9,成等差数列，所以

$$S_{20} = S_4 + (S_8 - S_4) + (S_{12} - S_8) + (S_{16} - S_{12}) + (S_{20} - S_{16}) = 1 + 3 + 5 + 7 + 9 = 25$$

12. 答案：D。

解法一：因为 $a_n = 26 - 2n$，所以

$$a_n - a_{n-1} = -2$$

因此，数列$\{a_n\}$为等差数列。

又 $a_1 = 24, d = -2$，所以

$$\begin{aligned} S_n &= 24n + \frac{n(n-1)}{2} \times (-2) \\ &= -n^2 + 25n \\ &= -\left(n - \frac{25}{2}\right)^2 + \frac{625}{4} \end{aligned}$$

因为 $n \in \mathbf{N}^*$，所以当 $n = 12$ 或 13 时，S_n 最大。故选 D。

解法二：当 $a_n = 26 - 2n \geqslant 0$ 时，$n \leqslant 13$。

因此，当 $n = 12$ 或 13 时，S_n 最大。故选 D。

课后习题解答

习题 6.2(教材第 117 页)

1. 解：根据等差数列通项公式 $a_n = a_1 + (n-1)d$，有

(1)$\begin{cases} a_1 + 4d = 1 \\ a_1 + 7d = 2 \end{cases} \Rightarrow \begin{cases} a_1 = -5 \\ d = 1 \end{cases}$。

(2)$\begin{cases} 2a_1 + 5d = 12 \\ a_1 + 3d = 7 \end{cases} \Rightarrow \begin{cases} a_1 = 1 \\ d = 2 \end{cases}$。

因此，$a_9 = a_1 + 8d = 1 + 16 = 17$。

2. 解：由等差中项 $A = \frac{a+b}{2}$，有

(1)$A = \frac{(1 + \sqrt{5}) + (1 - \sqrt{5})}{2} = 1$。

(2)$A=\frac{(a+b)^2+(a-b)^2}{2}=\frac{2a^2+2b^2}{2}=a^2+b^2$。

3. 解:设这三个数为 $a-d,a,a+d$,则

$$\begin{cases}(a-d)+a+(a+d)=9\\(a-d)^2+a^2+(a+d)^2=29\end{cases}\Rightarrow\begin{cases}a=3\\d=1\end{cases}\text{或}\begin{cases}a=3\\d=-1\end{cases}$$

综上,这三个数为2,3,4或4,3,2。

4. 解:根据等差数列前项和公式 $S_n=\frac{n(a_1+a_{10})}{2}=na_1+\frac{n(n-1)d}{2}$ 及通项公式 $a_n=a_1+(n-1)d$,则

$$(1)\begin{cases}45=\frac{10(a_1+a_{10})}{2}\\45=10a_1+\frac{10\times(10-1)\times(-1)}{2}\end{cases}\Rightarrow\begin{cases}a_1=9\\a_{10}=0\end{cases}。$$

(2)因为 $10=a_1+16\times\frac{1}{2}$,所以

$$a_1=2$$

$$S_{17}=17\times2+\frac{17\times(17-1)\times\frac{1}{2}}{2}=102$$

5. 解:根据等差数列通项公式 $a_n=a_1+(n-1)d$ 及前 n 项和公式 $S_n=na_1+\frac{n(n-1)d}{2}$,

由 $a_2+a_9=2,a_7=7$,得

$$\begin{cases}(a_1+d)+(a_1+8d)=2\\a_1+6d=7\end{cases}\Rightarrow\begin{cases}d=4\\a_1=-17\end{cases}$$

要使 $S_n=-17n+2n(n-1)>0$,需使 $2n^2-19n>0$,即

$$n>0\text{(舍去)或}n>\frac{19}{2}$$

所以使该等差数列前 n 项和大于0的最小项数为10。

6.3 等比数列

习题训练

1. 答案:A。

解:根据等比数列定义,因为 $a_3a_{11}=a_7^2=16$,所以 $a_7=4$。

因为 $a_7=a_5q^2=a_5\cdot 2^2=4a_5$，所以 $a_5=1$。

2. 答案：B。

解：因为 $a_4^2=a_2a_6=16$，所以 $a_4=\pm 4$。

因为 $a_4=a_2q^2=2q^2>0$，所以 $a_4=4$。

3. 解：设这个等比数列为 $\{a_n\}$，其中 $a_1=1, a_5=4$，插入的三项分别为 a_2, a_3, a_4。

由题意，得 a_1, a_3, a_5 也成等比数列，根据等比中项的定义，可知

$$a_2a_4=a_3^2=a_1a_5=1\times 4=4$$

又因为 $a_3=a_1q^2>0$，故

$$a_3=2$$

$$a_2a_3a_4=a_3^3=8$$

4. 解：根据等比数列的通项公式 $a_n=a_1q^{n-1}$ 及前 n 项和的定义可知

$$a_3=6, S_3=18$$

所以

$$\begin{cases}a_3=6\\a_1+a_2+a_3=18\end{cases}$$

即

$$\begin{cases}a_1\cdot q^2=6\\a_1(1+q+q^2)=18\end{cases}$$

$$\frac{1+q+q^2}{q^2}=3$$

$$2q^2-q-1=0$$

解得 $q=1$ 或 $q=-\frac{1}{2}$。

5. 答案：D。

解：因为 $\{a_n\}$ 为等比数列，根据等比数列的定义可得

$$a_5a_6=a_4a_7=-8$$

$$\begin{cases}a_4a_7=-8\\a_4+a_7=2\end{cases}$$

解得

$$\begin{cases}a_4=4\\a_7=-2\end{cases} \text{或} \begin{cases}a_4=-2\\a_7=4\end{cases}$$

讨论：

若$\begin{cases}a_4 = 4\\ a_7 = -2\end{cases}$,解得$\begin{cases}a_1 = -8\\ a_{10} = 1\end{cases}$,则 $a_1 + a_{10} = -7$;

若$\begin{cases}a_4 = -2\\ a_7 = 4\end{cases}$,解得$\begin{cases}a_1 = 1\\ a_{10} = -8\end{cases}$,也得 $a_1 + a_{10} = -7$。

综上,$a_1 + a_{10} = -7$。

6. 证明:(1) 因为 $a_1 = 2$ 且 $a_{n+1} = \dfrac{2(n+1)a_n}{a_n + n}(n \in \mathbf{N}^*)$,所以

$$\frac{n+1}{a_{n+1}} - 1 = \frac{n+1}{\frac{2(n+1)a_n}{a_n + n}} - 1 = \frac{-a_n + n}{2a_n} = \frac{1}{2}\left(\frac{-a_n + n}{a_n}\right)$$

$$\frac{n+1}{a_{n+1}} - 1 = \frac{1}{2}\left(\frac{n}{a_n} - 1\right)$$

因此,数列$\left\{\dfrac{n}{a_n} - 1\right\}$为等比数列。

(2) 因为$\dfrac{1}{a_1} - 1 = \dfrac{1}{2} - 1 = -\dfrac{1}{2}$,所以

$$\frac{n}{a_n} - 1 = \left(-\frac{1}{2}\right)\left(\frac{1}{2}\right)^{n-1} = -\left(\frac{1}{2}\right)^n$$

$$a_n = \frac{n \cdot 2^n}{2^n - 1} = n + \frac{n}{2^n - 1}$$

7. 解:(1) 因为 $a_3 = \dfrac{1}{4}, q = -\dfrac{1}{2}$,根据等比数列的通项公式 $a_n = a_1 q^{n-1}$,所以

$$a_3 = a_1 q^2 = a_1\left(-\frac{1}{2}\right)^2 = \frac{1}{4}$$

$$a_1 = 1$$

因此,数列$\{a_n\}$的前 n 项和为

$$S_n = \frac{1 - \left(-\frac{1}{2}\right)^n}{1 - \left(-\frac{1}{2}\right)} = \frac{2 + \left(-\frac{1}{2}\right)^{n-1}}{3}$$

(2) 对任意 $k \in \mathbf{N}^*$,有

$$\begin{aligned}2a_{k+2} - (a_k + a_{k+1}) &= 2a_1 q^{k+1} - (a_1 q^{k-1} + a_1 q^k)\\ &= a_1 q^{k-1}(2q^2 - q - 1)\end{aligned}$$

因为 $q=-\frac{1}{2}$,所以

$$2q^2-q-1=0$$

$$2a_{k+2}-(a_k+a_{k+1})=0$$

因此,对任意 $k\in\mathbf{N}^*$,a_k,a_{k+2},a_{k+1} 成等差数列。

8. 答案:2^n。

解:根据等比数列的通项公式 $a_n=a_1q^{n-1}$ 及性质 $a_m^2=a_pa_q(2m=p+q)$,因为$a_5^2=a_{10}$ 所以

$$(a_1q^4)^2=a_1q^9,a_1=q$$

因为 $2(a_n+a_{n+2})=5a_{n+1}$,所以

$$2(1+q^2)=5q$$

$$2q^2-5q+2=0$$

$$q=2\quad 或\quad q=\frac{1}{2}(舍去)$$

$$a_n=2^n$$

课后习题解答

习题 6.3(教材第 122 页)

1. 解:根据等比数列通项公式 $a_n=a_1q^{n-1}$,可得

$$\begin{cases}a_1q=18\\a_1q^3=8\end{cases}\Rightarrow\begin{cases}a_1=\pm 27\\q=\pm\frac{2}{3}\end{cases}$$

2. 答案:C。

3. 解:根据等比中项公式 $G=\pm\sqrt{ab}$,可得

(1)$G=\pm\sqrt{(1+\sqrt{5})(\sqrt{5}-1)}=\pm 2$。

(2)$G=\pm\sqrt{(a+b)^2(a-b)^2}=|a^2-b^2|$。

4. 解:设这三个项分别为$\frac{a}{q},a,aq$,则根据题意可知

$$\begin{cases}\frac{a}{q}+a+aq=21\\\frac{a}{q}\cdot a\cdot aq=216\end{cases}\Rightarrow\begin{cases}a=6\\q=2 或\frac{1}{2}\end{cases}$$

综上,这三个数为3,6,12或12,6,3。

5. 解:根据等比数列通项公式 $a_n = a_1q^{n-1}$ 及前 n 项和公式 $S_n = \frac{a_1(1-q^n)}{1-q}$,可得

(1) $30 = \frac{a_1(1-2^3)}{1-2} \Rightarrow a_1 = 2$,所以 $a_4 = 2 \times 2^3 = 16$。

(2) $\begin{cases} \frac{a_1(1-q^3)}{1-q} = 9 \\ a_1 q = 3 \end{cases} \Rightarrow q = \pm 1$。

当 $q = 1$ 时,$a_1 = 3$,是常数列。

当 $q = -1$ 时,$a_1 = -3$(舍去)。

综上,$q = 1$,$a_1 = 3$。

参考复习题(教材第126页)

1. (1)B (2)C (3)D (4)C (5)C (6)D (7)C (8)A (9)A (10)B

2. 解:因为 $d = \frac{1}{2}$,$a_1 + a_3 + a_5 + \cdots + a_{99} = 60$,根据等差数列通项公式 $a_n = a_1 + (n-1)d$,所以

$$\begin{aligned} & a_1 + a_2 + a_3 + \cdots + a_{100} \\ = & (a_1 + a_3 + a_5 + \cdots + a_{99}) + (a_2 + a_4 + a_6 + \cdots + a_{100}) \\ = & (a_1 + a_3 + a_5 + \cdots + a_{99}) + (a_1 + d + a_3 + d + a_5 + d + \cdots + a_{99} + d) \\ = & 2(a_1 + a_3 + a_5 + \cdots + a_{99}) + 50d \\ = & 120 + 25 \\ = & 145 \end{aligned}$$

3. 分析:可利用通项公式推出前 n 项和,然后利用错位相减来求。

解:因为 $a_n = \frac{n}{2^n}$,所以

$$S_n = a_1 + a_2 + a_3 + \cdots + a_n = \frac{1}{2} + \frac{2}{4} + \frac{3}{8} + \cdots + \frac{n-1}{2^{n-1}} + \frac{n}{2^n} \quad ①$$

$$\frac{1}{2}S_n = \frac{1}{2}(a_1 + a_2 + a_3 + \cdots + a_n) = \frac{1}{4} + \frac{2}{8} + \frac{3}{16} + \cdots + \frac{n-1}{2^n} + \frac{n}{2^{n+1}} \quad ②$$

式①-②可得

$$\frac{1}{2}S_n = \frac{1}{2} + \frac{1}{4} + \frac{1}{8} + \frac{1}{16} + \cdots + \frac{1}{2^n} - \frac{n}{2^{n+1}}$$

因此，$S_n = 2 - \frac{2+n}{2^n}$。

4. 解：设三个数分别为 $a-d, a, a+d$，可得

$$\begin{cases} a-d+a+a+d=15 \\ (a+3)^2=(a-d+1)(a+d+9) \end{cases} \Rightarrow \begin{cases} a=5 \\ d=2 \end{cases} 或 \begin{cases} a=5 \\ d=-10 \end{cases}$$

因为当 $\begin{cases} a=5 \\ d=-10 \end{cases}$ 时，三个数分别为 15，5，−10，分别加上 1，3，9 后为 16，8，−1，不满足成等比数列的条件，所以舍去。

综上，这三个数为 3，5，7。

5. 略。

单元测试答案

一、单项选择题

1. C　2. C　3. B　4. D　5. C　6. D　7. B　8. D　9. B　10. B　11. D　12. A

13. C　14. B　15. B　16. C　17. A　18. A　19. A　20. C

二、填空题

1. 答案：10。

解：因为 $a_3+a_4+a_5+a_6+a_7=25 \Rightarrow 5a_5=25$，所以

$$a_5=5$$

$$a_2+a_8=2a_5=10$$

2. 答案：−8。

解：设等比数列的公比为 q，则

$$a_1+a_2=a_1(1+q)=-1 \quad ①$$

$$a_1-a_3=a_1(1-q^2)=-3 \quad ②$$

式①÷②，得到

$$\frac{1+q}{1-q^2}=\frac{1}{3} \Rightarrow q=-2, a_1=1$$

所以 $a_4=a_1q^3=-8$。

3. 答案：$2n-1$。

解：由 $a_3=a_2^2-4 \Rightarrow 1+2d=(1+d)^2-4$，所以 $d^2=4$。

又因为$\{a_n\}$是递增的等差数列,所以$d = 2$,故$a_n = 2n - 1$。

4. 答案:1。

解:由$S_2 = a_3 \Rightarrow a_1 + a_2 = a_3 \Rightarrow 2a_1 + d = a_1 + 2d$,所以

$$d = a_1 = \frac{1}{2}$$

$$a_2 = a_1 + d = \frac{1}{2} + \frac{1}{2} = 1$$

5. 答案:$a_n = 2^n$。

解:因为$a_5^2 = a_{10}$,所以

$$(a_1q^4)^2 = a_1q^9$$

$$a_1 = q, a_n = q^n$$

又因为$2(a_n + a_{n+2}) = 5a_{n+1} \Rightarrow 2a_n(1 + q^2) = 5a_nq$,所以

$$2(1 + q^2) = 5q$$

解得

$$q = 2 \text{ 或 } q = \frac{1}{2}(\text{舍去})$$

因此,$a_n = 2^n$。

6. 答案:13。

解:因为根据等差数列的性质有

$$a_7 + a_4 = a_3 + a_8 = 22, a_7 = 9$$

所以$a_4 = 13$。

7. 答案:4,2。

解:因为$S_n - S_{n-1} = a_n = 2n + 2 = 4 + 2(n - 1) = a_1 + (n - 1)d$,所以

$$a_1 = 4, d = 2$$

8. 答案:$-\frac{1}{256}$。

解:因为$a_1 = \frac{1}{2}, q = -\frac{1}{2}$,所以

$$a_8 = a_1q^7 = \frac{1}{2} \times \left(-\frac{1}{2}\right)^7 = -\frac{1}{256}$$

9. 答案:-2。

解：因为 S_{n+1},S_n,S_{n+2} 成等差数列，所以 $2S_n = S_{n+1} + S_{n+2}$，即

$$\frac{2a_1(1-q^n)}{1-q} = \frac{a_1(1-q^{n+1})}{1-q} + \frac{a_1(1-q^{n+2})}{1-q}$$

$$2-2q^n = 2-q^{n+1}-q^{n+2}$$

$$2 = q+q^2 \Rightarrow q = 1 \text{ 或 } -2$$

$q = 1$ 不符合要求，舍去，所以 $q = -2$。

10. 答案：$\frac{3}{2}$。

解：根据等比数列通项公式及前 n 项和定义，可将

$$S_2 = 3a_2+2, S_4 = 3a_4+2$$

转化为

$$\begin{cases} a_1 + a_1q = 3a_1q+2 \\ a_1+a_1q+a_1q^2+a_1q^3 = 3a_1q^3+2 \end{cases}$$

将两式作差可得

$$a_1q^2+a_1q^3 = 3a_1q(q^2-1) \Rightarrow 2q^2-q-3 = 0$$

解得 $q = \frac{3}{2}$ 或 $q = -1$（舍去）。

三、计算题

1. 解：(1) 设数列 $\{b_n\}$ 的公比为 q，因为 $\{b_n\}$ 是等比数列，且 $b_1 = 2, b_4 = 54$，所以 $q^3 = \frac{b_4}{b_1} = 27, q = 3, b_n = b_1 \cdot q^{n-1} = 2\times 3^{n-1}$。

(2) 设数列 $\{a_n\}$ 的公差为 d，因为 $\{a_n\}$ 是等差数列，$a_1 = 2, a_1+a_2+a_3 = b_2+b_3$，而由上问可知

$$b_2+b_3 = 6+18 = 24$$

所以 $a_1+a_2+a_3 = 3a_2 = 24, a_2 = 8$，从而

$$d = a_2 - a_1 = 8-2 = 6$$

根据等差数列通项公式 $a_n = a_1+(n-1)d$，可得

$$a_{10} = 2+(10-1)\times 6 = 56$$

又根据等差数列前 n 项和公式 $S_n = \frac{n(a_1+a_n)}{2}$，可得

$$S_{10} = \frac{10\times(2+56)}{2} = 290$$

2. 解：(1) 设等差数列 $\{a_n\}$ 的通项公式为 $a_n = a_1+(n-1)d$，且 $d \neq 0$，则由

$$a_2^2+a_3^2=a_4^2+a_5^2\Rightarrow 2a_1+5d=0 \quad ①$$

又由等差数列的求和公式 $S_n=na_1+\frac{n(n-1)d}{2}$，$S_7=7$，得

$$7a_1+\frac{7\times 6d}{2}=7\Rightarrow a_1+3d=1 \quad ②$$

联立式 ①② 可得

$$\begin{cases}2a_1+5d=0\\a_1+3d=1\end{cases}\Rightarrow\begin{cases}a_1=-5\\d=2\end{cases}$$

所以所求通项公式为

$$a_n=-5+2(n-1)=2n-7$$

前 n 项和为

$$S_n=-5n+\frac{n(n-1)\times 2}{2}=n^2-6n$$

(2) 因为 $\{a_n\}$ 是等差数列，公差 $d=2$，所以

$$\frac{a_m a_{m+1}}{a_{m+2}}=\frac{(a_{m+2}-4)(a_{m+2}-2)}{a_{m+2}}=a_{m+2}-6+\frac{8}{a_{m+2}}$$

要使其为数列 $\{a_n\}$ 中的项，则 $\frac{8}{a_{m+2}}$ 必须为整数，即 a_{m+2} 能被 8 整除。

在(1) 中我们可以得到 $a_{m+2}=2(m+2)-7=2m-3$，为奇数，所以

$$a_{m+2}=2m-3=\pm 1$$

当 $a_{m+2}=-1$ 时，$m=1$，$\frac{a_m a_{m+1}}{a_{m+2}}=a_{m+2}-6+\frac{8}{a_{m+2}}=-15$。

因为 $a_1=-5$，$d=2$，数列为递增数列，所以 -15 不在 $\{a_n\}$ 中，应舍去。

当 $a_{m+2}=1$ 时，$m=2$，$\frac{a_m a_{m+1}}{a_{m+2}}=a_{m+2}-6+\frac{8}{a_{m+2}}=3$，符合题意。

综上，当 $m=2$ 时，使得 $\frac{a_m a_{m+1}}{a_{m+2}}$ 为数列 $\{a_n\}$ 中的项。

第7章　直　　线

7.1　直线与方程

习题训练

1. 答案：A。

解:对于 B,与 y 轴垂直的直线的倾斜角为 0°,所以 B 错;对于 C,倾斜角是 0° 而不是 180°,所以 C 错;对于 D,当 $\alpha = 0°$,$\sin\alpha = 0$,所以 D 错。

2. 答案:C。

解:直线倾斜角 α 的取值范围是 $0° \leqslant \alpha < 180°$,又直线 l 经过第二、四象限,所以直线 l 的倾斜角的取值范围是 $90° < \alpha < 180°$。

3. 答案:C。

解:由斜率公式可得 $\frac{8-m}{m-5} = 1$,解得 $m = \frac{13}{2}$。

4. 答案:4。

解:因为直线的斜率不存在,所以直线所过两点的横坐标相同,即 $a = 4$。

5. 分析:(1) 点 (x,y) 的变化规律:在 AB 上运动,$A(2,4)$,$B(3,2)$。

(2) $\frac{y}{x}$ 的几何意义:$\frac{y}{x} = \frac{y-0}{x-0}$,即 OP 的斜率。

解:如图 1 所示,由于点 (x,y) 满足关系式 $2x+y=8$,且 $2 \leqslant x \leqslant 3$,可知点 $P(x,y)$ 在线段 AB 上移动,并且 A,B 两点的坐标可分别求得为 $A(2,4)$,$B(3,2)$。由于 $\frac{y}{x}$ 的几何意义是直线 OP 的斜率,且 $k_{OA} = 2$,$k_{OB} = \frac{2}{3}$,所以可求得 $\frac{y}{x}$ 的最大值为 2,最小值为 $\frac{2}{3}$。

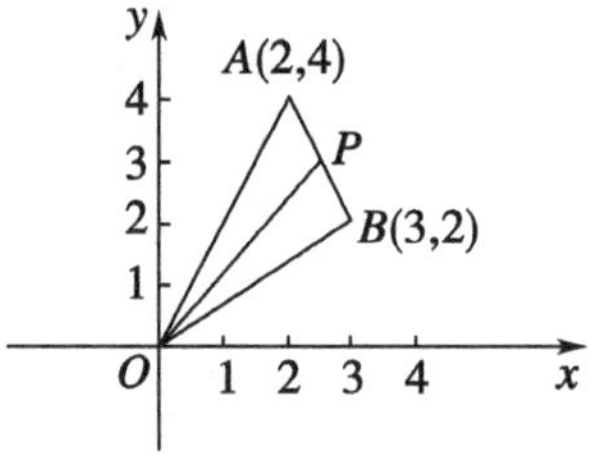

图 1

6. 解:因为

$$k_{AB} = \frac{m-1}{-2-2} = \frac{1-m}{4}$$

$$k_{AC} = \frac{8-1}{6-2} = \frac{7}{4}$$

且 A,B,C 三点共线,所以 $k_{AB} = k_{AC}$,即 $\frac{1-m}{4} = \frac{7}{4}$,因此,$m = -6$。

7.2　直线方程的五种形式

习题训练

1. 答案:C。

解:将方程改写为 $y = 3x+5$,故斜率为 3。

2. 解:(1) 由点斜式方程可知,所求直线的点斜式方程为 $y-5=4(x-2)$。

(2) 因为直线的倾斜角为 $45°$,所以此直线的斜率

$$k=\tan 45°=1$$

直线的点斜式方程为 $y-3=x-2$。

(3) 因为直线与 x 轴平行,所以倾斜角为 $0°$,斜率 $k=0$。

因此,直线的点斜式方程为 $y+1=0\times(x+1)$,即 $y=-1$。

3. 答案:$y=\sqrt{3}x-2$。

解:$\alpha=60°$,$k=\tan 60°=\sqrt{3}$。由斜截式方程可得 $y=\sqrt{3}x-2$。

4. 答案:$\frac{8}{3}$。

解:直线 l 的方程可化为 $y=(a-1)x+3a-2$,由直线 l 在 y 轴上的截距为6,可得 $3a-2=6$,解得 $a=\frac{8}{3}$。

5. 解:(1) $y=2x-3$。

(2) 因为 $k=\tan 60°=\sqrt{3}$,所以 $y=\sqrt{3}x+6$。

(3) 因为 $k=\tan 30°=\frac{\sqrt{3}}{3}$,所以 $y=\frac{\sqrt{3}}{3}x$。

6. 答案:(1) $y-2=-\frac{3}{4}(x-1)$。(2) $y-1=\frac{1}{2}(x-2)$。

解:(1) 易知直线的斜率为 $-\frac{3}{4}$,故直线方程为 $y-2=-\frac{3}{4}(x-1)$。

(2) 设所求直线斜率为 k,则 $-2\cdot k=-1$,所以 $k=\frac{1}{2}$,故直线方程为 $y-1=\frac{1}{2}(x-2)$。

7. 解:反射光线上有两点 $(0,1)$,$(2,-1)$,所以

$$k=\frac{1-(-1)}{0-2}=-1$$

且直线过点 $(0,1)$,所以反射光线所在的方程为 $y=-x+1$。

8. 答案:B。

解:根据两点式方程的定义,我们有

$$\frac{x-5}{-1-5}=\frac{y-6}{2-6}$$

9. 答案：A。

解：由题意知，直线过两点$(-3,0)$，$(0,4)$。逐一验证选项即可。

10. 答案：$x-y+1=0$或$4x-3y=0$。

解：设直线方程为$y=kx+b$。把点A代入，得到$4=3k+b$. 当截距不为0时，由直线在坐标轴上截距互为相反数知，$-b=-\frac{b}{k}$，解得$b=1$，$k=1$，所以方程为$y=x+1$。当截距为0时，直线经过原点，此时截距也为相反数，知直线方程为$y=\frac{4}{3}x$，即$4x-3y=0$。

11. 答案：A。

解：由直线的两点式方程得$\frac{y-(-1)}{1-(-1)}=\frac{x-0}{1-0}$，即$\frac{y+1}{1+1}=\frac{x}{1}$。

12. 答案：B。

解：由题意知，直线过点$(2,0)$，$(0,-3)$。由直线的截距式方程得$\frac{x}{2}-\frac{y}{3}=1$。

13. 答案：$y=2x$或$-x+y=1$。

解：当直线在两坐标轴上截距都为0时，即直线过原点，方程为$y=2x$。当直线不过原点时，设方程为$\frac{x}{a}+\frac{y}{-a}=1$，代入$P(1,2)$，得$a=-1$，此时方程为$-x+y=1$。

14. 答案：$y=-3$。

15. 答案：$x-y+3=0$。

解：由题意，直线过两点，知直线的两点式方程

$$\frac{y-2}{5-2}=\frac{x-(-1)}{2-(-1)}$$

整理得$x-y+3=0$。

16. 解：(1) 当直线两截距为零时，所求直线方程为$y=\frac{3}{2}x$，即$3x-2y=0$。

(2) 当直线两截距不为零时，设直线的两截距皆为a，则有

$$\frac{x}{a}+\frac{y}{a}=1$$

即$x+y=a$，将点$P(2,3)$代入，得$a=5$。所以所求的直线方程为$x+y=5$。

因此，所求直线方程为$3x-2y=0$或$x+y=5$。

17. 答案：D。

解：直线AB的斜率$k=-\frac{1}{2}$，因为

$$k_{AB}=\frac{m-4}{-2-m}$$

所以

$$\frac{m-4}{-2-m}=-\frac{1}{2}$$

解得 $m=10$.

18. 解:(1) 解法一:由 l:$3x+4y-20=0$,得 $k_l=-\frac{3}{4}$。

设过点 A 且平行于 l 的直线为 l_1,则 $k_{l_1}=k_l=-\frac{3}{4}$,所以 l_1 的方程为

$$y-2=-\frac{3}{4}(x-2)$$

即 $3x+4y-14=0$。

解法二:设过点 A 且平行于直线 l 的直线 l_1 的方程为 $3x+4y+m=0(m\neq-20)$。

由点 $A(2,2)$ 在直线 l_1 上,得

$$3\times2+4\times2+m=0$$

解得 $m=-14$。

故直线 l_1 的方程为 $3x+4y-14=0$。

(2) 解法一:设过点 A 与直线 l 垂直的直线为 l_2。

因为 $k_l\cdot k_{l_2}=-1$,所以 $k_{l_2}=\frac{4}{3}$,故直线 l_2 的方程为

$$y-2=\frac{4}{3}(x-2)$$

即 $4x-3y\quad2-0$。

解法二:设 l_2 的方程为 $4x-3y+m=0$。

因为 l_2 经过点 $A(2,2)$,所以 $4\times2-3\times2+m=0$,解得 $m=-2$。故 l_2 的方程为 $4x-3y-2=0$。

7.3 直线的平行与垂直

习题训练

1. 答案:B。

解:两直线平行,则斜率相等或者斜率均不存在,故 $k_1=k_2=3$。

2. 答案:B。

解:因为 $k_1=2, k_2=-\frac{1}{2}$,所以 $k_1 \cdot k_2=-1$,所以 $l_1 \perp l_2$。

3. 答案:B。

解:需考虑两条直线重合的特殊情况,②④ 都可能是两条直线重合,①③ 正确。

4. 答案:B。

解:直线 AB, CD, AC, BD 的斜率都存在,因为

$$k_{AB}=\frac{-4-2}{6-(-4)}=-\frac{3}{5}$$

$$k_{CD}=\frac{12-6}{2-12}=-\frac{3}{5}$$

$$k_{AC}=\frac{6-2}{12-(-4)}=\frac{1}{4}$$

$$k_{BD}=\frac{12-(-4)}{2-6}=-4$$

所以 $k_{AB}=k_{CD}, k_{AC}k_{BD}=-1$,即 $AB \parallel CD, AC \perp BD$。

5. 解:由题意知 A,B,C,D 四点在坐标平面内的位置,如图 2。

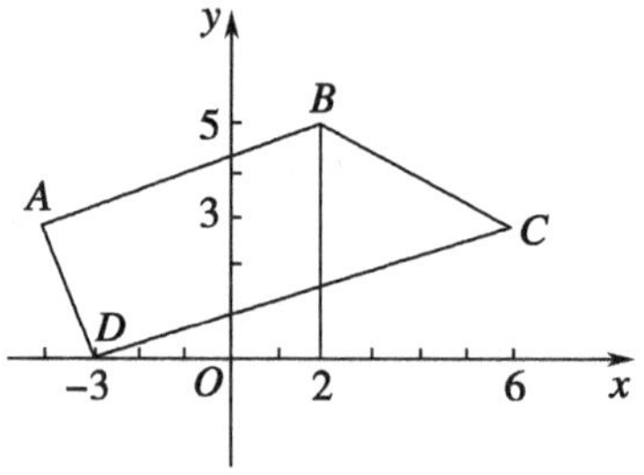

图 2

由斜率公式可得

$$k_{AB}=\frac{5-3}{2-(-4)}=\frac{1}{3}$$

$$k_{CD}=\frac{0-3}{-3-6}=\frac{1}{3}$$

$$k_{AD}=\frac{0-3}{-3-(-4)}=-3$$

$$k_{BC}=\frac{3-5}{6-2}=-\frac{1}{2}$$

所以 $k_{AB}=k_{CD}$,由图 2 可知 AB 与 CD 不重合,所以 $AB \parallel CD$。由于 $k_{AD} \neq k_{BC}$,所以 AD 与 BC 不平行。

又因为

$$k_{AB} \cdot k_{AD} = \frac{1}{3} \times (-3) = -1$$

所以 $AB \perp AD$，故四边形 $ABCD$ 为直角梯形。

6. 解：由题意知 l_2 的斜率一定存在，l_2 的斜率则可能为0，下面对 a 进行讨论。

当 $k_2 = 0$ 时，$a = 5$，此时 k_1 不存在，所以两直线垂直。

当 $k_2 \neq 0$ 时，由 $k_1 \cdot k_2 = -1$，即$\frac{3-a}{(a-2)-3} \cdot \frac{(a-2)-3}{-1-2} = -1$，得 $a = 0$。

所以 a 的值为0或5。

7. 解：当 $a = 0$ 或 $a = 1$ 时，两直线既不平行也不垂直。

当 $a \neq 0$，且 $a \neq 1$ 时，得

$$k_{AB} = \frac{a-1}{2}, k_{CD} = \frac{1}{a}$$

(1) 当$\frac{a-1}{2} = \frac{1}{a}$时，解得

$$a = -1 \quad 或 \quad a = 2$$

经检验，$a = -1$ 或 $a = 2$ 时，直线 AB 和 CD 不重合，两直线平行。

(2) 当$\frac{a-1}{2} \cdot \frac{1}{a} = -1$ 时，解得

$$a = \frac{1}{3}$$

所以 $a = \frac{1}{3}$ 时，两直线垂直。

8. 答案：A。

解：熟练掌握直线斜率与平行之间的关系。两直线斜率相等，有可能平行，有可能重合。两直线平行，斜率不一定存在。若两直线斜率均不存在，则可能平行，可能重合。

9. 答案：D。

解：两条直线斜率相等，有可能平行，也有可能重合，故选 D。

10. 答案：B。

解：$k_{AB} = \frac{3-1}{3+1} = \frac{1}{2}$，故选 B。

11. 答案：D。

解：当 $a = 0$ 时，l_2 斜率不存在；当 $a \neq 0$ 时，l_2 斜率为 $-\frac{1}{a}$，故选 D。

7.4　直线的相交

习题训练

1. 答案:B。

解:联立方程组

$$\begin{cases}2x-y-1=0\\x+3y-11=0\end{cases}$$

解得 $x=2$,$y=3$,故两条直线的交点坐标为(2,3)。

2. 答案:A。

解:由两直线平行知,l_1 和 l_2 没有交点,所以方程组的解的个数为 0。

3. 答案:B。

解:由题意知,l_2 与 y 轴的交点在 l_1 上,又 l_2 与 y 轴的交点为$\left(0,\frac{4}{3}\right)$,所以 $A\times 0+3\times\frac{4}{3}+C=0$,$C=-4$。

4. 答案:$-\frac{3}{2}<a<2$。

解:解方程组

$$\begin{cases}5x+4y=2a+1\\2x+3y=a\end{cases}$$

得

$$\begin{cases}x=\dfrac{2a+3}{7}\\[2ex]y=\dfrac{a-2}{7}\end{cases}$$

交点在第四象限,所以

$$\begin{cases}\dfrac{2a+3}{7}>0\\[2ex]\dfrac{a-2}{7}<0\end{cases}$$

解得 $-\frac{3}{2}<a<2$。

5. 解:直线方程可变形为

$$(x+2y-1)m-(x+y-5)=0$$

因为对任意 m 该方程恒成立,所以

$$\begin{cases} x+2y-1=0 \\ x+y-5=0 \end{cases} \Rightarrow \begin{cases} x=9 \\ y=-4 \end{cases}$$

故直线恒过定点(9, −4)。

6. 解法一:设过两直线交点的直线方程为 $3x+4y-2+\lambda(2x+y+2)=0$。

整理为一般式,得 $(3+2\lambda)x+(4+\lambda)y-2+2\lambda=0$,其斜率为 $-\dfrac{3+2\lambda}{4+\lambda}$。而直线 $6x-7y-3=0$ 的斜率为 $\dfrac{6}{7}$,由垂直条件可得 $\dfrac{6}{7}\times\left(-\dfrac{3+2\lambda}{4+\lambda}\right)=-1$,解得 $\lambda=2$。

故所求直线方程为 $(3+2\times2)x+(4+2)y-2+2\times2=0$,即 $7x+6y+2=0$。

解法二:将两直线方程联立,得

$$\begin{cases} 3x+4y-2=0 \\ 2x+y+2=0 \end{cases}$$

解得

$$\begin{cases} x=-2 \\ y=2 \end{cases}$$

即两直线的交点坐标为(−2,2)。

由于所求直线与直线 $6x-7y-3=0$ 垂直,故设所求直线的方程为 $7x+6y+m=0$。而此直线过点(−2,2),所以 $7\times(-2)+6\times2+m=0$,$m=2$。

故所求的直线方程为 $7x+6y+2=0$。

7. 答案:$a\neq\dfrac{1}{3}$ 且 $a\neq3$ 且 $a\neq-6$。

解:解方程组

$$\begin{cases} x+y+1=0 \\ 2x-y+8=0 \end{cases}$$

得

$$\begin{cases} x=-3 \\ y=2 \end{cases}$$

即两条直线的交点坐标为(−3,2),故实数 a 满足

$$\begin{cases} a\times(-3)+3\times2-5\neq0 \\ -\dfrac{a}{3}\neq1 \\ -\dfrac{a}{3}\neq2 \end{cases}$$

解得

$$\begin{cases} a \neq \dfrac{1}{3} \\ a \neq 3 \\ a \neq -6 \end{cases}$$

即实数 a 满足的条件为 $a \neq \dfrac{1}{3}$ 且 $a \neq 3$ 且 $a \neq -6$。

8. 答案:C。

解:选项 A,选项 B 和选项 D 中的直线都与已知直线平行,所以都没有交点。

9. 答案:B。

解:解方程组

$$\begin{cases} 3x + 4y - 5 = 0 \\ 3x + 5y - 6 = 0 \end{cases}$$

解得 $x = \dfrac{1}{3}, y = 1$,即交点坐标为$\left(\dfrac{1}{3},1\right)$。

10. 答案:A。

解:设经过点 A,B 的直线方程为 $y = kx + b$。将点 A,B 代入,得到

$$\begin{cases} 5 = -2k + b \\ -4 = k + b \end{cases}$$

解得 $k = -3, b = -1$,所以直线的方程为 $y = -3x - 1$。令 $y = 0$,解得 $x = -\dfrac{1}{3}$。所以交点的坐标为$\left(-\dfrac{1}{3},0\right)$。

11. 答案:$(-1, -2)$。

解:把直线方程整理为 $2x + y + 4 + \lambda(x - 2y - 3) = 0$,解方程组

$$\begin{cases} 2x + y + 4 = 0 \\ x - 2y - 3 = 0 \end{cases}$$

得

$$\begin{cases} x = -1 \\ y = -2 \end{cases}$$

所以,不论 λ 取何值,直线 $(2 + \lambda)x + (1 - 2\lambda)y + 4 - 3\lambda = 0$ 过定点 $(-1, -2)$。

12. 解:由方程组

$$\begin{cases} 2x - 3y - 3 = 0 \\ x + y + 2 = 0 \end{cases}$$

解得

$$\begin{cases} x = -\dfrac{3}{5} \\ y = -\dfrac{7}{5} \end{cases}$$

因为所求直线 l 和直线 $3x+y-1=0$ 平行，所以直线 l 的斜率 $k=-3$。根据点斜式可得 $y-\left(-\dfrac{7}{5}\right)=-3\left[x-\left(-\dfrac{3}{5}\right)\right]$，即所求直线方程为

$$15x+5y+16=0$$

单元测试答案

一、单项选择题

1. 答案：C。

解：设直线 $\sqrt{3}x+y-1=0$ 的倾斜角为 θ，将直线 $\sqrt{3}x+y-1=0$ 化为 $y=-\sqrt{3}x+1$，可知 $\tan\theta=-\sqrt{3}$。

因为 $0°\leqslant\theta<180°$，所以 $\theta=120°$。

2. 答案：C。

解：直线 l 的斜率为 $k=\dfrac{3-2}{4-1}=\dfrac{1}{3}$。

3. 答案：C。

解：由直线 $2x+3y-5=0$ 可得 $y=-\dfrac{2}{3}x+\dfrac{5}{3}$。

因为 $-\dfrac{2}{3}<0,\dfrac{5}{3}>0$，所以由斜率和截距的几何意义可知直线不经过第三象限。

4. 答案：D。

解：设直线 l 的倾斜角为 θ，直线 l 的斜率为

$$k=\frac{(2\sqrt{3}+1)-(\sqrt{3}+1)}{-1-2}=-\frac{\sqrt{3}}{3}$$

所以

$$k=\tan\theta=-\frac{\sqrt{3}}{3},0°\leqslant\theta<180°$$

$$\theta=150°$$

5. 答案:D。

解:因为三点 $A(3,1)$,$B(-2,b)$,$C(8,11)$ 在同一直线上,所以 $k_{AC}=k_{AB}$,即$\frac{11-1}{8-3}=\frac{b-1}{-2-3}$,解得 $b=-9$。

6. 答案:B。

解:根据题意,设 M 的坐标为(a,b)。

因为点 M 在直线 $y=x+1$ 上,所以 $b=a+1$。

又因为直线 MN 的斜率为 2,所以$\frac{b+1}{a-1}=2$。

综上可得 $a=4$,$b=5$,即 M 的坐标为$(4,5)$。

7. 答案:A。

解:因为直线 l 过点 $P(-2,5)$,且斜率为 $-\frac{3}{4}$,所以直线的点斜式方程为

$$y-5=-\frac{3}{4}(x+2)$$

整理得 $3x+4y-14=0$。

8. 答案:A。

解:因为直线的倾斜角为 60°,所以斜率 $k=\tan 60°=\sqrt{3}$。

又因为直线在 y 轴上的截距 $b=-1$,所以直线的方程为 $y=\sqrt{3}x-1$,即$\sqrt{3}x-y-1=0$。

9. 答案:B。

解:因为两直线 $l_1:mx+8y+n=0$,$l_2:2x+my-1=0$,$l_1\perp l_2$ 且 l_1 在 y 轴上的截距为 -1,所以

$$\begin{cases}2m+8m=0\\ m\times 0+8\times(-1)+n=0\end{cases}$$

解得 $m=0$,$n=8$。

10. 答案:C。

解:由题意得

$$(a-1)a-6=0\Rightarrow a^2-a-6=0$$

解得 $a=3$ 或 -2。

经过验证，$a=-2$ 时两条直线重合，舍去，所以 $a=3$。

11. 答案：D。

解：由题意得

$$\begin{cases}\dfrac{2-6}{1-(-1)}k=-1\\4=b\end{cases}$$

解得

$$k=\frac{1}{2},b=4$$

所以直线的方程为 $y=\frac{1}{2}x+4$，在 x 轴上的截距为 -8。

12. 答案：B。

解：(1) 当直线在两个坐标轴上的截距不为0时，设直线方程为 $x+y=a$，将点 $P(2,3)$ 代入，可得 $a=5$，所以所求直线的方程为

$$x+y-5=0$$

(2) 当直线在两个坐标轴上的截距为0时，设直线方程为 $y=kx$，将点 $P(2,3)$ 代入，可得 $k=\frac{3}{2}$，所以所求直线的方程为

$$y=\frac{3}{2}x$$

即 $3x-2y=0$。

综上，直线的方程为 $3x-2y=0$ 或 $x+y-5=0$。

13. 答案：D。

解：(1) 当 $a=0$，直线 $l_1:x=1$，$l_2:2y=1$，满足 $l_1\perp l_2$，所以 $a=0$ 符合题意。

(2) 当 $a\neq0$，直线 $l_1:2x+ay=2$，可转化为 $l_1:y=-\frac{2}{a}x+\frac{2}{a}$，$k_1=-\frac{2}{a}$；直线 $l_2:a^2x+2y=1$，可转化为 $l_2:y=-\frac{a^2}{2}x+\frac{1}{2}$，$k_2=-\frac{a^2}{2}$，而两直线互相垂直，所以所求直线的方程为

$$k_1k_2=-\frac{2}{a}\left(-\frac{a^2}{2}\right)=a=-1$$

综上，$a=0$ 或 -1。

14. 答案：C。

解：直线 $x=2$ 垂直于 x 轴，所以倾斜角为 $90°$。

15. 答案:A。

解:设与直线 $mx - m^2y - 1 = 0$ 垂直的直线方程为 $m^2x + my + a = 0$,将点 $P(2,1)$ 代入可得

$$\begin{cases} 2m^2 + m + a = 0 \\ 2m - m^2 - 1 = 0 \end{cases} \Rightarrow m = 1, a = -3$$

所以所求直线的方程为 $x + y - 3 = 0$。

16. 答案:C。

解:因为 $l_1 \parallel l_2$,所以

$$k_1 \parallel k_2 \Rightarrow \frac{4}{3} = \frac{k}{2} \Rightarrow k = \frac{8}{3}$$

17. 答案:C。

解:因为直线 $l_1: y = kx - \sqrt{3}$ 与直线 $l_2: x + y - 3 = 0$ 相交,所以联立两个直线方程得

$$\begin{cases} y = kx - \sqrt{3} \\ x + y - 3 = 0 \end{cases} \Rightarrow x = \frac{3 + \sqrt{3}}{1 + k}, y = \frac{3k - \sqrt{3}}{1 + k}$$

所以两直线的交点坐标为$\left(\frac{3 + \sqrt{3}}{1 + k}, \frac{3k - \sqrt{3}}{1 + k}\right)$。

又因为交点在第一象限,所以

$$\begin{cases} \dfrac{3 + \sqrt{3}}{1 + k} > 0 \\ \dfrac{3k - \sqrt{3}}{1 + k} > 0 \end{cases} \Rightarrow k > \frac{\sqrt{3}}{3}$$

设直线的倾斜角为 θ,则 $\tan\theta > \frac{\sqrt{3}}{3}$,所以 $30° < \theta < 90°$。

18. 答案:B。

解:因为直线 $3x + 4y - 2 = 0 \Rightarrow 6x + 8y - 4 = 0$,与直线 $6x + 8y + 1 = 0$ 平行,所以根据两平行线间的距离公式得两条直线之间的距离为

$$d = \frac{|-4 - 1|}{\sqrt{36 + 64}} = \frac{1}{2}$$

19. 答案:D。

解:设直线 l 的方程为 $y - 1 = k(x - 4)$,显然 $k \neq 0$。

因为直线 l 在 y 轴上的截距为 $1 - 4k$,在 x 轴上的截距为 $4 - \frac{1}{k}$,所以

$$1-4k=2\left(4-\frac{1}{k}\right)\Rightarrow k=\frac{1}{4}\text{或}-2$$

所以直线 l 的方程为 $y=\frac{1}{4}x$ 或 $y=-2x+9$。

20. 答案:A。

解:设直线的倾斜角为 α,显然 $0°\leqslant\alpha<180°$。

因为 $\sin\alpha=\frac{5}{13}$,所以

$$\cos\alpha=\pm\frac{12}{13}$$

$$\tan\alpha=\pm\frac{5}{12}$$

直线 l 的方程为

$$y-2=\pm\frac{5}{12}(x-1)$$

即 $5x-12y+19=0$ 或 $5x+12y-29=0$。

二、填空题

1. $3x+y-5=0$

2. -1

3. -2

4. 3

5. $(-\infty,-3]\cup\left[\frac{3}{7},+\infty\right)$

6. $2x+3y+1=0$

7. $\frac{6\sqrt{5}}{5}$

8. $(1,-2)$

9. 3 或 $-\frac{1}{3}$

10. 4, $\frac{4}{3}$

三、计算题

1. 解:利用两点式,直线 l 的方程为 $\frac{y-1}{6-1}=\frac{x-4}{-1-4}$,化简得 $x+y-5=0$。

2. 解：(1) 两直线相交，需要满足 $A_1B_2 - A_2B_1 \neq 0$，即

$$m^2 - 2m - 3 \neq 0$$

解得 $m \neq 3$ 且 $m \neq -1$ 时两直线相交。

(2) 两直线垂直，需要满足 $A_1A_2 + B_1B_2 = 0$，即

$$(m-2) + 3m = 0$$

解得 $m = \frac{1}{2}$ 时两直线垂直。

(3) 两直线平行，需要满足$\frac{A_1}{A_2} = \frac{B_1}{B_2} \neq \frac{C_1}{C_2}$，即

$$\frac{1}{m-2} = \frac{m}{3} \neq \frac{6}{2m}$$

解得 $m = -1$ 时两直线平行。

(4) 两直线重合，需要满足$\frac{A_1}{A_2} = \frac{B_1}{B_2} = \frac{C_1}{C_2}$，即

$$\frac{1}{m-2} = \frac{m}{3} = \frac{6}{2m}$$

解得 $m = 3$ 时两直线平行。

第8章　圆锥曲线

8.1　圆的方程

习题训练

1. 解：设圆心坐标为$(a,0)$，则由题意知$\sqrt{(a+2)^2 + (0-1)^2} = \sqrt{2}$，解得 $a = -1$ 或 $a = -3$，故圆的方程为

$$(x+1)^2 + y^2 = 2 \quad 或 \quad (x+3)^2 + y^2 = 2$$

2. 解：设直径的两个端点为$(a,0)$，$(0,b)$，则

$$\frac{a+0}{2} = 2, \frac{0+b}{2} = -3$$

$$a = 4, b = -6$$

所以圆的半径长为$\sqrt{(4-2)^2 + (0+3)^2} = \sqrt{13}$，所求圆的方程为

$$(x-2)^2+(y+3)^2=13$$

3. 解:(1) 据题意知

$$D^2+E^2-4F=(2m)^2+(-2)^2-4(m^2+5m)>0$$

即

$$4m^2+4-4m^2-20m>0$$

解得 $m<\dfrac{1}{5}$,故 m 的取值范围为 $\left(-\infty,\dfrac{1}{5}\right)$。

(2) 将方程 $x^2+y^2+2mx-2y+m^2+5m=0$ 写成标准方程为 $(x+m)^2+(y-1)^2=1-5m$,故圆心坐标为 $(-m,1)$,半径 $r=\sqrt{1-5m}$.

4. 解:因为点 A 在圆内部,所以

$$(1-a)^2+(2+a)^2<2a^2$$

$$2a+5<0$$

$$a<-\frac{5}{2}$$

因此,a 的取值范围是 $a<-\dfrac{5}{2}$。

5. 解:将点 $A(2,1)$ 代入圆的方程 $(2-a)^2+(1+a)^2=2a^2$,解得 $a=\dfrac{5}{2}$。

6. 答案:$x^2+y^2=25$,内。

解:由题意知 $r=\sqrt{3^2+(-4)^2}=5$,所以圆的标准方程为 $x^2+y^2=25$。

令 P 的坐标为 $(2\sqrt{3},3)$。

将 $P(2\sqrt{3},3)$ 代入方程知

$$(2\sqrt{3})^2+3^2=12+9=21<25$$

所以 $P(2\sqrt{3},3)$ 在圆的内部。

7. 答案:C。

解:由 $\begin{cases}x+y+m=0\\x^2+y^2=m\end{cases}$,消去 y 并整理,得

$$2x^2+2mx+m^2-m=0$$

因为直线与圆相切,所以上述方程有唯一实数解。

因此 $\Delta=(2m)^2-8(m^2-m)=0$,即 $m^2-2m=0$。

又因为 $m>0$,所以 $m=2$。

8. 答案:D。

解:圆的圆心(0,0)到直线 $bx+ay-ab=0$ 的距离小于或等于圆的半径 1,即

$$\frac{|b\times 0+a\times 0-ab|}{\sqrt{a^2+b^2}}\leqslant 1$$

即$\frac{a^2+b^2}{a^2b^2}\geqslant 1$,则$\frac{1}{a^2}+\frac{1}{b^2}\geqslant 1$。

9. 分析:(1) 直线和圆相切,则过圆心和切点的直线与切线垂直。(2) 直线和圆相切,则圆心到直线的距离等于半径。

解:(1) 因为 $3^2+4^2=25$,所以点 P 在圆 C 上。

由圆 $C:x^2+y^2=25$ 知圆心为 $C(0,0)$,$r=5$。

CP 的斜率 $k_{CP}=\frac{4-0}{3-0}=\frac{4}{3}$,因为圆的切线垂直于经过切点的半径,所以所求切线的斜率 $k=-\frac{3}{4}$,故经过点 P 的切线方程为

$$y-4=-\frac{3}{4}(x-3)$$

即 $3x+4y-25=0$。

(2) 因为$(-5)^2+\left(\frac{5}{2}\right)^2>25$,所以点 Q 在圆外。

若所求直线的斜率存在,设切线斜率为 k,则切线方程为

$$y-\frac{5}{2}=k[x-(-5)]$$

即 $kx-y+5k+\frac{5}{2}=0$。

因为圆心 $C(0,0)$ 到切线的距离等于半径 5,所以$\frac{\left|5k+\frac{5}{2}\right|}{\sqrt{k^2+1}}=5$,$k=\frac{3}{4}$。故所求切线方程为$\frac{3}{4}x-y+\frac{15}{4}+\frac{5}{2}=0$,即 $3x-4y+25=0$。

若所求直线斜率不存在,则直线方程为 $x=-5$,圆心 $C(0,0)$ 到 $x=-5$ 的距离为 5,符合题意。

综上,过点 Q 的切线方程为 $x+5=0$ 或 $3x-4y+25=0$。

10. 答案:A。

解:直线按顺时针方向旋转 30° 后,所得直线方程为$\sqrt{3}x+y=0$,由圆的方程可知圆心坐

标为(2,0),半径长为$\sqrt{3}$。圆心到直线$\sqrt{3}x+y=0$的距离$d=\sqrt{3}=r$,所以直线与圆相切。

11. 答案:$(x-2)^2+(y+1)^2=\frac{25}{2}$。

解:将直线$x+y=6$化为$x+y-6=0$,圆的半径

$$r=\frac{|2-1-6|}{\sqrt{1+1}}=\frac{5}{\sqrt{2}}$$

所以圆的方程为$(x-2)^2+(y+1)^2=\frac{25}{2}$。

12. 答案:$\sqrt{3}$。

解:把方程改为标准方程

$$x^2+(y-1)^2=5$$

圆心为(0,1),半径为$\sqrt{5}$。因为(2,3)到圆心的距离为$\sqrt{2^2+(3-1)^2}=2\sqrt{2}$,所以切线长为$\sqrt{(2\sqrt{2})^2-5}=\sqrt{3}$。

8.2 椭圆方程及性质

习题训练

1. 答案:A。

解:已知

$$\begin{cases}e=\frac{c}{a}=\frac{\sqrt{3}}{3}\\4\sqrt{3}=2\times 2a\end{cases}$$

则$a=\sqrt{3}$,$c=1$. 从而$b=\sqrt{2}$。所以,椭圆的标准方程为$\frac{x^2}{3}+\frac{y^2}{2}=1$。

2. 答案:C。

解:由题意知,$|PF_1|=\frac{3}{2}|F_1F_2|=3c$。而$|PF_1|\in[a-c,a+c]$,所以$e=\frac{c}{a}\in\left[\frac{1}{4},\frac{1}{2}\right]$。

3. 答案:A。

解:由题意知,$F_1(-4,0)$,$F_2(4,0)$ 且

$$\begin{cases}|PF_1|+|PF_2|=2a=10\\|PF_1|^2+|PF_2|^2=(2c)^2=64\end{cases}$$

则

$$S_{\triangle F_1PF_2}=\frac{1}{2}|PF_1||PF_2|=\frac{1}{4}[(|PF_1|+|PF_2|)^2-(|PF_1|)^2-(|PF_2|)^2]$$

$$=\frac{1}{4}(100-64)$$

$$=9$$

4. 答案:D。

解:利用排除法即可。

5. 答案:B。

解:若焦点在 x 轴上,则 $2a=8$,$e=\frac{c}{a}=\frac{3}{4}$,则 $a=4$,$c=3$,$b=\sqrt{7}$,则椭圆的标准方程为 $\frac{x^2}{16}+\frac{y^2}{7}=1$。

同样考虑焦点在 y 轴上,得到 $\frac{x^2}{7}+\frac{y^2}{16}=1$。

6. 答案:3。

解:由 $4=\sqrt{25-m^2}\,(m>0)$,解得 $m=3$。

7. 解:将点 $A(1,1)$ 代入椭圆方程,因为 $\frac{1}{9}+\frac{1}{5}=\frac{14}{45}<1$,所以点 A 在椭圆 C 内部。

8. 解:由题意可以知

$$\begin{cases}7-k>0\\k-5>0\\7-k\neq k-5\end{cases}$$

解得 $5<k<7$ 且 $k\neq 6$,所以实数 k 的取值范围是 $(5,6)\cup(6,7)$。

9. 解:由题易知点 $P(3,0)$,$Q(0,2)$ 分别是椭圆长轴和短轴的一个端点,故椭圆的焦点

在 x 轴上，所以 $a=3,b=2$，故椭圆的标准方程为$\frac{x^2}{9}+\frac{y^2}{4}=1$。

10. 解：易求得 $a=5,b=4$，所以 $|AB|=\frac{2b^2}{a}=\frac{2\times4^2}{5}=\frac{32}{5}$。

8.3 双曲线方程及性质

习题训练

1. 答案：C。

解：由题意知，$c=3$，则 $a^2=c^2-b^2=3^2-5=4$，所以离心率

$$e=\frac{c}{a}=\frac{3}{\sqrt{4}}=\frac{3}{2}$$

2. 答案：C。

解：设双曲线的渐近线方程为 $y=\pm\frac{b}{a}x=\pm\frac{3}{a}x$，故$\frac{3}{a}=\frac{3}{2}$，所以 $a=2$。

3. 答案：C。

解：将双曲线写成标准形式$\frac{x^2}{4}-\frac{y^2}{8}=1$，故 $a=2$，所以实轴长为 $2a=4$。

4. 答案：$(-2,0)$，$(2,0)$。

解：由双曲线的标准方程可知，$a^2=3,b^2=1$，则 $c^2=a^2+b^2=3+1=4$，故 $c=\pm2$。又因为焦点在 x 轴上，所以焦点坐标为$(-2,0)$，$(2,0)$。

5. 解：(1) 若方程表示双曲线，则

$$\begin{cases}1-k>0\\|k|-3>0\end{cases}\quad 或 \quad\begin{cases}1-k<0\\|k|-3<0\end{cases}$$

解得 $k<-3$ 或 $1<k<3$。

(2) 若方程表示焦点在 x 轴上的双曲线，则

$$\begin{cases}1-k<0\\|k|-3<0\end{cases}$$

解得 $1<k<3$。

(3) 若方程表示焦点在 y 轴上的双曲线，则

$$\begin{cases}1-k>0\\|k|-3>0\end{cases}$$

解得 $k<-3$。

6. 解：依题意有

$$\begin{cases}2-m>0\\|m|-3<0\end{cases} \quad 或 \quad \begin{cases}2-m<0\\|m|-3>0\end{cases}$$

解得 $-3<m<2$ 或 $m>3$。所以实数 m 的取值范围是 $(-3,2)\cup(3,+\infty)$。

7. 解：对于双曲线 $\frac{x^2}{7}-\frac{y^2}{3}=1$，易知 $a=\sqrt{7}$，$b=\sqrt{3}$，所以 $c=\sqrt{a^2+b^2}=\sqrt{10}$，则焦距 $2c=2\sqrt{10}$。

8. 解：由题意知 $c=5$，$b=3$，所以 $a=\sqrt{5^2-3^2}=4$，所以 $m=16$。

9. 解：由题意知，$\frac{a^2+4}{a^2}=\frac{5}{4}$，得 $a^2=16$，又 $a>0$，所以 $a=4$。

10. 解：由题意知，所求双曲线是等轴双曲线，设其方程为 $x^2-y^2=\lambda(\lambda\neq 0)$，将 $(5,3)$ 代入方程，可得 $\lambda=5^2-3^2=16$，所以双曲线方程为 $x^2-y^2=16$，即 $\frac{x^2}{16}-\frac{y^2}{16}=1$。

8.4　抛物线方程及性质

习题训练

1. 解：因为抛物线的焦点在 y 轴的负半轴上，且 $\frac{p}{2}=2$，$p=4$，所以所求抛物线的标准方程是 $x^2=-8y$。

2. 答案：$(6,6\sqrt{2})$，$(6,-6\sqrt{2})$。

解：由题意知 $p=6$，准线方程为 $x=-\frac{p}{2}=-3$。根据抛物线的定义，抛物线上的点到焦点的距离等于该点到准线的距离。设抛物线上一点的坐标为 (x_0,y_0)，则 $x_0+\frac{p}{2}=9$，解得 $x_0=6$。代入到抛物线方程，得到 $y_0=\pm 6\sqrt{2}$，故所求的点为 $(6,6\sqrt{2})$，$(6,-6\sqrt{2})$。

3. 答案：$y^2=16x$，$x^2=-8y$。

解：直线与 x 轴的交点为 $(4,0)$，直线与 y 轴的交点为 $(0,-2)$。以 $(4,0)$ 为焦点的抛物线方程为 $y^2=16x$，以 $(0,-2)$ 为焦点的抛物线方程为 $x^2=-8y$。

4. 答案：2。

解：设直线 AB 与 x 轴的交点为 $(x_0,0)$，则直线 AB 与抛物线的交点为 $(x_0,2\sqrt{3})$，

$(x_0, -2\sqrt{3})$。求得 $x_0 = 3$,所以焦点 $F(1,0)$ 到 AB 的距离为 2。

5. 答案:$x^2 = 16y$。

解:由题意知,抛物线开口向上,设抛物线方程为 $x^2 = 2py$,把(4,1) 代入即可。

6. 答案:4。

解:已知过点(−2,3) 的垂直于 x 轴的直线与 x 轴的交点为 $A(-2,0)$,则 $|AF| = \sqrt{5^2 - 3^2} = 4$。又因为点 A 横坐标为 −2,故 $F(2,0)$,即 $P = 4$。

7. 答案:y 轴。

分析:熟练掌握抛物线的 4 个标准方程的对称轴。

8. 答案:B。

解:抛物线的焦点为 $F(2,0)$。设直线方程为 $y = x + b$。将点 F 代入,得到 $b = -2$。从而直线方程为 $y = x - 2$。联立方程组

$$\begin{cases} y^2 = 8x \\ y = x - 2 \end{cases}$$

解得

$$\begin{cases} x_1 = 6 + 4\sqrt{2} \\ y_1 = 4 + 4\sqrt{2} \end{cases} \text{或} \begin{cases} x_2 = 6 - 4\sqrt{2} \\ y_2 = 4 - 4\sqrt{2} \end{cases}$$

根据两点间距离公式,得到

$$\sqrt{(x_2 - x_1)^2 + (y_2 - y_1)^2} = \sqrt{128 + 128} = 16$$

9. 解:把抛物线方程 $y = ax^2$ 化为标准方程 $x^2 = \frac{1}{a}y$,所以 $-\frac{1}{4a} = 2$,$a = -\frac{1}{8}$。

单元测试答案

一、单项选择题

1. 答案:D。

2. 答案:C。

解:由题意得 $c = 1$,$e = \frac{c}{a} = \frac{1}{2}$,所以

$$a = 2, b = \sqrt{a^2 - c^2} = \sqrt{3}$$

又因为椭圆的焦点在 x 轴上,所以椭圆的方程为$\frac{x^2}{4}+\frac{y^2}{3}=1$。

3. 答案:A。

解:双曲线 $mx^2+y^2=1$ 可化为

$$\frac{x^2}{\frac{1}{m}}+y^2=1\Leftrightarrow y^2-\frac{x^2}{-\frac{1}{m}}=1$$

所以 $a^2=1,b^2=-\frac{1}{m}$,根据题意,知 $2b=2\times(2a)\Rightarrow b^2=4a^2$,即 $-\frac{1}{m}=4$,所以 $m=-\frac{1}{4}$。

4. 答案:C。

解:由圆的一般方程 $x^2+y^2-4x+2y+4=0$ 可得到圆的标准方程为

$$(x-2)^2+(y+1)^2=1$$

所以圆 $x^2+y^2-4x+2y+4=0$ 的圆心和半径分别为$(2,-1)$,1。

5. 答案:B。

解:由题意知,圆心坐标为 $C(-1,2)$,半径 $r=1$,则 $|AC|=|-1-1|=2>r$,所以点 A 在圆 C 外。

6. 答案:D。

解:根据题意,点 P 到直线 $x=-2$ 的距离等于它到点$(2,0)$的距离,所以点 P 的轨迹为抛物线。

7. 答案:C。

解:由抛物线的定义可知,$4+\frac{p}{2}=5\Rightarrow p=2$。

8. 答案:B。

解:因为 $2b=2\Rightarrow b=1,2c=2\sqrt{3}\Rightarrow c=\sqrt{3}$,所以

$$a=\sqrt{c^2-b^2}=\sqrt{2}$$

因此,双曲线的渐近线方程为 $y=\pm\frac{b}{a}x=\pm\frac{\sqrt{2}}{2}x$。

9. 答案:B。

解:因为双曲线 $C:\frac{x^2}{a^2}-\frac{y^2}{b^2}=1$ 的右焦点为 $F_2(5,0)$,离心率 $e=\frac{c}{a}=\frac{5}{4}$,所以 $c=5$,$a=4,b^2=a^2-c^2=9$。

因此,双曲线的方程为$\frac{x^2}{16}-\frac{y^2}{9}=1$。

10. 答案:B。

解:由题意得 $a^2=25$,$b^2=m^2$,所以

$$b^2=a^2-c^2=25-16=9$$

$$m=3$$

11. 答案:A。

解:直线 $y=kx$ 与圆 $(x-2)^2+y^2=1$ 的两个交点关于直线 $2x+y+b=0$ 对称,直线 $2x+y+b=0$ 的斜率为 -2,所以 $k=\frac{1}{2}$。

因为直线 $2x+y+b=0$ 经过圆 $(x-2)^2+y^2=1$ 的圆心,所以圆心 $(2,-1)$ 在直线 $2x+y+b=0$ 上,所以

$$4+0+b=0\Rightarrow b=-4$$

综上,$k=\frac{1}{2}$,$b=-4$。

12. 答案:D。

解:当 $a=2$ 时,由 $e=\frac{\sqrt{3}}{2}$,得 $c=\sqrt{3}$,$b=1$,所以所求的椭圆方程为 $\frac{x^2}{4}+y^2=1$。

当 $b=2$ 时,由 $e=\frac{\sqrt{3}}{2}$,得 $a^2=16$,$b^2=4$。

因此,所求的椭圆方程为 $\frac{x^2}{4}+\frac{y^2}{16}=1$。

13. 答案:A。

解:椭圆 $\frac{x^2}{16}+\frac{y^2}{12}=1$ 的右焦点坐标为 $(2,0)$,$c=2$,$a=4$,离心率为 $e=\frac{c}{a}=\frac{1}{2}$,所以双曲线的离心率为 $e'=2$,于是

$$a'=1$$

$$b'^2=c^2-a'^2=4-1=3$$

因此,双曲线方程为 $x^2-\frac{y^2}{3}=1$。

14. 答案:D。

解:圆的半径为 $r=\sqrt{1^2+1^2}=\sqrt{2}$,所以所求圆的方程为

$$(x-1)^2+(y-1)^2=2$$

15. 答案:C。

解:将圆 C:$x^2+y^2-4x+2y+4=0$ 的普通方程化为

$$(x-2)^2+(y+1)^2=1$$

此即为标准方程。

16. 答案:C。

解:设双曲线 $C:\frac{x^2}{4}-\frac{y^2}{12}=1$ 的左、右焦点分别为 F_1,F_2。

当点 P 在右支上时,可知 $|PF_1|-|PF_2|=4$,则 $|PF_1|=8+4=12$。

当点 P 在左支上时,可知 $|PF_2|-|PF_1|=4$,则 $|PF_1|=8-4=4$。

17. 答案:C。

解:因为渐近线方程为

$$3x\pm4y=0$$

所以可设双曲线方程为 $\frac{x^2}{16}-\frac{y^2}{9}=\lambda$。

又因为一个焦点坐标为(0,5),将 $\frac{x^2}{16}-\frac{y^2}{9}=\lambda$ 变为

$$\frac{y^2}{-9\lambda}-\frac{x^2}{-16\lambda}=1$$

所以

$$25=-9\lambda-16\lambda\Rightarrow\lambda=-1$$

因此,该双曲线的标准方程为 $\frac{y^2}{9}-\frac{x^2}{16}=1$。

18. 答案:A。

解:曲线 $x^2+y^2-4x-5=0$ 的标准方程为 $(x-2)^2+y^2=9$,其表示圆心为(2,0),半径为3的圆。

抛物线 $y^2=2px,p>0$ 的准线方程为 $x=-\frac{p}{2}$。

因此,由抛物线的准线与圆相切得 $2+\frac{p}{2}=3\Rightarrow p=2$。

19. 答案:B。

解:由抛物线 $y^2=2px,p>0$ 得准线方程为 $x=-\frac{p}{2}$,而准线经过点(-1,1),所以 $p=2$。

因此,抛物线的焦点坐标为(1,0)。

20. 答案:D。

解:方程 $mx^2-my^2=n$ 可化为 $\frac{y^2}{-\frac{n}{m}}-\frac{x^2}{-\frac{n}{m}}=1$。

因为 $mn<0$,所以方程表示焦点在 y 轴上的双曲线。

二、填空题

1. 答案:$(x-1)^2+(y-1)^2=2$。

2. 答案:3。

解:由题意可知,椭圆的焦点在 x 轴上,$4=\sqrt{25-m^2}\Rightarrow m=3$。

3. 答案:$\left(x-\frac{1}{2}\right)^2+(y-1)^2=\frac{5}{4}$。

解:设所求圆的方程为 $(x-a)^2+(y-b)^2=r^2$。

因为圆心在直线 $y=2x$ 上,所以 $b=2a$,圆的方程为

$$(x-a)^2+(y-2a)^2=r^2$$

因为圆经过点(1,0),(0,2),所以

$$\begin{cases}(1-a)^2+(0-2a)^2=r^2\\(0-a)^2+(2-2a)^2=r^2\end{cases}\Rightarrow\begin{cases}a=\frac{1}{2}\\r=\frac{\sqrt{5}}{2}\end{cases}$$

所以圆的方程是

$$\left(x-\frac{1}{2}\right)^2+(y-1)^2=\frac{5}{4}$$

4. 答案:$\frac{x^2}{36}-\frac{y^2}{64}=1$ 或 $\frac{y^2}{36}-\frac{x^2}{64}=1$。

分析:双曲线的焦点没有说明是在 x 轴上还是在 y 轴上,所以需要讨论两种情况。

5. 答案:$x=-2$。

解:因为椭圆中 $c^2=a^2-b^2=9-5=4$,所以 $c=2$。

椭圆 $\frac{x^2}{9}+\frac{y^2}{5}=1$ 的右焦点为(2,0),所以 $\frac{p}{2}=2\Rightarrow p=4$,所以抛物线的准线方程为 $x=-2$。

6. 答案:2。

解:直线 $x+y=0$ 与圆 $(x-m)^2+y^2=2$ 相切,所以圆心到直线 $x+y=0$ 的距离为 $\sqrt{2}$,

所以

$$\frac{|m|}{\sqrt{2}}=\sqrt{2}\Rightarrow m=2$$

7. 答案：$\frac{\sqrt{2}}{2}$。

解：设 $a>0$，因为椭圆 $\frac{x^2}{a^2}+\frac{y^2}{4}=1$ 的一个焦点为(2,0)，所以

$$c=2$$

$$a^2=4+4=8,a=2\sqrt{2},e=\frac{c}{a}=\frac{\sqrt{2}}{2}$$

8. 答案：(−9,6) 或(−9，−6)。

解：抛物线 $y^2=-2px,p>0$ 的焦点为 $F\left(-\frac{p}{2},0\right)$，准线方程为 $x=\frac{p}{2}$。设点 M 到准线的距离为 d，则 $d=|MF|=10$，即

$$\frac{p}{2}-(-9)=10\Rightarrow p=2$$

所以抛物线的方程为 $y^2=-4x$。设点 M 的纵坐标为 y_0，则点 M 的坐标是 $(-9,y_0)$，而点 M 在抛物线上，满足抛物线的方程，所以 $y_0^2=36\Rightarrow y_0=\pm 6$。

因此，点 M 的坐标是(−9,6) 或(−9，−6)。

9. 答案：(−2,0)，(2,0)。

解：由双曲线的标准方程可知，$a^2=3,b^2=1$，所以 $c^2=a^2+b^2=4$，所以 $c=2$。

又因为焦点在 x 轴上，所以焦点坐标为(−2,0)，(2,0)。

10. 答案：$y^2=16x$。

解：因为焦点为直线 $3x-4y-12=0$ 与 x 轴的交点，所以焦点为 $F(4,0)$，抛物线方程为 $y^2=16x$。

三、计算题

解：(1) 若方程 $C:x^2+y^2-2x-4y+m=0$ 表示圆，则

$$4+16-4m>0\Rightarrow m<5$$

（2）圆心(1,2)到直线 $l: x+2y-4=0$ 的距离

$$d=\frac{|1+4-4|}{\sqrt{1^2+2^2}}=\frac{1}{\sqrt{5}}, |MN|=\frac{4}{\sqrt{5}}$$

所以圆的半径 $r=\sqrt{\left(\frac{1}{\sqrt{5}}\right)^2+\left(\frac{2}{\sqrt{5}}\right)^2}=1$。

因为圆的普通方程 $C: x^2+y^2-2x-4y+m=0$ 可转化为标准方程

$$C:(x-1)^2+(y-2)^2=5-m, m<5$$

所以 $\sqrt{5-m}=1 \Rightarrow m=4$。

2. 解：(1) 抛物线的方程为 $x^2=4y$。

（2）抛物线的焦点为 $F(0,1)$，$p=2$，准线方程为 $y=-1$，将直线 $y=2x-1$ 代入抛物线方程 $x^2=4y$，得到 $x^2-8x+4=0$，由韦达定理可知

$$x_1+x_2=8, x_1x_2=4$$

由抛物线的定义可知

$$|AB|=(x_1+1)+(x_2+1)=x_1+x_2+2=10$$